国家现代肉羊产业技术体系系列丛书·之五

肉羊繁育管理新技术

刘桂琼　姜勋平　孙晓燕　刘胜敏　著

U0272198

中国农业科学技术出版社

图书在版编目（CIP）数据

肉羊繁育管理新技术/刘桂琼等著．北京：中国农业科学技术
出版社，2010.12
ISBN 978 - 7 - 5116 - 0341 - 8

Ⅰ．①肉…　Ⅱ．①刘…　Ⅲ．①肉用羊－良种繁育　Ⅳ．①S826.93

中国版本图书馆 CIP 数据核字（2010）第 231218 号

责任编辑	贺可香
责任校对	贾晓红

出 版 者	中国农业科学技术出版社
	北京市中关村南大街 12 号　邮编：100081
电　　话	（010）82109709（编辑室）　（010）82109704（发行部）
	（010）82109703（读者服务部）
传　　真	（010）82109709
网　　址	http://www.castp.cn
经 销 者	新华书店北京发行所
印 刷 者	北京科信印刷有限公司印刷
开　　本	787 mm×1 092 mm　1/16
印　　张	12
字　　数	320 千字
版　　次	2010 年 12 月第 1 版　2011 年 5 月第 2 次印刷
定　　价	36.00 元

总　序

随着人们生活水平的提高和饮食观念的更新，日常肉食已向高蛋白、低脂肪的动物食品方向转变。羊肉瘦肉多、脂肪少、肉质鲜嫩、易消化、膻味小，胆固醇含量低，是颇受消费者欢迎的"绿色"产品，而且肉羊产业具有出栏早、周转快、投入较少的突出特点。

目前肉羊业发展最具有国际竞争力的国家为新西兰、澳大利亚和英国等发达国家，他们已建立了完善的肉羊繁育体系、产业化经营体系，并拥有自己的专用肉羊品种。这些国家的肉羊良种化程度和产业化技术水平都很高，占据着整个国际高档羊肉的主要市场。

我国肉羊产业发展飞快，短短五十年，已由一个存栏量只有四千多万只的国家发展成为世界第一养羊大国。目前，我国绵羊、山羊品种资源丰富，存栏量近三亿只，全国各省、自治区、直辖市均有肉羊产业分布。养羊业不仅是边疆和少数民族地区农牧民赖以生存和这些地区经济发展的支柱产业，而且在农区发展势头更为迅猛。近年来，我国已先后引进许多国外优良肉用羊品种，为我国肉羊业发展起到了积极的推动作用，养羊业已成为转变农业发展方式、调整产业结构、促进农民增收的主要产业之一，在畜牧业乃至农业中占有重要地位。

但是，我国肉羊的规模化生产还处于刚刚起步阶段。从国内养羊的总体情况来看，良种化程度低，尚未形成专门化的肉羊品种；养殖方式粗放，大多采用低投入、低产出、分散的落后生产经营方式；在饲养管理、屠宰加工、销售服务等环节还存在许多质量安全隐患；羊肉及其产品的深加工研究和开发力度不够，缺乏有影响、知名度高的名牌羊肉产品；公益性的社会化服务体系供给严重不足。

2009年2月国家肉羊产业技术体系建设正式启动，并制定出一系列的重大技术方案，旨在解决我国肉羊产业发展中的制约因素，提升我国养羊业的科技创新能力和产业化生产水平。

国家现代肉羊产业技术体系凝聚了国内肉羊育种与繁殖、饲料与营养、疫病防控和产业经济最为优秀的专家和技术推广人员，我相信由他们编写的"国家现代肉羊产业技术体系系列丛书"的陆续出版，对我国肉羊养殖新技术的推广应用以及肉羊产业可持续发展，一定会起到积极的推动作用。

国家现代肉羊产业技术体系首席科学家

中国工程院院士

2010 年 4 月 12 日

前　　言

　　肉羊产业具有持续的竞争优势，这源于市场对羊肉需求的刚性增长和肉羊养殖成本的相对低廉。健康肉品和环境友好这两个重要概念成为内在驱动力，我国养羊规模在近二十年内跨入了世界生产大国之列。由于历史的原因，我国肉羊生产饲养管理较为粗放，生产经营方式比较落后，故缩小与发达国家养羊业的差距成为国家肉羊产业技术体系的重要使命。

　　现代肉羊产业的高质量发展需要对产业链各个业务板块进行有效的管控。本书是关于这个理念在繁殖和育种这两个业务板块的探索，其内容包括：山羊种质、遗传育种、繁殖、疾病远程辅助诊断和生产网络管理平台。特点在于将以上提及的各项业务整合到一个完整的网络管理平台，所以此书更具有了一个平台使用手册的功能。

　　由于纸质书的更新再版往往追不上产业技术的发展脚步，故与此书相对应的是一个完整的网络管理平台，在该书的引导下，读者可以从国家肉羊产业技术体系的网站上获得最新的技术知识和进展。但愿我们技术体系的这个创新在使用此书时能够创造更多的价值，使读者获得更好的体验。

　　本书刘桂琼撰写山羊遗传和新品种培育；姜勋平撰写山羊繁殖及繁殖控制新技术；孙晓燕和左培撰写肉羊生产管理系统和基于网络的肉羊远程辅助诊断技术；刘胜敏撰写肉用山羊种质资源。在此感谢所有提供支持的专家教授，他们在本书和网站的发展过程中给予了最充分的帮助。

作者

2010 年 9 月于武汉

目　　录

第一章 肉用山羊种质资源

目前全世界有 200 多个山羊品种，其中肉用品种比例约占 10%。我国山羊品种资源非常丰富，主要是肉皮兼用的地方品种，此处列出了 24 个山羊品种或地方类群。这些山羊的照片、视频、在产业中推广应用的资料，以及更多尚未在此罗列的遗传资源将在网上列出。

第一节 南江黄羊

一、原产地和育成史

南江黄羊是我国自己培育的首个肉用山羊品种，原产地为四川省南江县。从 1954 年起，用纽宾山羊、成都麻羊、金堂黑羊与本地母羊进行多品种杂交选育，后又导入吐根堡奶山羊和少量努比羊，经 40 年人工培育而成的肉羊品种。于 1995 年通过南江黄羊新品种审定委员会审定，1996 年通过国家畜禽遗传资源管理委员会羊品种审定委员会实地复审，1998 年由农业部批准正式命名为肉用山羊品种。

二、品种特征

南江黄羊被毛黄色，毛短紧贴皮肤，富有光泽，面部毛色黄黑，公羊颜面毛色较黑，鼻梁两侧有一对称的浅色条纹，公羊颈部及前胸着生黑黄色粗长被毛，沿背脊有一条明显的黑色背线。头大，有角或无角，耳大微垂、鼻拱额宽，前胸深广，颈肩结合良好，背腰平直，四肢粗长，结构匀称，体躯近似圆桶形。

三、生产性能

南江黄羊生长发育快，繁殖力强。6 月龄、周岁和成年体重公羊分别为 27.40kg、37.61kg 和 66.87kg；母羊分别为 21.0kg、30.53kg 和 45.64kg。性成熟早，3 月龄就有性行为，通常 3~5 月龄初次发情。母羊初配通常在 6~8 月龄体重达 25kg 时进行，常年发情，发情周期平均为 19.5d，公羊 12~18 月龄体重达 35kg 开始配种。成年母羊年产 2 胎或 2 年 3 胎。产羔率为 205.42%。

四、利用效果

中国很多地方引入南江黄羊，如浙江、陕西、河南等 22 个省区引入南江黄羊同当地山羊进行杂交，杂交一代羔羊体格大，抗病能力强，性成熟早，体质健壮，具良好的改良效果。李明等研究发现，杂交一代山羊较本地黑山羊优势明显，杂交一代平均初生重高于本地黑山羊 48.8%，1 月龄、2 月龄、3 月龄体重也显著提高，分别高 60.2%、63.7% 和

50.6%。南江黄羊与贵州白山羊杂交，杂交后代初生、2 月龄断奶、6 月龄和周岁体重比贵州白山羊分别提高 30.4%、39.9%、58.7% 和 46.1%。

第二节　波尔山羊

一、原产地和育成史

波尔山羊原产地在南非。波尔山羊的真正起源尚不清楚，有的说来自南非，有的说来自印度，有的说来自欧洲。在南非，利用本地山羊资源，吸收印度山羊、安哥拉山羊和欧洲山羊的血缘杂交选育而成目前的大型肉用山羊品种。在 19 世纪初，牧场主的居住趋于安定，人们开始有目的地选择其所饲养山羊的某些性状，经一个世纪的漫长选育，逐渐形成了具有良好体形、高生长率、高繁殖率、体躯被毛短、头部和肩部有红色毛斑的山羊。1959 年南非成立波尔山羊育种者协会，并制定选育方案和育种标准，之后，波尔山羊开始正规化育种。最初的育种标准主要考虑波尔山羊的外形特征，之后逐渐进行生产性能的测定，最终形成目前的肉用波尔山羊。

二、品种特征

波尔山羊体格较大，整个体躯圆厚而紧凑。前躯发达，胸宽深，肩宽厚，背宽而平直，肋骨开张良好，腹部紧凑；尾部宽长而不斜，臀部肉厚轮廓明显，肌肉发达。腿强健，短而粗壮，腿长与体高比例适中。公羊都有角，母羊有的有角，有的无角。耳大而下垂。该品种毛色等外形特征的多样性很丰富，全身毛细而短，有光泽，有少量绒毛。头部前额到鼻口周围有一条白色条带，头颈部和耳为棕红色。头、颈和前躯为棕红色，可以有棕色，额端到唇端有一条白带。两侧眼睑一般为白色，也有黑色个体。体躯、胸部、腹部与前肤为白色，可以有棕红色斑。尾部为棕红色，允许延伸到臀部。

三、生产性能

波尔山羊体格大，生长发育速度比较快。羔羊初生重 3~4kg，6 月龄时体重 30kg 以上，成年公羊体重为 90~130kg，母羊为 60~90kg。波尔山羊繁殖力强，四季发情，常年配种，但 5~8 月份发情比例极少，秋季为性活动高峰期，而春、夏季性活动较少。母羊 6 月龄成熟，产羔率为 150%~190%。公羊 6 月龄成熟，在放牧条件下可配种 15 头母羊，9 月龄以上则可配种 30 头母羊。

四、利用效果

中国 1995 年开始从德国引进波尔山羊，之后许多地区也先后引进波尔山羊，引进约 3 000 只，分布在陕西、河南、山西、四川等 20 个省市。引进的波尔山羊通过纯繁扩群逐步向周边地区和全国各地扩展，显示出很好的肉用特征、广泛的适应性、较高的经济价值和显著的杂交优势。甘肃于 1999 年引进在张掖和陇东地区开展杂交改良，6 月龄波尔山羊杂种一代体重 27.4kg，母羊 25.8kg，分别比河西山羊提高 45.8% 和 64.5%，同时杂种一代羊对当地生态经济环境表现出很强的适应性，主要表现在耐粗饲、易管理、食性广、行走能力强、抗逆性好。

第三节 马头山羊

一、原产地和育成史

马头山羊产于湘、鄂西部地区，主要分布在湖北十堰、恩施等地，湖南常德、黔阳等地和陕西、四川等省市也有分布。马头山羊是我国人民长期对地方山羊品种选育的成果。1959年在进行畜禽良种资源调查时，先在湖北竹山、竹溪等地发现，后在郧阳、襄阳等地也发现有饲养，因其头部无角，形似马头，遂定名为马头山羊。1982年，《中国羊志》编辑组组织专家在湖南、湖北考察，认为两省同类群的羊为同一品种，正式定名为马头山羊。1992年国际小母牛基金会推荐其为亚洲首选肉用山羊品种。

二、品种特征

马头山羊体型较大，公、母羊均无角，头较长，大小中等，形似马头，故称为马头羊。该品种性情温顺，比较安静，俗称"懒羊"。公羊4月龄后额顶部长出长毛（雄性特征），可生长到眼眶上缘，长久不脱，去势1月后就全部脱光，不再复生。马头羊体形呈长方形，结构匀称，骨骼坚实，背腰平直，肋骨开张良好，臀部宽大，稍倾斜，尾短而上翘。四肢坚强有力，行走时步伐稳健。马头山羊皮厚而松软，毛短粗。毛被白色为主，有少量黑色、麻色及杂色，毛短、紧贴皮肤，有光泽，冬季生有少量绒毛；额、颈部有长粗毛。

三、生产性能

马头山羊初生体重公羊平均为1.61kg，母羊平均为1.56kg；6月龄体重分别为15.55kg、14.75kg。其生长速度有前期快、后期慢的特点。哺乳至3月龄为生长快速期，公、母羔羊平均日增重分别为83.89g、80.67g；3~9月龄公、母羊日增重分别为76.33g、69.33g；成年公、母羊平均体重分别为43.81kg、33.70kg。马头山羊屠宰率高，6月龄阉羊体重21.68kg，屠宰率48.99%；周岁阉羊体重可达36.45千克，屠宰率55.90%。肉质细嫩、膻味小。

马头山羊性成熟较早，3月龄左右就有性活动，5月龄性成熟，多在8~10月龄配种。一般利用年限为2~4年。母羊发情周期为20d左右，持续1.5~3.0d，产后发情一般为15.0~25.0d，妊娠期148.0~152.0d，终年均可发情，但以春季3~4月和秋季9~10月发情配种较多。通常1年可产2胎，初产多为单羔，经产母羊多产双羔或多羔，个别可产5羔。乳房发育良好，泌乳力强，羔羊成活率高。

四、利用效果

在湖北、湖南、四川等诸多省市加强马头山羊的选育工作，取得良好的效果。2005年在湖北十堰市建立了"中国郧西马头羊良种繁育中心"，2008年郧西县被确立为"国家级马头山羊标准化生产示范县"。马头山羊与波尔山羊、努比山羊进行三元杂交，三元杂交羊6月龄体重比本地马头山羊提高了92.2%，周岁平均体重提高了94.7%。

第四节　子午岭黑山羊

一、原产地和育成史

子午岭黑山羊是我国历史悠久的地方山羊品种，以盛产西路黑猾皮和紫绒而闻名。主要分布在陕西省北部的榆林、延安等地区和甘肃东部的庆阳等地，现有数量约为300万只，其中陕北的榆林、延安等地约占60%，陇东的庆阳等地约占30%，甘肃的平凉地区和宁夏的盐池一带也有一定数量的分布。在陕西称为陕北黑山羊，因庆阳在甘肃省东部，故在甘肃称为陇东黑山羊，因两地以子午岭为分界线，1982年经中国绵山羊品种志编辑组讨论，将这两个地方羊统一定名为子午岭黑山羊。

二、品种特征

子午岭黑山羊体格中等偏小，体躯结实紧凑，呈长方形。羔皮花案种类多，被毛以黑色为主，黑色个头约占77%，其次为青色、白色和杂色。冬季被毛分为内外两层，外层为粗毛，色深而粗长明亮，内层是纤细柔软色泽较浅的绒毛与两型毛。子午岭黑山羊头较短窄，额突出，公、母羊均有角，75%为"八字角"。颌下多髯，颈较长，胸较宽，背腰平直。四肢健壮有力，尾细短且上翘。

三、生产性能

子午岭黑山羊是"肉皮绒"兼用型品种。生产的羔皮称为猾子皮，主要以黑色为主，光泽明亮，花案美观，羔羊皮面积为（570 ± 10.8）cm^2，生干皮重量为（88.3 ± 13.7）g，随着年龄的增加，皮板面积和重量增加但毛皮品质有所下降。

子午岭黑山羊产绒量中等，成年公羊190g，母羊185g，羊绒分为紫绒和青绒两种，平均伸直长度为4.77cm。产肉性能优良，成年羯羊屠宰率为42.5%～52.7%，净肉率为23%～30%。

子午岭黑山羊体格偏小，初生公羔重为2.22kg，母羔为2.23kg；周岁公羊体重为13.58kg，母羊为14.98kg；成年公羊体重为27.22kg，母羊为21.26kg。该品种羊繁殖性能较好，繁殖年龄6年，多为季节性发情，以产春羔为主。母羊6月龄性成熟，初配年龄为1～1.5岁，发情周期为17d，发情持续时间为1～2d，妊娠期150d。一般是1年1胎，配种率为91.3%～97.5%，受胎率为87.7%～99%，分娩率为87%～90%，产羔率为102%～104%，双羔率仅为2%～4%。

四、利用效果

子午岭黑山羊是在当地特殊的生态环境条件下形成的优良地方品种，对当地的环境有很好的适应性。各地加强了品种的保种选育工作，在纯种繁殖的同时，引进外来品种进行杂交提高生产性能。马月辉等研究发现，用辽宁绒山羊改良子午岭黑山羊效果明显，产绒量由115g提高到355g，经过长时间杂交和扩繁之后，培育出陕北绒山羊品种。甘肃省庆阳市将该羊进行杂交改良后，公、母羊6月龄的体重增加163.05%，体长增加39.93%。

第五节　成都麻羊

一、原产地和育成史

成都麻羊又称四川铜羊，主要分布在四川盆地西部的成都平原和邻近的丘陵山区，如成都市的双流、金堂、崇庆、龙泉等地。

据考证，四川的养羊业起源于黄帝，高阳为帝时，封支庶于蜀。高阳的后代蚕丛将黄帝养羊技术带进岷山，后来蚕丛部落从岷山迁徙至成都平原，定居双流，建立蜀国并称王，蚕丛又将羊带到双流，蚕丛时代距今大约在 4000 年，故推断成都麻羊的历史至少在 4 000 年前。

成都麻羊具皮肉兼用、生长快、产肉性能好、板皮品质优良、早熟、繁殖率高、适应性强、耐湿热、耐粗放饲养、遗传性能稳定、适应范围广等优势而成为我国优良的山羊品种，在国内外享有盛誉。早在二十世纪三四十年代，成都麻羊就闻名海内外，并载入我国教科书，1987 年和 1988 年先后被列入《四川省家畜家禽品种志》和《中国羊品种志》，1988 年被列入"全国畜禽良种基因资源库"，并确定为国家级保护品种。经养羊界专家和国际友人的推荐而菫声海外，是我国仅有的被国际粮农组织收录入 FAO 名录的两个山羊品种之一。

二、品种特征

成都麻羊因其被毛颜色而得名。全身被毛短而有光泽，毛色分为赤铜色、麻褐色和黑红色 3 种类型。单根纤维颜色分为三段，毛尖黑色，中段棕黄色，下段黑灰色，整个被毛棕黄带黑麻，故称麻羊。头中等大小，两耳侧伸，额宽而微突，鼻梁平直。公、母羊大多有角，公羊角比母羊角粗大，向后方两侧弯曲，母羊角呈镰刀型。公、母羊大多数有髯。颈长短适中，背腰宽平，尻部倾斜，四肢粗壮，蹄质坚实。公羊体躯发达，体态雄壮，体躯呈长方形，母羊体型清秀，背腰平直，后躯深广，呈楔形。体躯有两条异色毛带，一条从两角基部中点沿颈椎、背线至尾根的纯黑色毛带，一条是沿两侧肩胛经前肢至蹄冠的纯黑色毛带，两条带在鬐甲部交叉，构成明显的十字架状，尤以公羊明显。多数母羊从两角基部前缘外侧，经眼前上方过内眼角沿鼻梁侧面至上唇各有一条纺锤形浅褐色毛带，很像画眉鸟，习称"画眉眼"。

三、生产性能

初生公羔体重为 1.80kg，母羔为 1.83kg；周岁公羊体重为 28.32kg，母羊为 26.22kg；成年公羊体重为 43.02kg，母羊为 32.62kg。周岁阉羊胴体重 12kg，屠宰率 48%，净肉率 31%；成年母羊屠宰率达 51.36%，净肉率 38.80%。性成熟早，常年发情，母羊的初配年龄为 8 月龄，公羊为 10 月龄。母羊发情周期 20d，发情持续期 36～64h，妊娠期 148±5d，产后第一次发情时间 40d 左右。母羊终年均可发情，但以春、秋两季发情最为明显。一年产 2 胎或 2 年产 3 胎，胎产双羔的占 2/3 以上，高的可产 3～4 羔，平均年产 1.7 胎，初产产羔率 160%，经产 210%。

四、利用效果

该品种具有肉、乳、皮兼用特点，并且对当地的生态环境有很好的适应性，是肉用山羊重要的遗传基础。国内各省（区）多有引进，改良当地山羊效果好，在南江县引入成都麻羊与本地山羊杂交改良本地山羊，培育成了肉用性能好的南江黄羊新品种，在金堂县利用成都麻羊分离出来的黑色个体，选育成了金堂黑山羊肉用地方山羊品种。

第六节 贵州白山羊

一、原产地和育成史

贵州白山羊是一个优良的地方山羊品种，已列入《贵州省畜禽品种志》和《中国羊品种志》，其中心产区在贵州黔东北乌江下游的沿河、思南、务顺等地，主要分布在贵州省遵义、铜仁两地的二十多个县，黔东南苗族侗族自治州、黔南布依族苗族自治州也有分布。贵州饲养白山羊有悠久的历史，产区素有喜食羊肉的习惯，在产区自然生态环境条件下，经长期选育形成贵州白山羊。

二、品种特征

全身被毛白色，少数为麻色、黑色或者杂色。毛被粗短，少数母羊有短绒毛，但量少无经济意义。公、母羊均有角，有镰刀型和扁平型两类，向后上方或向外生长。公、母羊均有髯，部分母羊有肉垂，公羊颈部有卷毛。体躯发达，胸部宽深，背腰平直，四肢坚实。后躯比前躯高，体型呈长方形。

三、生产性能

公、母羔羊初生重分别为1.68kg、1.63kg；6月公羊体重11.55kg，母羊10.24kg；周岁公羊体重19.18kg，母羊19.10kg；1.5岁阉羊体重21.5kg，母羊18.8kg；成年阉羊体重38kg，母羊28.5kg。成年公羊体重为32.8kg，成年母羊为30.8kg，屠宰率在40%～60%，周岁屠宰率为44.71%。山羊板皮质地紧密细致，拉力强，板幅较大。性成熟早，产羔率高。公羊6月龄就可以配种，母羊7月龄可以交配。母羊常年发情，但以春、秋季发情为主，发情周期20d，持续2d。多数羊2年产3胎，产羔率为200%～280%。

四、利用效果

该品种经本品种选育后，羔羊初生重、生长速度大大改善，周岁羊体重也显著提高。经改良后的贵州白山羊与引入的南江黄羊和波尔山羊杂交生产商品代，生产效益得到提高。作为母本与南江黄羊杂交，后代周岁羊平均体重为33.16kg，比本地羊提高48%，并且能更好地适应当地的自然气候条件。与波尔山羊杂交，后代周岁羊9月龄体重可达35.63kg。与含成都麻羊血缘的金堂黑山羊进行杂交，周岁体重达47.55kg，比本地羊提高了123.24%。为提高出栏羊活重、屠宰率和胴体品质，利用引入品种进行杂交，后代公羔去势育肥，可获得较好的经济效益。

第七节　福清山羊

一、原产地和育成史

福清山羊原产于福建省东南沿海的福清、罗源、闽侯、永泰、福鼎、霞浦等县，中心产区为福清、平潭县。原名"高山羊"，现在已列入《福建省家畜家禽品种志》和《中国羊品种志》。产区充足的饲料来源和海滩放牧等优越的自然条件，对福清山羊这个品种的形成起了重要的促进作用。

二、品种特征

被毛有深浅不同的三种毛色：灰白色、灰褐色和深褐色。具有"三乌"的外貌特征，从颈脊开始向后延伸至尾根，有一黑色背线，称"乌龙"，腹下毛黑，称"乌肚"，四肢跗关节以下毛黑色，称"乌膝"。鬐甲处有黑色毛带，沿肩胛两侧向下延伸，与背部黑线相交呈"十字形"，有的羊颜面鼻梁上有一带三角的黑毛区。

山羊体格较中等，结构紧凑，头小，呈三角形。公、母羊有髯，大部分有角，公羊角粗大，向后向下，紧贴头部；母羊角细小，向后向上生长。颈长适中，背腰微凹，尾短上翘。

三、生产性能

羔羊初生重为 0.85～2.25kg；成年公羊 27.9kg，母羊 26.0kg；周岁羯羊体重为 28kg；一岁半体重达 40.5kg。成年公羊（不剥皮）的屠宰率为 50%～58%，母羊为 47.67%。该品种性成熟早，母羊 3 月龄出现初次发情，4～6 月龄体重达 15kg 以上即可配种。这是常年发情品种，发情期 20d，发情持续期 2d，1 年 2 胎或 2 年 3 胎，1 胎产羔率 179.61%，平均产羔率为 236%，个别可产 6 个羔。

四、利用效果

该品种对当地的生态环境有很好的适应性。利用成都麻羊作父本与福清羊杂交，杂交一代的周岁体重比本地羊提高 50%～70%，屠宰率提高约 3%，改良效果明显。引入波尔山羊与福清山羊杂交，杂交羊初生重、8 月龄体重分别为 1.83kg、17.62kg，比福清山羊分别提高 15.09%、41.81%，体表毛色与波尔山羊相似，而体尺与福清山羊相近，羊的抗病力强于福清山羊，而弱于布尔山羊。

第八节　建昌黑山羊

一、原产地和育成史

建昌黑山羊主要分布在四川省凉山彝族自治州的会理县、会东县，在宁南、米易、德昌、冕宁等地。该山羊是本地山羊在特定的地理条件、社会环境、历史条件下，经过长期的自然选择和群众的自发选育而形成的古老的地方山羊品种，已列入《四川家畜家禽品种志》和《中国羊品种志》。

二、品种特征

建昌黑山羊被毛有长短之分，毛色以黑色为主，也有黄、白、灰或杂色，被毛有光泽。公、母羊均有角，公羊角粗大，呈镰刀状，母羊角小。大多数羊有髯，少数羊颈下有肉垂。体格中等，头呈三角形，鼻梁平直，两耳向侧上方平伸。体躯结构匀称紧凑，呈长方形，骨骼结实，四肢健壮有力，活动灵活。

三、生产性能

公羔和母羔初生重分别为 2.49kg 和 2.32kg；周岁公、母羊体重分别为 27.37kg 和 25.03kg；成年公、母羊体重分别为 38.42kg 和 35.49kg。周岁公羊屠宰率 45.9%，净肉率 31.69%；母羊屠宰率为 46.68%，净肉率为 32.73%；成年羯羊屠宰率为 52.94%，净肉率为 38.75%；成年母羊屠宰率为 48.36%，净肉率为 34.49%。

性成熟较早，母羊 4~5 月龄初次发情，7~8 月龄开始配种，四季发情，发情周期 15~20d，发情持续期 24~72h；公羊 7~8 月龄性成熟，初配年龄应在周岁以后。完全放牧状态下，年产 1.5 胎，羊羔率 86.5%，双羔率 11.1%，三羔率 2.4%。半牧半饲条件下，年产 1.8 胎，羊羔率 57.2%，双羔率 39.8%，三羔率 2.5%，四羔率 0.5%。中等舍饲条件下，年产 2.1 胎，羊羔率 21.0%，双羔率 64.8%，三羔率 13.4%，四羔率 0.8%。

四、利用效果

建昌黑山羊进行本品种选育，选育后的各项性能指标都得到提高，其中体重提高较大，成年公、母羊体重分别提高了 23.54% 和 22.80%。引进萨能奶山羊、吐根堡奶山羊、金堂黑山羊作为父本，与建昌黑山羊杂交，繁殖力有明显的提高，分别提高 46.33%~73.96%、78.14% 和 44.62%。

第九节　雷州山羊

一、原产地和育成史

雷州山羊是我国亚热带地区特有的山羊品种，原产于广东湛江徐闻县，分布于雷州半岛和海南岛一带。其来历尚无考证，但产区素有养羊习俗，在当地生态条件下，经多年选育形成适应于热带生态环境的山羊品种，以产肉和板皮质量出名。

二、品种特征

雷州山羊被毛为黑色，个别为褐色或浅黄色，角和蹄为黑褐色。黄色羊除被毛黄色外，背线、尾部及四肢前端多为黑色或者黑黄色。公、母羊均有角，公羊角粗大，向外向下弯曲；母羊角小，向上向后。公、母羊大多有髯。公羊体型高大，呈长方形，母羊体格较小，颜面清秀，颈较长，背腰平直，乳房发育良好，呈圆形。按体型分为高脚型和矮脚型，高脚型体高，腹部紧，乳房不够发达，多产单羔，喜走动，吃灌木枝叶；矮脚型则体矮，骨细，腹大，乳房发育良好，生长快，多产双羔，不择食。

三、生产性能

公羔初生重 2.3kg，母羔 2.1kg；周岁公羊 31.7kg，母羊 28.6kg；2 岁公羊 50.0kg，母羊 43.0kg，羯羊 48.0kg；3 岁公羊 54.0kg，母羊 47.7kg，羯羊 50.8kg；成年公羊体重为 45 ~ 53kg，成年母羊体重为 38 ~ 45kg。成年羊屠宰率在 50% ~ 60%，肥育羯羊达 70.0%。母羊性成熟早，一般 4 月龄性成熟，8 ~ 10 月龄可以配种，一岁可产羔。一年四季发情，但春秋发情较旺盛，发情症状明显，发情周期 18d，发情持续 1 ~ 3d。一年 2 胎或者 2 年 3 胎，每胎 1 ~ 2 羔，多者 5 羔，产羔率 150% ~ 200%。母羊可利用 7 ~ 8 岁，公羊则 4 ~ 6 岁较配种率最高。

四、利用效果

海南省引进该品种羊之后，进行选择培育，形成了自己的地方品种羊——海南黑山羊。刘艳芬等以波尔山羊、努比山羊、隆林山羊为父本，雷州山羊为母本做杂交试验，杂交羊的初生重显著增加或者极显著增加，杂种羊 1 ~ 8 月龄的体重和日增重均显著或极显著地高于同条件下饲养的同龄雷州山羊，且波尔山羊和努比山羊作父本的杂种后代体型好、肌肉丰满、适应性强。

第十节　乌骨山羊

一、原产地和育成史

乌骨山羊主要分布于湖北咸宁市通山县的部分山区。在重庆市酉阳土家族苗族自治县的龙潭、黑水、龚滩、板溪、官清、铜鼓等乡镇也有乌羊分布，但这些地区乌羊仅皮肤黑色，而内脏、骨膜等并无黑色素沉积。

二、品种特征

乌骨山羊被毛颜色多样性丰富，黑色为主，部分为灰色或者白色。皮肤为乌色，嘴唇、舌、鼻、眼圈、耳廓、肛门、阴门、牙龈、蹄部、骨骼关节、尾尖、公羊阴茎、母羊乳头等为乌色。

羊体格中等，面部清秀，公、母羊都有须髯。部分有肉垂，两耳中等向两侧半前倾，部分公、母羊有角，公羊角大，母羊角小，角为镰刀型。颈部较细长，结构匀称，背腰平直，后躯略高，尻略斜，四肢短小。在白羊身上有一条黑色异毛带，从两角基部中点沿颈脊、背线延伸至尾跟。公羊前胸发达，体躯呈长方形，肋骨开张良好，母羊腹部圆大，乳房发育良好。

三、生产性能

乌骨山羊公、母羔羊初生重分别为 1.83kg 和 1.60kg；3 月龄断奶体重分别为 9.50kg 和 8.75kg；哺乳至 3 月龄为生长快速期，公、母羔羊平均日增重分别为 85.78g 和 79.44g。1 岁公羊 24.25kg，母羊 23.82kg；成年公羊 37.88kg，母羊 30.15kg。成年羊屠宰率 51.65%，胴体净肉率 61.7%。

乌骨山羊性成熟比较早，初情期始于 108 ± 15 日龄，4 ~ 6 月龄性成熟，发情持续期为 51 ± 8.5 h，发情周期为 19.5 ± 2d，妊娠期 147 ± 2.50d。公羊适配年龄一般为 7 月龄，母羊一般 8 月龄开始配种，一般利用年限为 3 ~ 5 年。母羊一年四季都可以发情。

四、利用效果

乌骨山羊肉中含有大量的真黑色素，能清除体内抗氧化自由基，有抗衰老的效果，不饱和脂肪酸丰富，能有效降低血脂，减少脂肪在血管内的沉积，所以本地农户多用该羊改良本地普通山羊。

第十一节　中卫山羊

一、原产地和育成史

中卫山羊主要分布在宁夏的中卫香山及其毗邻地区，是特有的裘皮山羊品种。在宁夏的中卫、甘肃的景泰、靖远等县为中心产区，此外宁夏的中宁、同心、海源县和甘肃的皋兰、白银及内蒙古的阿拉善等地也有分布。中卫山羊历史悠久，明清即有记载，产区饲养大量的羊群，且气候多变、干旱缺水、植被稀疏，牧草耐旱耐碱，产区人民喜爱羔皮缝制的衣服、帽子等来御寒，经长期的自然选择，形成该地独有的具民族特色且珍贵的山羊品种，列入《中国羊品种志》。

二、品种特征

中卫山羊毛色绝大部分为白色，杂色较少。初生羔羊至 1 月龄毛被波浪形弯曲，随着年龄的增长，羊毛逐渐与其他山羊一致，成年羊毛被由略带弯曲的粗毛和两型毛组成。体格中等，身短而深，近似方形。公、母羊大多有角，公羊的角粗长，向后上方向外伸展；母羊角较小，向后上方弯曲，呈镰刀状。体格中等，身短而深，呈长方形。成年羊头部清秀，鼻梁平直，额前有长毛一束，面部、耳根、四肢下部均长有波浪形的毛。公羊前躯发育良好，背腰平直，四肢端正；母羊体格清秀。

三、生产性能

中卫山羊公羔、母羔初生重分别为 2.58kg、2.43kg；育成羊为别为 13.60kg、12.63kg，成年公羊平均体重为 29.92kg，成年母羊平均体重为 20.78kg；舍饲成年羊则分别为 37.26kg 和 22.06kg。中卫山羊出生后 5 ~ 6 月龄达到性成熟，初配年龄公羊为 2 岁，母羊为 1.5 岁，公羊配种能力最强的年龄段为 2 ~ 5 岁，之后逐渐降低；母羊配种能力最强的年龄段为 3 ~ 6 岁，之后逐渐衰退。繁殖季节为 7 ~ 10 月份，8 ~ 9 月为发情配种最佳时机，发情周期为 14 ~ 16d，发情持续期 24 ~ 48h。

四、利用效果

中卫山羊沙毛皮花穗美观，轻暖柔软，洁白光亮，因此全国有 20 多个省市引入中卫山羊。云南的昭通和广东的阳山等地引进的山羊，出生重比原产地提高了 16.7% ~ 29.2%，初生毛股自然长度提高了 9.3% ~ 16.3%。

中卫山羊改良当地山羊品种效果较好，改良后的山羊被毛呈毛辫结构，纤维细长，洁白光亮，花案清晰，产毛量提高20%。利用中卫山羊改良天津土种羊，杂种后代20日龄后的体重显著提高，上市肉羊体重、屠宰率、净肉率都大大提高。中卫山羊与内蒙古阿拉善绒山羊杂交，杂种后代在产绒量等指标上并不具有显著优势，但在体重方面具明显的杂种优势，杂种优势12.26%。

第十二节　陕南白山羊

一、原产地和育成史

陕南白山羊是肉用性能较好的山羊品种之一，主要分布在陕西省南部秦巴地区的安康、汉中、商洛三地，中心产区为紫阳、西乡、洛南、山阳等县。据考证，汉朝时期大量的移民将山羊带入本地，后期则经历频繁的战事、伊斯兰教的传入等社会因素的影响，经历长期自然生态环境和人文环境的影响，从而逐渐选育发展成为当今的陕南白山羊。

二、品种特征

陕南白山羊毛色绝大多数为白色，少量的为黑色或者杂色，底绒少，肤色粉红。有短毛和长毛两个类型，短毛型肉用性能好。体格较大，体质结实，偏重于细致疏松型。头大小适中，额微凸，鼻梁平直。公、母羊有的有角有的无角，公羊角大，呈镰刀型。公、母羊均有髯，部分山羊有肉垂。山羊颈短而宽，与肩结合良好，前胸发达，肋骨开张良好，体躯呈长方形，背腰平直，腹圆而紧凑，尻短略斜，尾小上翘。

三、生产性能

其中短毛型肉用性能较好，周岁生长发育速度快，周岁体重公羊约28kg，母羊约20kg。该品种山羊成年公羊体重约33kg，成年母羊约27kg。6月龄羯羊体重相当于成年的51.5%，屠宰率达50%，净肉率达40%左右。

陕南白山羊羔羊初生重公羔为1.66kg、母羔为1.54kg。6月龄公、母、羯羊的体重分别达到成年羊体重的44.5%、40.0%和41.1%，周岁公、母、羯羊的体重分别达到成年羊体重的85.4%、62.2%和64.0%。陕南白山羊体格大、生长发育快，6月龄的羯羊活重可达20~23kg，屠宰率达46%。

陕南白山羊成熟早，公羊4~5月龄性成熟，母羊3~4月龄即可配种受胎，但较好的配种开始时间为母羊8~10月龄、体重在20kg以上后参加配种。母羊常年发情配种，较集中的时间为5~10月份，1年2胎，多产秋羔和春羔，母羊的发情周期为19d左右，发情持续48h左右。产羔率259.03%，双羔率55.2%，三羔率10.1%，公母比1.14。公羊利用年限5~7年，母羊4~6年。

四、利用效果

陕南白山羊是陕西省南部山区的一个以产肉为主的地方优良品种，近年来一直利用其成熟早、生长快、繁殖力高和主产区的生态条件的优势，积极开展本品种选育和扩繁工作，也与其他品种进行杂交。与波尔山羊的杂种后代初生重3.07kg，6月龄27.45kg，周岁羊

40.33kg。与关中奶山羊的杂种后代初生重 2.45kg，6 月龄 21.35kg，周岁羊 30.50kg。陕南白山羊与关中奶山羊杂交后再与波尔山羊杂交，体重提高则更多。

第十三节　新疆山羊

一、原产地和育成史

新疆山羊主要产于新疆地区农区和牧区。在当地的自然生态环境和人为的选择选育下，形成了能攀登悬崖峭壁、善于长途跋涉的地方品种。新疆山羊在新疆各地均有分布，以南疆的喀什、和田及塔里木河流域；北疆的阿勒泰、阿克苏和哈密地区的荒漠草原及干旱贫瘠的山地分布较多。

二、品种特征

新疆山羊体格中等，被毛以白、黑、黑白杂色为主。头大，额平宽，耳小下垂，鼻梁平直或下凹，公、母羊多数有角，为半圆形长角，颚下有髯。背腰平直，前躯发育良好，后躯较差。

三、生产性能

由于特殊的地型地貌，新疆山羊在不同地区的生产性能相差较大，由北疆到南疆、由高山区到低平原产肉性能逐渐降低。北疆山羊体格较大，成年公羊体重在 50kg 以上，成年母羊体重在 38kg 以上，屠宰率在 35% ~ 40%，净肉率在 20% ~ 25%；阿尔泰地区放牧的山羊成年羊屠宰率在 41% 左右，净肉重 7.66kg，净肉率 24%。新疆山羊羊绒品质较好，阿克苏地区成年公羊剪毛量 445g，阿勒泰地区成年公羊剪毛量 552g，母羊 220g。抓绒量在 2 ~ 3 岁时最高，公羊 150 ~ 550g，母羊 135 ~ 280g。

该羊性成熟早，一般在 4 ~ 6 月龄发情，适宜的初配年龄在一岁半，发情周期为 17d，发情持续时间为 36h 左右，妊娠期 150d，常年发情配种，产羔率 106% ~ 138%。

四、利用效果

该山羊品种对当地的环境有良好的适应性，当地在保种的同时，加强了纯种扩繁，并引进外来品种经济杂交。近 30 年来，利用绒山羊品种与本地山羊杂交生产培育出新疆白绒山羊（北疆型）、南疆绒山羊、新疆博格达白绒山羊和新疆青格里绒山羊等品种。

第十四节　济宁青山羊

一、原产地和育成史

济宁青山羊是我国独有、世界著名的猾子皮山羊品种，原产鲁西南的济宁和菏泽两市，济宁市的中心产区为鲁西南腹地，主要分布在嘉祥、梁山、金乡、巨野、汶上等县。济宁青山羊是鲁西南人民长期培育而成的畜牧良种，对当地的自然生态环境有较强的适应性，抗病力强。数百年来，该品种保持小群闭锁的繁育方式，在形成过程中受外血侵入的变异程度较小，人工选育程度较高。

二、品种特征

济宁青山羊具有"四青一黑"的特征，即被毛、嘴唇、角和蹄为青色，前膝为黑色。被毛细长亮泽，由黑白二色毛混生而成青色，故称之为青山羊。因被毛中黑白二色毛的比例不同，又可分为正青色（黑毛数量占30%～60%）、粉青色（黑毛数量占30%以下）、铁青色（黑毛数量占60%以上）3种。该羊体格较小，俗称狗羊，体型紧凑。头呈三角形，额宽、鼻直、额部多有淡青色白章，公羊头部有卷毛，母羊则无。公、母羊均有角和髯，公羊角粗长，向后上方延伸，母羊角细短，向上向外伸展。公羊颈粗短，前胸发达，前高后低，母羊颈细长，后躯较宽。四肢结实，肌肉发育良好，尾小上翘。

三、生产性能

济宁青山羊是我国著名的猾子皮山羊品种，生后3d内屠宰的羔羊皮具有天然青色和美丽的波浪状、流水状或片状花纹，板轻、美观，毛色纯青，有良好的皮用价值。成年羊产毛量为0.15～0.3kg，产绒量为40～70g。体型较小，初生羔羊公羊1.41kg，母羊1.33kg，断奶重公羊6.35kg，母羊6.00kg，周岁公羊18.7kg，母羊14.4kg，成年公羊体重36kg，胴体重为10～15kg，屠宰率50%～60%，母羊胴体重为8～13kg，屠宰率50%～55%。

该品种性成熟早，繁殖力强。初次发情在3～4月龄，最佳的配种时间在8～10月龄，母羊一周岁即可产第一胎。1年产2胎或2年3胎，经产山羊的产羔率为294%。济宁青山羊四季发情，发情周期15～17d，发情持续时间为1～2d，妊娠期平均146d。

四、利用效果

济宁青山羊的养殖规模与毛皮市场的兴衰息息相关，由于其数量很少，同其他品种杂交引起猾子皮质量下降。改革开放以来，我国市场与国际市场逐渐接轨，养羊形势发生了很大的变化，给青山羊的养殖带来了巨大的冲击。同时，由于青山羊个体小、生长慢，在近年来肉用养羊业发展的趋势下，没有优势，但可以加强本品种选育，提高肉用性能的同时保持其原有风味。

第十五节　黄淮山羊

一、原产地和育成史

黄淮山羊俗名槐山羊，包括槐山羊、安徽白山羊、徐淮山羊。原产于黄淮平原，中心产区是河南周口店地区的沈丘、淮阳、项城、驻马店；安徽的阜阳、宿县和江苏的徐州、淮阴等地。

淮海经济区是羊肉消费的集中区，黄淮山羊饲养历史悠久，是已有1 000余年历史的古老品种，产区气候温和、饲草资源丰富、人们喜食羊肉，经多年的选择形成该品种。历史上在河南省沈丘县槐店镇设收购站（该镇位于河南、安徽两省的交界处），在所收购的山羊板皮上都加盖"槐"字，由河南经安徽从水路运至汉口销售，也称"汉口路"槐皮。1980年经过品种资源普查后，按商品集散地肯定该白色山羊品种，并正式命名为"槐山羊"。

二、品种特征

黄淮山羊白色被毛，毛粗、短、稀，绒毛少。体型呈圆筒状，体质结实，体格中型偏大，结构匀称。头呈倒三角形，额部前突，鼻梁平直。分为有无角和有角两种类型，有角公羊角粗大，母羊角细小。公、母羊均有髯。颈细长，胸深，背腰平直，四肢健壮，较细，有角者四肢较长，无角者短，尾短小上翘。

三、生产性能

黄淮山羊初生公羔 2.36kg，母羔 2.12kg，周岁公羊 26.37kg，母羊 23.65kg。育肥羔羊屠宰率为 46% ~ 52%，净肉率为 38% ~ 42%；12 月龄公、母羊体重分别为 21.96kg 和 17.83kg，胴体重分别为 10.41kg 和 8.17kg，屠宰率分别为 47.4% 和 45.8%，净肉率分别为 36.1% 和 35.5%。

性成熟早，3~4 月龄即性成熟，6 月龄开始配种，一般利用年限为 5 年左右。四季发情，但春秋两季最旺盛，发情周期为 15~21d，发情持续期 40h 左右，妊娠期平均为 148d。1 年可产 2 胎或者 2 年 3 胎，产羔率平均为 238.66%，其中单羔占 15.41%，双羔占 43.75%，3 羔以上占 40.84%。

四、利用效果

黄淮山羊板皮是我国山羊板皮的优秀代表，占全国山羊板皮总量的 1/3。该品种对当地生态环境有较强的适应性，抗病能力强，在进行纯种繁育的同时，与其他外来品种进行杂交提高产肉性能。张留医等将其与波尔山羊杂交，杂种公母羊周岁体重分别比黄淮山羊提高 15.66kg 和 12.20kg，6 周龄比黄淮山羊的增长速度快很多。据测定，波尔山羊与黄淮山羊杂交后代羔羊初生重 2.67kg，比黄淮山羊高 19.2%，周岁羊 29.33kg，比黄淮山羊高 51.3%。萨能山羊与黄淮山羊杂匀后代羔羊初生重 2.38kg，比黄淮山羊高 6.3%，周岁羊 25.44kg，比黄淮山羊高 31.2%。

江苏省丰县用黄淮山羊为母本，莎能山羊为父本，杂交选育后经横交固定形成肉皮兼用山羊新品种"丰县白山羊"。

第十六节　长江三角洲白山羊

一、原产地和育成史

长江三角洲白山羊又称海门山羊，是肉、皮、毛兼用的地方品种，羊毛挺直有峰，以生产笔料毛著称。产于我国的长江三角洲，主要分布在江苏省的南通、苏州、扬州、镇江和浙江的嘉兴、杭州、宁波及上海的崇明等地，海门则是长江三角洲白山羊的原产区和中心产区。

长江三角洲白山羊羊毛洁白，富有弹性，光泽好，是制毛笔的优质原料，是我国乃至世界唯一能生产优质笔料毛的山羊品种，其高档毛制成的"湖笔"是"文房四宝"中的名品。山羊肉质肥嫩鲜美，深受广大群众喜欢。长江三角洲白山羊饲养历史悠久，是产区人民在当地自然生态环境和人文环境条件下经长期选育形成的优良山羊品种,列入我国《中国山羊品种志》,是国家 78 个畜禽资源保护的品种之一。

二、品种特征

长江三角洲白山羊白色被毛,色泽光亮,公羊的颈背部及胸部披有长毛,大部分公羊还有较长额毛。头大小适中,呈三角形,面微凹,公、母羊均有角,有髯。公羊角较粗长,角基粗壮。向后上方伸展,呈"倒人字"形;母羊角较细短,形似长辣椒,多向外上方伸展。呈"倒八字"形。耳大小适中,向外上方伸展。公羊体格较大,颈粗短;母羊体格清秀,颈细长,颈胸结合良好。背腰平直,体躯结构匀称,近长方形。四肢长细,尾小上翘。

三、生产性能

长江三角洲白山羊初生重公羔 1.36kg,母羔 1.32kg;周岁公、母羊体重分别为 16.42kg 和 14.19kg,12 月龄公、母羊体重分别为 26.36kg 和 14.19kg;成年公、母羊的体重分别为 28.58kg 和 18.43kg;12 月龄山羊的屠宰率为 49%(带皮),成年羊的屠宰率为 52%。

性成熟早,初次发情一般在 4 月龄左右,母羊的初配年龄一般在 6 ~ 7 月龄,体重 12 ~ 18kg;公羊发情较母羊晚,一般在 8 ~ 10 月龄,体重在 18kg 以上。母羊四季发情,多在春、秋两季配种,发情周期平均为 17d,发情持续期为 2 ~ 3d,妊娠期为 146d 左右。繁殖力强,母羊 1 年 2 胎或 2 年 3 胎,平均产羔率为 230%。

四、利用效果

该品种对当地的生态环境有较强的适应性,抗病能力强,在进行纯种繁育的同时与其他外来品种进行杂交提高产肉性能。黄永宏等研究表明波尔山羊与长江三角洲白山羊的杂交一代初生重、断奶重、13 月龄重分别比当地山羊提高了 72.6%、83.58%、42.11%,屠宰发现 12 月龄羯羊胴体重提高 95.51%,屠宰率提高 12.85%。

第十七节　承德无角山羊

一、原产地和育成史

承德无角山羊又名"燕山无角山羊",俗称"秃羊",是河北省承德市特有的"肉、皮、绒"兼用型山羊品种,主要分布在河北省省承德地区的平泉、宽城、滦平等县市。

承德无角山羊的最初起源已无据可考,历史上无角山羊混杂在有角山羊群中,有角山羊因有角,在争斗中占优势,因而无角山羊配种机会少,限制了其发展,但由于其个体大,性情温顺,头上无角,对树木破坏较小,故牧民喜饲养,无角山羊也得以保留繁衍。20 世纪 50 年代后期,滦平县畜牧技术人员发现无角山羊的优点,利用仅有的 64 只羊进行繁殖,扩大无角山羊规模,逐年淘汰有角母羊,至 60 年代饲养规模不断扩大,承德地区各级政府也重视无角山羊的发展,在全区选育推广无角山羊,最终形成肉、皮、绒兼用型的山羊品种。2004 年中国畜禽品种审定委员会认定其为国内山羊品种的优良基因,编入中国种畜禽育种成果大全。

二、品种特征

承德无角山羊被毛以黑色为主，占 70%，其次为白色，另有少数青黑色。体格较大，肌肉丰满。头短而宽，头顶宽平，前额有旋毛。公母羊均无角，有角痕，耳微向前上方平伸，有髯。公羊头具明显雄性特征，母羊头清秀。公羊颈粗短，母羊颈细长，胸部宽深，背腰平直；母羊后躯发育较好。四肢强健坚实，善于攀岩，尾小上翘。

三、生产性能

承德无角山羊初生公羔 2.87kg，母羔 2.10kg；周岁公羊 30.30kg，母羊 21.50kg，羯羊 29.40kg；成年公羊体高 55cm，体重 45.77 ~ 69.21kg，成年母羊体高 54cm，平均体重 35.50 ~ 47.63kg。成年羊平均屠宰率可达 37% ~ 42%，平均净肉率 30% ~ 33%。公羊平均产绒量 200g 以上，母羊平均产绒量 100g 以上。该羊性成熟期为 4 ~ 7 月龄，全年发情，发情周期为 15 ~ 17d，发情持续期 36h，1 年 2 胎或者 2 年 3 胎，平均产羔率为 164%。

四、利用效果

该品种对当地的生态环境有较强的适应性，无角，性情温顺，抗病能力强，在进行纯种繁育的同时与其他外来品种进行杂交改良以提高产肉性能，同时也向河南、广西、四川、湖北、北京、江苏、山西、吉林、辽宁等外省市提供优质种羊。

第十八节　板角山羊

一、原产地和育成史

板角山羊因有一对长而扁平的角而得名，原产于重庆的万源、城口、巫溪三县和武隆县，与陕西、湖北及贵州等省接壤的部分地区也有分布。产区土地贫瘠，植被以灌木丛草地为主，饲草资源丰富，荒山荒坡面积广，有良好的放牧条件，当地群众喜选择白色体大的山羊饲养，逐步形成了具有体型高大、板皮质量高、产肉性能好、适应性强，耐粗饲等特点的一个皮肉兼用地方优良品种，该品种列入《中国羊品种志》。

二、品种特征

板角山羊大部分全身被毛白色，公羊毛粗长，母羊毛细短。头部中等，鼻梁平直，额微凸，公、母羊均有角，角向后前方弯曲，公羊角宽大、扁平、尖端向外翻卷。公、母羊均有须，无肉垂，体躯呈圆筒状，背腰平直，四肢粗壮，蹄质坚硬。

三、生产性能

板角山羊的生长发育速度随年龄的增加而缓慢，初生公羔 1.73kg，母羔 1.64kg；2 月龄的平均日增重为 120g；12 月龄的平均日增重为 45.4g，周岁公、母羊的体重相当于成年羊的 60.79% 和 69.23%。板角山羊产肉性能良好，周岁公羊平均体重 24.64kg，母羊 21.00kg；成年公羊 40.55kg，母羊 30.34kg。

板角山羊性成熟早，公、母羊性成熟期为 5 ~ 8 个月，初配年龄在 12 月龄。发情周期为

23d 左右，发情持续期为 2～3d，妊娠期为 145～155d，第一胎多为单羔，之后多为双羔，母羊一般年产两胎。

四、利用效果

重庆市畜牧兽医研究所将板角山羊与南江黄羊杂交，发现杂交一代具有双亲相似的外貌特征，抗病能力和适应性也增强，杂交一代各阶段体重也明显高于板角山羊，生长速度提高 60% 以上；杂交羊 6 月龄、周岁等各阶段的体高、胸围等均明显高于板角山羊。

第十九节　戴云山羊

一、原产地和育成史

戴云山羊是福建省的优良地方山羊品种，分布于福建省中部戴云山脉的大田、尤溪、安溪、永春、惠安等县，主产区在德化县。戴云山羊品种的形成与戴云山脉当地自然条件、人文环境、独特的生态环境有着密切的关系。戴云山脉属中亚热带季风潮湿气候区，山脉主峰横贯德化县中部以及尤溪东部，地势较高，地形复杂，山岭起伏，山陡坡大。戴云山区交通不便，山地形成了天然的隔离屏障，成为戴云山羊品种形成独特的自然生态环境，产区群众对戴云山羊管理粗放，羊群终年放牧，自由配种，只在极端恶劣气候里才给予适当补饲。产区人民素有饲养戴云山羊做冬季"补冬"以及民间祭祀之用，且对黑山羊肉情有独钟，在长期的选育过程中而逐步形成戴云山羊。

戴云山羊戴云山区饲养历史悠久，能抗高温高湿、耐粗饲、适应性广、抗病力强。终年放牧，在雨中仍可正常放牧，是适合高山地区以及丘陵地带放养的优良肉用山羊品种。

二、品种特征

戴云山羊具有抗高温、高湿，适应性强，产肉性能好等特性。体格中等偏小，被毛以黑色为主，亦有少数褐色。体躯结实，体躯沿海比山区大。头狭长，呈三角形，有髯有角，公羊角较粗大，母羊角细长，少数羊无角，无角者体型大、生长快。少数羊颌下有肉铃，有铃者一般无角。背腰平直，体躯前低后高，尻部倾斜，尾短小上翘。

三、生产性能

戴云山羊平均初生重：单羔为 1.75kg，双羔为 0.81kg。周岁体重：公羊 15.90kg，母羊 18.30kg。肉羊 8 月龄体重 20～30kg，屠宰率（带皮）为 50.60%。由于长期缺乏选育，造成戴云山羊体重较小。在放牧饲养条件下，成年公羊体重、体高、体长、胸围分别为 29kg、55cm、61cm 和 72cm 左右；成年母羊则分别为 27.5cm、52.0cm、60.0cm 和 70.0cm 左右。成年体重：沿海公羊 33.2kg，母羊 29kg；山区公羊 28.4kg，母羊 24.8kg。屠宰率（带皮）50.6%。

戴云山羊公羊性成熟较早，4 月龄有性行为。母羊一般 6 月龄才第一次发情，发情周期 18～21d，发情持续期 2～3d，一般在 7～8 月龄时初配，周岁左右产第一胎，妊娠期为 145～155d，平均 150d 左右，一般 2 年 3 胎。一年四季均可配种产羔，但以春、秋两季为多。母羊可利用 7～9 年，终生产羔 10～13 胎。平均每胎产羔 2.31 头，产单羔的占 11.2%，双羔的占52.0%、三羔的占31.2%、四羔的占5.6%。可见戴云山羊以胎产双羔为多。

四、利用效果

戴云山羊属于福建省优良地方品种，但个体之间差异很大，需要建立戴云山羊纯种繁育基地进行戴云山羊的提纯复壮。在保种的前提下，开展戴云山羊的选育，不断提高其肉用性能，为各地提供优质种羊。在保种选育的同时，与引入品种进行杂交生产商品羊，与波尔山羊进行杂交，其杂交后代公羊初生重3.50kg、断奶重15.53kg、周岁重39.20kg；母羊则分别为2.90kg、13.97kg、31.45kg。与南江黄羊杂交，其杂交后代初生重1.92kg、断奶重9.90kg、周岁重19.8kg，母羊则分别为1.69kg、9.30kg、15.94kg。杂种商品羊体重都大幅度提高，故在保种区以外可以引进波尔山羊、南江黄羊等国内外优良肉羊品种开展杂交试验，采用适宜的杂交方式，选择生长速度快、肉用性能好的杂交组合，在保种区外结合当地实际情况，有计划、有组织、有步骤地推广杂交优势组合，组织开展商品肉羊生产。

第二十节　古蔺马羊

一、原产地和育成史

原产地为四川古蔺县，集中在石宝、观文和大村等28个乡镇。古蔺县位于四川南部边缘，与云贵高原接壤，产区汉族和苗族混居，山峦起伏，河谷交错，兼有低山、丘陵等各种地貌，宜牧荒山草坡和灌木丛多，经长期的选育逐渐形成该地独有的具良好肉用性能的山羊品种。

二、品种特征

古蔺马羊是大型肉用地方山羊品种，公、母羊均无角，头形似马，故称马羊。古蔺马羊有两种毛色：一种为麻灰色，即每根毛纤维上段为黑色，下段为灰色，形成灰底显黑麻；另一种为黄褐色，即每根毛纤维上段为黑色，下段为褐色，当地称为茶褐羊。腹部毛色较体躯毛色浅，母羊毛短，公羊毛长，在公羊的颈、肩、腹侧及四肢下端多为黑灰色的长毛。

公羊外貌雄壮，体态矫健，体型似砖块形；母羊外形清秀，性情温驯。公母羊大多无角，形似马头，又称为"马羊"。头部中等大，额微突。鼻梁平直，耳中等大小，两耳向侧前方平伸，面部两侧各有一条从眉到口角的白色毛带，俗称画眉鸟。公母羊均有髯。颈长短适中，有的个体颈下有肉铃。胸部宽深，前躯发育良好，背部平直，腹大适中不下垂，尻部略斜。四肢高而匀称，姿式端正，尾短上翘，蹄壳黑亮，蹄质坚实。骨骼粗壮结实，结构紧凑，肌肉结实发育良好。

三、生产性能

古蔺马羊公、母羊初生重分别为2.28kg和2.06kg。2月龄断奶重公羊8.57kg，母羊8.42kg，期间日增重公羊为105g，母羊为98g。马羊体格高大，周岁古蔺马羊公羊体重32.53kg，体高52.21cm，体长51.12cm，胸围59.8cm；周岁母羊体重28.27kg，体高53.2cm，体长54.31cm，胸围66.20cm。成年古蔺马羊公羊体重46.50kg，体高72cm，体长72.5cm，胸围82cm；成年母羊平均体重38.2kg，体高63cm，体长64cm，胸围76cm。

周岁古蔺马羊公羊屠宰率和净肉率分别为43.84%和30.62%，周岁母羊分别为40.25%和28.12%。成年古蔺马羊公羊屠宰率和净肉率分别为49.42%和40.77%，成年母羊分别为48.03%和37.49%。

公羊5月龄，母羊4月龄性成熟，体成熟年龄公母羊分别为7~8月龄和6~7月龄。母羊发情周期平均17~21d，发情持续期为36h，妊娠期平均为146~151d，年产2胎，平均产羔率为200%，羔羊成活率97%。据160只母羊的产羔情况统计，母羊产羔率：初产150%，经产为200%。

四、利用效果

古蔺马羊体格高大，生长速度快，肉质好，膻味小，温驯耐寒，适应性强，繁殖力高，生产性能良好，是一个优秀的地方山羊品种，逐渐向其邻近的叙永、兴文、长宁县和珙县及贵州的仁怀、金沙、毕节、习水等地推广。

第二十一节　广丰山羊

一、原产地和育成史

原产地为江西省东北的广丰县。

二、品种特征

广丰山羊全身被毛白色，体型偏小，脸长额宽，眼睑为黄色圈，公、母羊均有角，公羊角比母羊角粗大，呈倒八字形。公母羊的下颚前端有一小撮胡须，公羊比母羊长。颈细，胸部宽而深，背腰平直且宽。腹大，母羊比公羊更大。后躯比前躯略高。尾短，脚直，蹄质结。

三、生产性能

成年公羊一般体重42.5kg、体高59.0cm、体斜长为62.0cm、胸围78.0cm。母羊体重28.35kg、体高52.58cm、体斜长60.3cm。公、母羊利用年限一般4~6年。公、母羔羊2个月龄的断奶体重可达7.95kg、7.46kg，10月龄平均体重22.75kg。羯羊屠宰率54.1%，母羊的屠宰率为46.1%。

公羊4~5月龄有性欲表现，母羊4月龄达到性成熟。一般母羊年产2胎，每胎1羔，3岁母羊平均繁殖率达285.6%。

四、利用效果

该山羊品种对当地的环境有良好的适应性，在保种的同时，加强了纯种扩繁，并引进外来品种经行杂交。

第二十二节　沂蒙黑山羊

一、原产地和育成史

沂蒙黑山羊主产于山东省中南部的泰山、沂蒙山区，属肉、绒、皮兼用型品种，因全身被毛全黑而得名，是在当地特殊的地形地貌下形成的特有的地方品种。

二、品种特征

沂蒙黑山羊体格大小适中，体躯结构匀称，头短额宽，眼大有神，大部分有髯，公母羊多数有角（95%以上个体有角），公羊角粗长，向后上方捻曲伸展，母羊角短小。颈肩结合良好，背腰平直，胸深肋圆，四肢端正，结实有力，尾短并上翘。

三、生产性能

成年沂蒙黑山羊公羊体高 60.95cm 左右，体长 67.00cm，体重 31.36kg；母羊分别为 54.13cm、61.78cm、26.63kg。公羔平均出生重 1.87kg，母羔为 1.71kg。周岁公羊 22.5kg，屠宰率 43.33%，净肉率为 33.11%。成年公羊体重 32.5kg，屠宰率为 48.29%，净肉率为 38.50%；成年母羊分别为 26kg、46.40%、36.80%。

沂蒙黑山羊的绒毛生长一般从 7 月底开始，8 ~ 11 月份生长迅速，翌年 2 月生长停止，到谷雨开始脱落，当地农民群众一般春季抓绒。成年公羊产绒量 225.53g，母羊 117.37g，羯羊 220.00g。

黑山羊的羔羊皮色泽鲜亮，具有魅力的波浪式花纹，可制毛皮服装、皮领、玩具等。成年羊板皮面积大，皮瓣厚实，厚薄均匀，富有弹性，是制作轻革的高级原料皮。

沂蒙黑山羊性成熟早，公、母羊在 3 月龄即有追爬发情行为，母羊一般 4 ~ 5 月龄性成熟，公羊一般 6 ~ 7 月龄，初配年龄为 8 ~ 10 月龄。母羊利用年限 4 ~ 5 年，公羊 3 ~ 4 年。母羊发情周期为 13 ~ 27d，配种集中在 8 ~ 10 月份，妊娠期为 150d 左右，双羔率约 10%，多数年产 1 胎，有些也能达到 2 年 3 胎，胎产羔率 109.5%，年繁殖率为 140%。

四、利用效果

早在 20 世纪 80 年代，临沂地区就对黑山羊进行选育，使该品种繁殖性能、体重、产绒性能均有提高，后又引进辽宁绒山羊和内蒙古白绒山羊进行杂交改良，各方面性能和指标均有不同程度的提高。

第二十三节　乐至黑山羊

一、原产地和育成史

乐至黑山羊主要分布在四川省乐至县境内，附近的安岳县、资阳县、简阳市、遂宁市等也有少量分布。乐至县内黑山羊分布于 25 个乡镇。

乐至县发展黑山羊的历史悠久，经过长期的自然选择和人工选育，形成了具有适应当地生态环境的优良品种。多年来，该县畜牧食品局十分重视黑山羊品种的选育与扩繁，利用现代育种原理进行群选群育，通过高强度、高质量择优选育，逐步形成了具明显特点的黑山羊，2003 年通过四川省畜禽品种审定委员会审定，命名为"乐至黑山羊"。

二、品种特征

乐至黑山羊体型较大，全身被毛为黑色，有光泽，冬季内层着生短而细密的绒毛，少数头顶部有白毛。头中等大小，部分山羊有角，有角占 33%，无角占 67%，有角公羊角粗大，向后弯曲，有角母羊角较小，呈镰刀型。公羊有髯，部分羊有肉垂。颈长适中，耳大，背腰宽平，四肢粗壮，蹄质结实。公羊体态雄壮，睾丸发育良好，母羊体型清秀，乳房发育良好，呈球型或者梨型。

三、生产性能

乐至黑山羊公、母羔羊的初生重分别为 2.80 ± 0.46kg、2.41 ± 0.38kg；6 月龄体重公、母羊分别为 28.33 ± 3.40kg、23.33 ± 2.90kg；周岁公羊 46.23 ± 4.24kg，母羊 38.5 ± 6.6kg；成年公、母羊体重分别为 73.24 ± 6.34kg、56.41 ± 4.22kg。公羊 12 月龄的胴体重为 21.88kg，屠宰率为 50.84%，净肉率为 38.96%，母羊分别为 17.66kg、47.36% 和 35.43%。

乐至黑山羊性成熟早，母羊初情期为 3~4 月龄，公羊在 2~3 月龄即有性欲表现。母羊初配年龄为 5~6 月龄，公羊配种年龄为 8~10 月龄，母羊平均发情周期为 21d，发情持续期为 48h，妊娠期为 150d，常年产羔，但产羔多集中在 4~6 月和 9~11 月，通常一胎多羔，多为双羔或多羔。乐至黑山羊的产羔率初产母羊为 231.18%，经产母羊为 268.95%，产羔率随胎次的增加而上升，第 2~4 胎分别为 253.04%、266.67% 和 283.19%。

四、利用效果

自 1995 年以来，乐至黑山羊扩繁种羊达 18 万多，累计向全国 8 个省、市及四川的 24 个县推广种山羊 3.5 万只左右，其杂交配合力好，改良各地山羊的杂种优势在 21% 左右。屏山县引进乐至黑山羊与当地黑山羊进行杂交改良，杂交一代的公、母羊初生重比屏山黑山羊高 33.02% 和 42.6%，6 月龄的体重分别比屏山黑山羊高 41.8%。用乐至黑山羊与广西隆林黑山羊杂交，杂交一代公、母羊初生、1 月龄和 3 月龄体重分别提高 25.12%、22.97%、20.12%、8.37%、58.97%、38.83%。用乐至黑山羊（父本）杂交改良营山黑山羊（母本），杂交一代公羊 6 月龄体重较营山黑山羊提高 18.39%，母羊体重提高 22.72%。

第二十四节 都安山羊

一、原产地和育成史

都安山羊原产于广西都安瑶族自治县，主要分布于该县周边的石山地区，是喀斯特山区的一个小型肉用山羊品种。都安山羊从何地引入已无证可考，但产区气候温和，雨量充沛、植被群落中藤类灌丛和灌木占优势，适合养羊，且石山坡陡，只宜放羊。产区种植作物的肥料来源主要是羊粪，故群众历来有养羊的习惯。山羊产品的出口更激励了产区人民的养羊积极性。都安山羊在这样的生态环境和人文环境中经过长期选择，使之形成体型小、紧凑、行动敏捷、善于攀爬的地方品种，已列入《广西家畜家禽品种志》。

二、品种特征

都安山羊毛色主要为白色、黑色、麻色和杂色，全白占 425.5%，全黑 18.18%，杂色 14.03%，麻色 25.62%，由于市场需求的变化，近年来趋向于以黑色为主。头大小适中，公、母羊均有角，角向后上方弯曲，呈倒"八字"形，为暗黑色。公羊角较粗长，母羊角稍细长。多数羊为短毛，种公羊的前胸、沿背线及四肢上部均有长毛，被毛粗长而微卷曲；母羊被毛较短直。颈稍粗，胸宽深，腹较大，背平直，后躯发达。四肢间距宽，健壮坚实，肢势良好，动作灵活有力。尾短小向上翘。

三、生产性能

都安山羊初生重平均 2.0kg，六月龄 11.6kg，周岁体重 21.0kg，成年公羊平均体重 41.88kg，母羊为 40.56kg。屠宰率公羊为 52.94%，母羊为 47.26%。

都安山羊性成熟早，母羊性成熟期为 5～7 月龄，初配年龄为 8 月龄，公羊性成熟期为 4～7 月龄，初配年龄为 6～9 月龄。常年发情，以 2～5 月和 8～10 月居多。发情周期为 20～28d，发情持续期为 24～48h，妊娠期为 150d，多数母羊 1 年 1 胎或 2 年 3 胎，产羔率为 151%。

四、利用效果

都安山羊是广西数量最多、分布最广的地方山羊品种，经长期的选育，适应南方高温多湿的气候环境。产区先后引入湖羊、新疆绵羊、济宁青山羊、成都麻羊、辽宁绒山羊等进行杂交，但均不适应当地条件而淘汰，而与萨能奶山羊杂交后代存活较好。由于这些原因，都安山羊血缘较纯，是较好的地方良种，产区正本品种选育以提高其生产性能，并适当与体型较大的广西隆林山羊进行杂交。

第二章　肉用山羊遗传和新品种培育

肉用山羊新品种的培育方法主要可以分为杂交育种和本品种选育。在我国，杂交育种的方法用得比较多。最初进行杂交试验，目的在于进行杂交肉羊生产，当它们的生产性能比较好，且有了一定数量杂种羊的基础后，育种工作就在此基础上展开。所以，我国杂交育种最初的基础母羊群的遗传背景通常比较复杂而广泛。

全世界的200多个山羊品种中，肉用品种约占10%。肉用品种的特征主要体现在具有粗壮的体型外貌、较快的生长速度、较高的繁殖力和良好的肉质等4个方面。肉用品种的选育标准实际上就是这些特征的具体化，育成的肉羊新品种符合这些标准就能较好地适应产业和市场需要。

肉用山羊生长速度快，体型呈方块或圆桶形。体型和外貌要求背腰宽而平，臀部丰满，肋骨开张良好，3～6月龄时期生长速度最快。在正常的饲养条件下，一般日增重250～300g。在肉羊的幼龄时期，体重就达到成年羊体重的70%～75%。如南江黄羊周岁公羊体重达成年公羊体重的56%，周岁母羊达成年母羊的73%。到1.5岁成年以后，公羊体重100～110kg，母羊60～70kg，屠宰率在50%以上。

繁殖力强，性成熟早。槐山羊、马头山羊在4～6月龄就能发情配种，甚至有的母羊在周岁内就能产羔。肉羊大多数品种具有四季发情的特点。利用性成熟早的特点进行1年2产或2年3产，可以提高肉羊繁殖率。

肉的品质好，肌肉细嫩坚实，脂肪不多，均匀分布在肌纤维间，尤以羔羊肉肉汁多，无膻味。肉羊胴体，从外部形态看，躯体粗圆，背腰宽平，背部肌肉厚实，臀部肌肉丰满。胴体倒挂起来，后腿之间呈"U"字形。眼肌面积大，体表覆盖的脂肪不厚。

肉羊具有以上四个特点。在育种过程中，育种材料并非都具有这些性能，或者这些性能不是集中在一个品种身上。这就要求在育种理论的指导下，应用现代育种技术和方法，将这些特性从育种材料中选择出来，并聚合固定于育种群之中，使其稳定地遗传下去。如何尽快地完成这个育种过程，选种选配是个关键的技术。现将选种选配的基本方法和原理介绍如下。

第一节　山羊遗传和遗传标记

山羊遗传研究与绵羊相比几乎是空白，所以本节引用了许多绵羊的资料。山羊繁殖力直接影响综合经济效益，其中产羔数是最主要的影响因素，受多基因控制，其遗传力很低。提高山羊繁殖力可以显著增加生产收益，所以受到普遍的重视。

一、山羊遗传

在肉用山羊和大部分其他的家畜中，与繁殖力和生存力有关的性状都是低遗传力性状。生产性状中的生长速度和泌乳性状（尤其在肉用动物中）趋向于中等遗传力，而与屠宰相关的一些性状或者是与肌肉大小相关的一些性状和生产性能（如：成熟体重）大部分是高遗传力的性状。

直接估计肉用山羊群体遗传力的报道很少。要估计它们的遗传力需要投入大量的时间和群体单独来进行遗传学研究，很多关注肉用山羊的研究中心都没有财力支持来做这些事。虽然如此，我们几乎没有理由怀疑从其他的物种上得到的这些估值不能应用在山羊上。

遗传力是群体测定值，不是单个个体的测定值。从许多的研究中应用这些结果，一个更加准确的对于某一个特定性状的平均遗传力估计就可以获得了。懂得这些是非常有用的，那就是尽管遗传力表格和信息资源仅仅是引用一个数值，但是要清醒地认识到这个值是从许多的研究中获得的。它不是固定不变的，不同动物群体中遗传力不一样，不同的环境下遗传力不一样，遗传力在不同的品种中也不一样。因此，单个研究结果不足以获得估计值应用于其他所有的情形下，因为从任何一个研究中得到的结果只能反映这个群体的遗传性状。

遗传力对于多基因性状的选择很重要，也就是那种有很多基因影响的性状。在下面我们将看到在估计遗传改变的数量时估测遗传力是一个关键的要素，这些遗传改变是可以通过时间预期表现出来或者是在后代表现出来。遗传力估计在育种值预测、后代差异和生产能力方面起着重要的作用。

用来预测这些值的方程总是遗传力的函数。比如：如果我们想用大量的第一胎断奶的羔羊的信息来预测一个母山羊的育种值，则我们需要知道（或者预计）这个群体中断奶的大量的羔羊的平均育种值、群体（畜群或者是品种）表型标准偏差、本身的遗传力是多少，以得到完整的方程。

在遗传改良计划中，那些低遗传力的性状常常会被忽略，低遗传力性状不是不重要，并且会随着管理的改变而改变，因为更多的中等进展能被看到。如果低遗传力性状在生产中很重要，则这些性状仍应包括在遗传改良计划中，因为这些性状的持续改变将是至关重要的。当然了，那些具有高的排卵率遗传力的母山羊群体在改变下一代的排卵性状中将更有价值。

很少有研究来测定肉用山羊性状的遗传力。在一些大学中留有少部分的肉用山羊群体用来实施育种研究，包括遗传力和重复力的估计（刘桂琼等，2002）。然而，因为在肉类动物杂交物种中似乎有一些共同点的缘故，表 2-1 列举了期望遗传力值的一些范围。

表 2-1　羊遗传力研究中肉用山羊的遗传力

性状	遗传力
母性繁殖力	0.05 ~ 0.10
每窝产仔数	0.10
阴囊周长	0.35
发情期	0.25
羔羊成活率	0.05

（续表）

性状	遗传力
窝断奶重	0.20
羔羊出生重	0.15
羔羊90日龄重	0.25
断奶后增重	0.40
屠体重	0.35
眼肌面积	0.35
屠宰率	0.10
泌乳力	0.30

重复力也是一个重要的遗传参数。在肉用山羊中重复记录的性状大部分都是一些羔羊的断奶重，或者是羔羊断奶总重。人们通常感兴趣的是利用母山羊的生产性能信息，来预测它的终身生产力。重复力的测量提供了一个很好的工具。

重复力的一种定义是不同的重复记录之间的关系强度。像遗传力，是一个群体测量数据，并且在肉用山羊中没有多少报道的数据。在奶山羊中，泌乳力是主要性状，这个性状的重复力就非常重要。重复力不是一个固定的值，在不同种群中，在不同的环境中，重复力都不一样。影响遗传力的因素趋向于对重复力有同样的影响。比起单个的育种者，研究机构能提供做重复力估计的更有用的资源。有一种观念认为性状的重复力在做选择决定中很有用。当重复力较高时，育种者或者生产者在基于前面的数据的基础上选择性状较差的个体时更准确一些。在有重复记录的前提下，在做任何可能的生产能力的预测时重复力是必需的。

二、多胎遗传及主基因

大多数经济重要性状在群体内表现连续变异，控制这一变异的基因座称为数量性状座位（QTL）。QTL实质上是控制某一数量性状部分遗传变异的一个染色体区段，可以反映单基因的遗传变异或多个连锁基因的单倍型效应（Hapltype effect）。

主基因是相对微效多基因而言的，它是指能对数量性状产生巨大效应的单个基因或座位。用特定的遗传学和统计学方法，可对主基因座位的基因型和频率、该基因效应的大小进行测定和估计。高产绵羊品种被证实存在排卵率的主效基因。然而，在山羊上的同类研究较少。根据山羊与绵羊在进化上的亲缘性及相似的品种特征，对山羊的研究可以借鉴绵羊同类研究成果。

哺乳动物多发排卵是一个很复杂的生理过程，同时受遗传与环境两方面的影响。同一物种内，成熟卵泡的数量跟最佳的生育力状态及胚胎存活率紧密相关。现有的卵泡选择模型表明，多发排卵受临近卵泡选择时的FSH浓度和卵巢内的众多因子调控（Campbell等，1995；Baird和Campbell，1998；McNatty等，1999）。理解这个调控系统的关键是找到一个自发的或诱导的突变，该突变能够影响目标性状的表型值。从这个意义上讲，绵羊提供了一个研究卵泡生长和选择的参考模型。大多数山羊品种在一个发情期有一至两个排卵，但不同品系存在很大的差异，这些差异受遗传背景、年龄、季节和营养的影响（Montgomery等，2001）。

在绵羊中发现携带 Fec^B（多胎基因）基因的布鲁拉绵羊的多胎性能的机制是由于在排卵的过程中募集更多的优势卵泡和/或更低的卵泡闭锁率从而引起排卵率的增加。携带 Fec^B

等位基因的母羊成熟的卵泡和排出的卵泡直径显著比野生型个体的小（McNatty 和 Henderson, 1987；Montgomery 等，1992；Baird 和 Campbell, 1998）。前者的小直径的卵泡包含更少的颗粒层细胞（McNatty 和 Henderson, 1987；Montgomery 等，1992），但由于其成熟和排出的卵泡比后者的多，使得两者颗粒层细胞的总量相似（Montgomery 等，1992；Souza 等，1997）。FSH 浓度的增加似乎是 Fec^B 基因携带者多胎性能的重要因素（Montgomery 等，2001）。McNatty 等（1992）研究得出，尽管囊状卵泡是 Booroola 绵羊抑制素的主要来源，然而具免疫活性的抑制素并不与 Fec^B 基因关联，也不能用于反映由 Fec^B 基因引起的血浆FSH 浓度的差异。

虽然垂体摘除术试验可观察到卵泡特征发生差异，然而，布鲁拉绵羊的试验资料表明其卵巢功能的特异性可能不完全取决于垂体激素浓度（Montgomery 等，1992）。已发现的绵羊多胎基因是在卵巢水平上调控排卵率的，它们导致了胚胎期卵巢发育延迟和成年期卵泡不同的发育模式（Montgomery 等，2001）。

尽管发现 Fec^B 基因型两两之间卵泡发育存在重大差异，但不管是它们产生的胚胎存活力还是其子代生育力似乎没有差异。Campbell 等（2003）通过研究有力地证实了 Fec^B 基因的作用机制的假说，即该突变通过改变（增强）卵巢对促性腺激素的敏感性显著地提高排卵率，而不是改变作用于卵巢的促性腺激素受诱导的水平。

除了这个对产羔数性状表现加性遗传效应的常染色体突变（Fec^B）外，另两个在其他绵羊品种上鉴定的主基因 BMP15 和 GDF9 的突变被证明是超显性的。BMP15 基因的四个突变的杂合子个体均能增加产羔数，且它们的作用机制相同。BMP15，也称 GDF9B，是转化生长因子成员，在卵母细胞中特异性表达（Dube 等，1998；Laitinen 等，1998），其作用机制被预测为降低了 BMP15 的浓度，也被认为是由于卵泡发育的早熟导致排卵率和产羔数的增加（Moore 等，2004）。

尽管这些鉴定的主基因在卵泡发育不同的阶段发生作用，但这些品种排卵率的增加都与成熟卵泡体积变小以及卵泡颗粒层细胞的减少相关联，所以它们可能存在一个共同的作用机制。对这些基因和发现的突变在其他品种内研究将显示是否它们参与 $TGF\beta$ 信号转导。揭开一些重要的分子过程将有助于理解排卵率的年龄、营养和季节效应的作用机制。

主效基因的检测方法有偏离正态分布、主效基因指数法、复合分离分析法、候选基因法以及基因组扫描法。

候选基因鉴定法是定位数量性状基因的一种重要方法，其基本思路是根据已有的理化知识推断哪些基因可能参与了目标性状的形成，再分析这些基因在目标性状表型差异较大的品种或个体间的变化，最后在分子生物学水平证实基因的变异对目标性状表型变异的决定作用。对于多羔性状，主要是将一些调控卵泡发育的相关基因作为候选基因研究。候选基因法的局限包括：哺乳动物中大多数性状受多基因控制、突变的表象和假定 QTL 正好与某基因相邻，而这个基因允许一定程度的重组、存在不同位点间的互作效应（上位效应）。

（一）BMPR-IB 基因

Booroola 基因（Fec^B）是常染色体上主要对排卵率具有加性效应的基因，一个拷贝基因增加排卵率 1.5%，两个拷贝基因增加排卵率 3.0%。由于排卵率的增加，产羔率分别增加 1.0% 和1.5%。也已证明，绵羊 6 号常染色体上的 Fec^B 基因发生突变后，在卵母细胞和颗粒细胞中表达骨形态发生蛋白 IB 受体。例如，新西兰 Genomnz 实验室通过检测生产单位送来的血样（将血样滴在吸水纸上，干燥备用）中的基因突变情况，正在进行基因标记辅助选择。

根据基因突变的有无，可以将 Booroola 美利奴羊的起源追溯到 18 世纪末引入的 Garole 羊。基因检测结果表明，印度 Garole 羊大部分为 *BMPR-IB* 基因突变纯合子，从印度尼西亚 Javanese 羊也能分离出 *BMPR-IB* 基因相应突变，中国的小尾寒羊大部分也为 *BMPR-IB* 基因突变纯合子，湖羊几乎全部为突变纯合子，小尾寒羊和湖羊都起源于蒙古羊，至于蒙古羊和印度 Garole 羊之间的关系，还需进一步考证。

Fec^B 基因对不同品种母羊携带者的效应不同。美利奴和罗姆尼母羊携带者需要较高的饲养管理水平，否则会限制 *Fec^B* 基因的遗传效应。而在大部分纯合子 Garole 羊中，产羔数较高，与 Deccani 羊杂交后代具有单拷贝 Booroola 基因，能提高产羔数 0.5 个。中国江苏省东山镇资源保护区的湖羊产羔数高于西山镇和其他地区湖羊的产羔数，实验室经 DNA 检测发现湖羊均为 *BMPR-IB* 基因突变纯合子。可见，从管理水平到 Booroola 基因导入的方式都能影响其表达利用。

1980 年，澳大利亚和新西兰的育种学家对 Booroola 绵羊高繁殖力的研究证明这一表型属单基因遗传，通常认为这一遗传突变是由点突变、重复或缺失引起的。该主效基因以前命名为 F，1980 年被绵羊和山羊遗传命名委员会命名为 *Fec^B* 基因。Montgomery 等将人的染色体图谱与牛、绵羊的进行比较，发现 *Fec^B* 基因应当定位到绵羊 6 号染色体。*Fec^B* 基因对绵羊排卵数具有加性效应，对产羔数是部分显性的。一个 *Fec^B* 拷贝增加排卵数 1.3 ~ 1.6 个，两个 *Fec^B* 拷贝增加 2.7 ~ 3.0 个；携带一个 *Fec^B* 拷贝的母羊产羔数增加 0.9 ~ 1.2 个，携带两个 *Fec^B* 拷贝的母羊产羔数增加 1.1 ~ 1.7 个。

根据 Daniel Vaiman 等报道，山羊的 6 号染色体和牛、绵羊的 6 号染色体具有相同的功能，*Fec^B* 基因位于绵羊 6 号染色体，已经在 Booroola 绵羊、印度 Garole 羊、印度尼西亚 Javanese 羊、中国的小尾寒羊和湖羊中发现存在突变。因此，艾君涛（2005）选择 *Fec^B* 基因作为海门山羊和黄淮山羊的多胎候选基因。

艾君涛（2005）检测 74 只海门山羊、71 只黄淮山羊及 84 只波尔山羊和黄淮山羊杂交二代都不含有 *Fec^B* 突变基因。因此可以推断：海门山羊、黄淮山羊不存在 *Fec^B* 突变基因；波尔山羊可能也不存在 *Fec^B* 突变基因。采样的波淮杂交二代群体是纯种波尔山羊与黄淮山羊杂交所得，具有 3/4 波尔山羊血统，84 只均未检出突变，波尔山羊应该也不会有 *Fec^B* 突变基因突变。*Fec^B* 基因控制多种绵羊排卵率和产羔数，在基因辅助育种中起重要作用，艾君涛（2005）在三个羊群中没有检测到突变，可见，*Fec^B* 基因不能作为海门山羊、黄淮山羊和波尔山羊排卵率和产羔数的主基因。

（二）*BMP15* 基因

BMP15 基因位于绵羊 X 染色体上，于 1991 年首先在 Romney 羊上发现，该基因突变能增加排卵数约 1.0 个，但纯合母羊表现不育，在 1990 年 7 月于爱丁堡召开的绵羊和山羊遗传命名委员会一次会议上，确定了该基因的命名。指定给该基因的名字是"Inverdale"，座位是"FecX"。不育母羊有发育不完全的斑纹状卵巢，因此不能排卵。因 *BMP15* 基因位于 X 染色体上，公羊只能有一个拷贝的基因，可以传给下代母羊，但不能传给公羊。Galloway 等（2000）发现在 Inverdale 羊卵母细胞中表达的骨形态发生蛋白 15（*BMP15*）有一个点突变。迄今，已在 Romney 羊、Belclare 羊和 Cambridge 羊中发现 *BMP15* 基因存在 4 个对产羔数产生明显遗传效应的不同等位基因点突变（*FecX^I*，*FecX^H*，*FecX^G*，*FecX^B*），但这些绵羊群体

*BMP*15 的 4 个突变点都具有相同的表型。从表型和遗传效应来看，中国的小尾寒羊和湖羊应该没有 *BMP*15 基因突变，DNA 检测也没有发现小尾寒羊 *FecX^I*、*FecX^H* 突变。

在新西兰，Genomnz 实验室也把 *BMP*15 基因突变的检测运用于商业生产中。*FecX^I* 检测增加了 Inverdale 基因在新西兰、澳大利亚和苏格兰羊群中的应用，因纯合型母羊不育，育种过程中一定要避免同时携带 Inverdale 基因的羊配对。Inverdale 基因的遗传特点正好适合规模化养殖系统，利用专门的高产母羊与肉用公羊配对，其后代全部用来肥育屠宰。携带 Inverdale 基因的母羊比非携带者产羔数多 0.6 个，可与不携带此基因的公羊配对，将其后代母羊留种，以保留 Inverdale 高产基因。

储明星等最新的研究表明，小尾寒羊存在极少数的 *BMP*15 基因的 *FecX^G* 突变，是小尾寒羊除携带 *Fec^B* 基因外具有高繁殖力的又一原因。管峰等在我国湖羊上检测到 *FecX^B* 突变纯合子。

艾君涛（2005）选取 *BMP*15 基因作为多胎候选基因，对四个突变位点进行检测，结果所有的海门山羊、黄淮山羊及波淮杂交二代均未检出 *BMP*15 基因突变。可见，*BMP*15 基因这四个突变位点不是海门山羊、黄淮山羊和波尔山羊多胎的原因，但也不能排除在海门山羊、黄淮山羊和波尔山羊 *BMP*15 基因还存在其他的突变位点来控制其排卵率和产羔数。但根据调查，海门山羊，黄淮山羊和波尔山羊不育现象很少，还存在其他 *BMP*15 基因突变的可能不大，即便存在也会跟小尾寒羊、湖羊存在 *BMP*15 突变一样，其突变率不会太大。

（三）*GDF*9 基因

在剑桥羊和 Belclare 羊中，除了携带 *BMP*15 基因突变外，还携有 *GDF*9（*FecG^H*）突变。*GDF*9 基因突变与 *BMP*15 基因突变表型相似，杂合个体产羔数增加，纯合不育。与 *BMP*15 基因突变不同的是，*GDF*9 位于绵羊 5 号常染色体上。从现有的研究来看，*GDF*9 基因对排卵率的影响要大于 *BMP*15 基因，在剑桥羊和 Belclare 羊上单拷贝的 *GDF*9 基因突变可增加排卵数 1.4 个。李碧侠[14]等用 SSCP 分析法对小尾寒羊、湖羊、萨福克羊和多赛特羊进行研究，发现 *GDF*9 基因第一外显子 cDNA 第 152bp 处存在 A→G 转换，在湖羊、萨福克羊和陶赛特羊检测到这个突变，小尾寒羊没有检测到突变，但该突变对产羔数的影响还没有报道。

生长分化因子 9（growth differentiation factor9，*GDF*9）与骨形态发生蛋白 15（*BMP*15）类似，都是由卵母细胞分泌的一种生长因子，它对早期卵泡的生长和分化起着重要的调节作用。Hanrahan 等（2004）将 Belclare 绵羊和 Cambridge 绵羊 *GDF*9 基因编码区 1 184bp 处的碱基突变（C→T）命名为 B2 突变，也称作 *FecG^H* 突变。GDF9 基因突变与 *BMP*15 基因突变表型相似，杂合个体产羔数增加，纯合不育。单拷贝的 *GDF*9 基因突变可增加排卵数 1.4 个。但二者对产羔数的加性效应不同，从现有的数据来看，*GDF*9 基因任何一个突变对排卵率的影响都要大于 *BMP*15 基因。

以 *FecG^H* 突变为候选基因，结果在海门山羊、黄淮山羊及波尔山羊和黄淮山羊杂交二代中均未检出突变，可见此突变位点在海门山羊，黄淮山羊和波尔山羊群体中不存在，不能作为它们高产的原因。

（四）*Woodlands* 基因

Woodlands 基因（*FecX2*）是 Davis 等（1999，2001，2002）在研究高产 Coopworth 羊时

发现的。*Woodlands* 基因与 X 染色体连锁，对产羔数具有加性效应，单拷贝基因能增加排卵数 0.4 个。*Woodlands* 基因不遵循孟德尔遗传规律，为母本"印迹"基因，只有从父代遗传得到该基因的母羊后代才可以表现出高排卵性状。另外，只有当携带该基因公羊的母代是隐性携带者时，该公羊的后代母羊才可以表达该基因。

Woodlands 基因不同于 *BMP*15 基因，该基因的纯合母羊有正常功能的卵巢，具体的作用机制还有待于进一步研究。由于母本"印记"基因的隐性表达，纯合母羊可能与杂合母羊具有相同的排卵率。

根据产羔数记录，可以明显看出新西兰 Coopworth 公羊生产的后代母羊具有高产性能，可见 Woodlands 基因存在于大部分 Coopworth 羊中。由于育种值计算依据是产羔数的多基因遗传模型而不是主基因效应，因此为了在养羊业中有效利用该基因，必须开发基因标记检测技术，以确定公羊是否能够产生表达该基因的后代母羊。

（五）*Thoka* 基因

Thoka 基因（*FecI*）是 1985 年在 Icelandic 羊上发现并分离得到的绵羊多胎主基因。据 Jonmundsson 等（1985）报道，几乎所有 Icelandic 高产母羊都来自一只高产 Tahoka 母羊的后代。根据英国冰岛 Thoka 羊与 Cheviots 羊杂交后代 14 年的产羔记录分析，发现在常染色体上有能增加母羊 0.7 个产羔数的主基因。据记录，假定杂合型母羊和假定杂合型公羊配对，其中 46 只母羊有 7 只母羊不育（15.2%）。对假定杂合型母羊进行 DNA 检测，结果表明该突变既不是常染色体 Booroola 羊的 *BMPR-IB* 突变也不是与 X 染色体连锁 Inverdale 的 *BMP*15 突变。

（六）*Lacaune* 基因

Lacaune 基因可能是控制法国 Lacaune 肉用绵羊多胎性状的主基因。根据法国 Lacaune 肉羊商业性选育资料，某些绵羊具有较多的产羔数，并具有较高的遗传力，表明可能存在可分离的主基因。以后的后裔测定表明一个拷贝常染色体基因能增加排卵数约 1.0 个。对推测的杂合母羊和纯合母羊比较，发现这个基因和 Booroola 基因以相似的遗传方式对排卵产生加性效应，但 DNA 检测显示 Lacaune 羊不存在 Booroola 羊的 *BMPR-IB* 突变，自从 *Lacaune* 基因被定位于 11 号染色体之后，在 *Lacaune* 基因周围已鉴定出 10 个标记。

（七）促卵泡素 β（*FSHβ*）基因

FSH 是一种由垂体前叶分泌的糖蛋白。哺乳动物卵泡刺激素一般由 α 和 β 两个亚基组成，α 亚基为 FSH、LH、TSH 所共有，FSH 行使生物功能主要依赖 β 亚基的特异性作用。

Kato 等（1988）成功克隆了猪 *FSHβ* cDNA，之后，在 1990 年 Hirrai 等人克隆了 *FSHβ* 全基因。对卵泡刺激素 β 亚基基因序列分析结果表明，β 亚基上游存在一些潜在的调空元件。*FSHβ* 亚基基因的 RFLP 比较研究证明该基因存在品种间多态性，这种多态性是结构区插入造成的结果。关于哺乳动物 *FSHβ* 亚基基因位点的插入缺失现象在羊中亦有发现，具体位置是第 3 个外显子下游区段，而赵要风等（1998；1999）研究发现猪 *FSHβ* 亚基基因位点逆转座子插入片段位于第 1 个内含子靠近第 2 个外显子的区段。

把 *FSHβ* 亚基基因作为控制猪产仔数主效基因的候选基因与猪产仔数进行连锁分析，发现突变纯合子母猪比无突变的个体第一胎产仔数和产活仔数分别高出 2.53 头和 2.12 头，各胎次平均估计高出 1.5 头，可以推断 *FSHβ* 座位是控制猪产仔数主效基因，或与此基因存在紧密的遗传连锁。

（八）*ESR* 基因

ESR 基因在高等动物人、鸡、鼠中已得到了克隆和 DNA 序列测定。人类 *ESR* 基因被定位于 6 号染色体，小鼠被定位于 19 号染色体。Rothschild 研究组（1994）发现 *ESR* 基因与产仔主效基因紧密连锁，经过精细的定位研究将猪的 *ESR* 基因定位于 1 号染色体的 P^{24} ~ P^{25} 区。

Rothschild 等（1996）报道了猪 *ESR* 位点的 PvuⅡ多态性，猪 *ESR* 多态性是由于基因内部出现一个点突变，从而产生一个 Pvull 酶切位，发现 Pvull 酶切位点的优势等位基因与较高窝产仔数相关。

利用人 *ESR* 基因的 18kb cDNA 为探针与 Pvull 酶切的猪的基因组 DNA 进行 Southern 杂交分析，发现高产仔数的猪种会出现 25kb 和 37kb 的特异带。Rothschild 等（1996）报道，含有 37kb 条带的基因为 *B* 基因（优势基因），而肖璐（1997）等研究发现，低产仔数的大约克也具有 37kb 条带，这说明 37kb 片段的条带对产仔数可能在不同品种中遗传效应不同；而选择 25kb 条带可能是较为理想的高产仔基因的遗传标记，但还不能确定 25kb 片段本身就是高产仔数的主效基因还是与产仔数主基因相连锁，要解决这个问题还需在参考家系中进一步进行遗传连锁分析。

（九）*FSHR* 基因

卵泡刺激素受体（*FSHR*）的 cDNA 于 1990 年首次被克隆，颗粒细胞是雌性动物中表达 *FSHR* 的唯一一类细胞，但最近的报道证实 *FSHR* 及 *FSHR* 突变对生殖表型具有重要影响。

研究发现，有些多胎品种个体血浆中 FSH 的浓度高于单胎品种个体血浆中 FSH 的浓度、多胎品种垂体对 GnRH 的敏感性增强，且卵巢对促性腺激素的反应更敏感。因此，研究排卵率具有一定差异的品种或个体的 *FSHR* 基因特性，对于进一步研究多产分子机制具有重要意义。

雷雪芹等（2004）以秦川牛和荷斯坦奶牛的双胎母牛和单胎母牛为试验材料，以牛的 *FSHR* 基因的第 10 个外显子作为标记牛双胎性状的候选基因，用 SNP 法进行了多态检测，结果发现，双胎牛和单胎牛之间 *FSHR* 基因的第 10 个外显子的突变率差异明显。这表明，选择 *FSHR* 基因的第 10 个外显子有可能作为双胎性状的候选基因。不仅在 *FSHR* 基因的编码区发现了多态性，在结构基因上游的 5' 端转录启动调控区也发现了多态位点。魏伍川等（2002）采用 TaqI 酶切的 PCR-RFLP 技术，在中国西门塔尔牛的 *FSHR* 基因 5' 端发现两种等位基因 *A* 和 *B*，两种等位基因频率在中国西门塔尔牛的双胎牛、种公牛和单胎牛中差异极为明显。推测，*B* 等位基因在调控 *FSHR* 基因转录方面可能具有效率优势，从而有利于牛的排卵率、双胎率提高，用同样方法研究了小尾寒羊 *FSHR* 因 5' 端转录启动调控区序列，结果未发现多态性。

（十）*Inhibin/Activin* 基因

INHA、*INHBA* 和 *INHBB* 基因被报道对国外的一些绵羊品种的产羔数有显著的基因效应（Hiendleder 等 1996a，1996b，1996c；Jaeger 和 Hiendleder，1994），此外 *INHBA* 基因还被报道存在等位基因频率与一些绵羊品种的平均产羔数关联（Leyhe 等，1994；Hiendleder 等，1996c）。

抑制素基因/激活素基因曾作为 *FecB* 遗传基础的候选基因研究，因该基因能导致抑制素

A 和/或抑制素 B 或激活素的改变。生物活性、免疫活性和二聚体抑制素 A 在 *FecB* 携带者与非携带者间相似（De Souza 等，1997；Mc Natty *et al.*，1994；Henderson 等，1991）。原位杂交研究表明，尽管在卵泡基因合成的不同阶段，这些基因存在表达量的差异，但没有定性表达差异被发现。抑制素 βA 和抑制素 βB 基因微小的改变可能导致激活素蛋白的差异，体外的功能获得突变试验直接或间接地通过激活素蛋白发生作用能解释卵巢和脑下垂体发生的差异，然而，连锁研究却排除了抑制素基因作为 *FecB* 基因的位点。

Chenevix-Trench 等（1993）将 *INHBB* 基因作为异卵孪生遗传基础的候选基因之一，通过对 50 个有异卵孪生家族史的产双胎的母亲与同样个体数的对照组进行基因频率关联分析，结果未发现在这个基因与异卵孪生间存在连锁不平衡。但作者同时表明，由于不存在连锁不平衡并不代表不存在连锁，因此并不排除该基因有影响研究性状的趋势。为同样目标，Montgomery 等（1992）用 *INHA* 基因作为候选基因，对 1 125 个来自含 717 位产双胎母亲的 326 个系谱的个体进行基因分型及连锁研究，发现异卵孪生性状并不与 *INHA* 基因上的突变位点连锁，也依此推导在 *INHA* 基因附近的 *INHBB* 基因不可能是该性状遗传基础的主要因素。

然而，在人类健康性状候选基因研究领域，*INHA* 基因频率（129C→T；769G→A）被鉴定与卵巢早衰（POF）关联（Shelling 等，2000；Marozzi 等，2002；Dixit 等，2004），可作为该疾病的分子标记。不过，不同学者由于研究群体的不同也存在不一致的结论。另外，*INHBA* 基因及 *INHBB* 基因被鉴定不与卵巢早衰关联（Dixit 等，2004）。

最近，*INHA* 基因被 Kim 等（2006）作为位置候选基因（报道的 15 号染色体 QTL）用于猪主基因的鉴定。结果，这个基因与主要效应的突变间不存在连锁不平衡，表明两者之间已发生重组。

吴伟生（2007）研究发现：

（1）在波尔山羊群体 *INHA* 基因存在 12 个遗传多态，为-522C→G、-506→G、-446C→T、-155C→T、-65G→C、129G→A、567G→A、651A→G、792T→C、906C→T、911T→C、946A→C；海们山羊群体中存在除-522C→G 外的其他 11 个；马头山羊中选择性鉴定了-446C→T、-65G→C、567G→A、651A→G、911T→C、946A→C；努比山羊中选择性鉴定了-446C→T、-65G→C、567G→A、911T→C、946A→C；所有 12 个多态可能为这 4 个山羊品种间的共同多态。在 *INHBB* 基因区域检测到小于 5% 的 SSCP 多态。在 *INHBA* 基因的区域同样显示小于 5% 的带型差异个体。

（2）最小二乘分析显示，651A→G 位点对波尔山羊群体的第二胎产羔数存在显著差异，-446C→T 位点对马头山羊及努比山羊群体的第二胎均差异显著。946A→C 对马头山羊的第二胎差异极显著。

（3）波尔山羊群体样本在-446C→T、651A→G 和 792T→C 三个位点上及海门山羊群体样本在-155C→T、129G→A 和 651A→G 不处于哈代温伯格平衡；在所发现的多态位点中，除-506→G、-155C→T 和 651A→G 外的其他位点的基因型频率分布均与研究的群体关联。

（4）4 个中外山羊群体样本在 *INHA* 基因的外显子 2 存在一个两位点的完全连锁不平衡；波尔山羊和海门山羊在 *INHA* 基因的外显子 1 中存在另一个强的两位点连锁不平衡。在波尔山羊和海门山羊两个群体样本中，发现在一些两位点间，含两个"突变型等位基因"的单倍体型的缺失。但其中有一对位点的 9 种可能的基因型组合在马头山羊群体样本中被观察到，而且上述缺失的三种基因型组合也以一个较高的频率存在。这些基于基因频率的遗传差异的分析为遗传多态的关联分析提供了重要的参考与暗示。

（十一）褪黑激素受体基因

褪黑激素通过与其受体的结合来发挥其生物学功能，褪黑激素受体（Melatonin receptor，MTNR），属于 G 蛋白耦联受体家族。根据 MEL 受体与 2-^{125}I-MEL 结合的药理和动力学特性可将它们分为高亲和性的 MEL1 型受体和低亲和性的 MEL2 型受体。根据蛋白质同源性又可将 MEL1 型受体分为 MEL1a、MEL1b、MEL1c 三种亚型。MEL1a 多分布于下丘脑的视交叉神经上核（Suprachiasmtic nucleus，SCN）及垂体结节部，其 N-端含有两个糖基化位点。各种来源的 MEL1a 受体之间氨基酸水平同源性高达 80% 以上，MEL1b 受体基因多在视网膜中表达，其 N-端含有一个糖基化位点，与 MEL1a 受体在氨基酸水平的同源性约为 60%。MEL1c 受体与前两种受体相比，C-端多了 66 个氨基酸残基，氨基酸水平的同源性为 60%，跨膜区的同源性则高达 77%。目前哺乳动物中尚未发现 MEL1c 型受体，而对于绵羊等具有明显季节性繁殖特征的动物仅在垂体结节部发现 MEL1a 型受体，目前的研究也多集中在 MEL1a 型受体上。

MEL1a 型受体基因（Mel1a-melatonin receptor，MTNR1A）已在多种动物中得到了精确定位，Slaugenhaupt 等（1995）通过人 – 啮齿类动物体细胞杂交 PCR 分析将人 MTNR1A 基因定位到人染色体的 4q35.1，将小鼠 MTNR1A 基因定位到 8 号染色体近端，Messer 等（1997）通过遗传连锁分析将 MTNR1A 基因定位于绵羊 26 号染色体的 CSSM43 和 BM6526 之间，将猪 MTNR1A 基因定位于猪 17 号染色体的 17q1.1~q1.4，随后又进一步将猪 MTNR1A 基因定位到 17q1.2，牛的 MTNR1A 基因被定位在 27 号染色体两个微卫星标记 RM209 和 TGLA179 之间。

Archibald 等（1995）用 Taq I 酶消化 9 个猪种的 MTNR1A 基因，产生了 Taq I 酶切位点多态性；Ebisawa 等（1999）用单链构象多态性（SSCP）方法分析了昼夜节律睡眠失调患者及对照人群 MTNR1A 基因，发现了 7 个突变，导致两处的氨基酸变化：R54W 和 A157V。Barrett 等（1997）在绵羊的 cDNA 文库中分离出编码褪黑激素受体 MEL1A 基因突变型，在核苷酸序列上存在 8 处变异，导致 3 处氨基酸替换。Messer 等发现绵羊 Rsa I 酶切多态性，Polletier 等（2000）在两组繁殖性能有明显差异的美利奴母羊中发现 Mnl I 酶切多态性，且该酶切位点的缺失与 Arles 美利奴羊的季节性不排卵有关。Migaud 等（2002）克隆了山羊 Mel1a 受体基因第二个外显子，发现了 7 个点突变，其中一个突变（G-C）引起氨基酸 Gly-Arg 改变，但该突变没有引起 Alpine 山羊排卵间隔改变。

三、山羊繁殖性状相关基因的分子标记

广义的分子标记是指可遗传的并可检测的 DNA 序列或蛋白质。狭义的分子标记概念只是指能反映生物个体或种群间基因组中某种差异的特异性 DNA 片段，是指由于 DNA 分子发生缺失、插入、易位、倒位、重排或由于存在长短与排列不一的重复序列等机制而产生的多态性标记。狭义的分子标记概念已被广泛采纳，本文中的分子标记即为狭义概念。

不论是本品种内改良以培育新品系，还是通过与其他优良的品种进行杂交改良的方式培

育适应当地条件的新品系，选择都是最重要的一步，即使只是进行经济杂交产生商品代，亲代的选择也是极其重要的，若缺乏选择或效果差，杂交亲代便容易退化。

常规的选择有表型选择，如从母羊第二胎开始选择或选择第一胎产三羔的或前三胎高产的。因山羊繁殖性状表现出低遗传力（约0.152），常规选择效应有限，进展慢，而且容易不精确，使选择效果不稳定等。

随着分子生物学理论和技术的发展，采用标记辅助选择结合常规选择将能成功地解决这一难题。标记辅助选择是指由于某些易识别的DNA标记（如RFLR、微卫星DNA等）与某一数量性状基因座（quantitative trait locus，QTL）存在相关性或连锁关系，故可将它们作为遗传标记，对数量性状进行间接选择的一种选种方法。标记辅助选择技术相对于常规选择的优势在于它更少受限制性状和后期表达的性状（如产仔性状）的影响，对低遗传力性状的选择比较准确，能增大选择强度，缩短世代间隔，提高选择的准确性。

标记辅助选择的基本技术路线包括：①寻找包含QTL的染色体片段（10~20cM）；②在这些区域内标定QTL的位置（5cM）；③找到与QTL紧密连锁的遗传标记（1~2cM）；④在这些区域内找到可能的候选基因；⑤寻找与性状变异有关的特定基因；⑥寻找这些特定基因的功能基因座；⑦在遗传标记辅助下更加准确地对性状进行选择。

标记辅助渗入法就是利用标记信息，将特定的基因从一个品种渗入到另外一个品种。标记辅助渗入法在为了合并两个或更多品种优良特性而开展合成育种时非常有效。

（一）RFLP标记

限制性片段长度多态性（Restriction fragment length polymorphism，RFLP）标记是于20世纪80年代发展起来的第一代分子标记（Botstein et al.，1980），按孟德尔共显性标记遗传。所谓RFLP，是指用限制性内切酶（Restriction enzyme，RE，其识别序列一般为5~6bp）消化不同品种或个体的同源DNA分子，经电泳分离后表现出的限制性片段长度差异（刘云芳等，2002）。

目前，RFLP技术与PCR技术结合应用是检测DNA多态性和变异的快速方法。经PCR扩增出目的DNA片段后，用适当的限制性内切酶酶解，酶解后根据其片段大小差异，可选用琼脂糖凝胶电泳或聚丙烯酰胺凝胶电泳法进行分离，进行限制性酶切片段多态性分析（王镭和郑茂波，2002）。

自RFLP技术发现以来，人们在羊中发现了大量的RFLP标记。Tisdall和Penty（1991）在Merino和Romney免疫的卵泡抑制素位点发现Pst I RFLP。曹红鹤等（1994）在绵羊促卵泡素cDNA、胸腺基因组DNA及卵泡抑制素cDNA中发现EcoR I、Hind III和Taq I RFLP。李祥龙等（1997）利用18种限制性内切酶，研究了5个山羊品种共计33只个体的mtRNA，共检测出27种基因型，归结为8种单倍型。David等（2002）应用Forced PCR-RFLP技术，发现Merino绵羊存在Ava II RFLP。Galloway等（2000）在绵羊*BMP*15基因中发现Xba I和Spe I RFLP与绵羊高产性状有关。Hanrahan等（2004）在绵羊*BMP*15基因中发现Hinf I和Dde I RFLP，在*GDF*9基因中发现Dde I RFLP，均与绵羊高产性状相关。Pelletier等（2000）在绵羊*MTNR1A*基因中发现Mnl I RFLP与Merino母羊季节性不排卵活动相关。

（二）RAPD标记

随机引物扩增多态性DNA（Random Amplified Polymorphism DNA，RAPD）技术是由Williams和Welsh两个研究小组于1990年同时提出的一种用随机引物扩增来寻找多态DNA

片段的遗传标记技术（Williams et al.，1990；Welsh et al.，1990），利用该技术可进行物种亲缘关系、系统发育分子水平的鉴别，以及分子生物学和生态学的研究。

RAPD 标记的一个明显的特点是 RAPD 引物无特异性，可以用未知序列的基因组 DNA 作为模板，通过 PCR 扩增获得一组不连续的 DNA 片段，且 RAPD 所需引物较短，10 个左右的寡核苷酸即可，引物可以人工合成，也可以购买现成的商品。其次，一套引物可用于不同生物，建立一套标准引物，便可用于生物种内多态性鉴定。虽然 RAPD 操作简单，但需对大量引物进行筛选，试验结果对底物有依赖性，难以实现技术标准化（Demeke 和 Adams，1992；Koller 和 Lehamann，1992；Sti1les 和 Lemme，1994；陈鹏，1989）。

RAPD 在动物育种中得到了广泛的应用，现已在畜禽亲缘关系研究、品种鉴定、构建遗传图谱、标记辅助育种等方面取得丰硕成果。

王慧等（2001）用 RAPD 技术和混合分离分析（Bulked segregant analysis，BAS）方法对双羔家系的 26 只滩羊和对照系的 25 只单羔羊进行检测，发现 OPB17-530、OPB19-926 和 OPB20-1426 三条 DNA 片段仅出现在多羔家系的母本及多羔母本与单羔父本杂交产生的部分后代中，而在单羔羊中未发现这 3 条片段，据此可以推断 3 个 DNA 分子标记与多羔性能主基因有关；巩元芳等（2002）对我国 7 个地方绵羊品种（蒙古羊、湖羊、滩羊、小尾寒羊、乌珠穆沁羊、藏绵羊和阿勒泰羊）和无角陶赛特羊、德国美利奴羊、萨福克羊 3 个引入品种基因组 DNA 进行了 RAPD 分析，结果显示 RAPD 技术用于研究绵羊核 DNA 的遗传变异具有较高的检出率和灵敏度，绵羊品种间具有丰富的遗传多样性。曹少先等（2002）用 10 对随机引物对 11 个波尔山羊精液样本 DNA 进行随机扩增，发现 OPK09.4 标记阳性组山羊总采精量和平均每次射精量显著高于阴性组山羊，而 OPH14.3 标记阳性组山羊平均每次射精量和 OPH14.5 标记阳性组山羊精液冻后活力均显著低于阴性组山羊；用 22 对随机引物对波尔山羊、海门山羊和徐淮山羊 RAPD 分析，结果显示徐淮山羊与海门山羊遗传关系最近，与波尔山羊遗传距离次之，海门山羊与波尔山羊遗传距离最远。曹少先等（2001）用 19 对随机引物对 20 只波尔公山羊组织样 DNA 进行扩增，分析结果显示 OPE15.1 标记阳性组腰角宽显著高于阴性组，OPH15.8、OPE15.4 阳性组臀宽显著高于阴性组，OPH13.6、OPH13.8 等标记阴性组多个体尺、体重性状显著高于阳性组。陈世林等（2001）利用 RAPD 技术对辽宁绒山羊的遗传变异进行了分析，并根据它们的 RAPD 指纹图计算了遗传变异（0.247 5）。陈世林等（2002）利用 RAPD 技术对西藏绒山羊、内蒙古绒山羊和辽宁绒山羊的遗传变异进行了分析比较，根据 RAPD 指纹图计算了遗传距离，得到西藏绒山羊同内蒙古绒山羊的遗传距离为 0.087 6，西藏绒山羊同辽宁绒山羊的遗传距离为 0.160 1，内蒙古绒山羊同辽宁绒山羊的遗传距离为 0.080 3，西藏绒山羊、内蒙古绒山羊、辽宁绒山羊的遗传变异分别为 0.326 6、0.262 2、0.247 5。

（三）微卫星标记

微卫星（miocrosatelites），亦称简单序列重复（Simple sequence repeats，SSR），是真核生物基因组重复序列中的主要组成部分，也是高等真核生物基因组中种类多、分布广、具有高度多态性和杂合度的分子标记。

微卫星 DNA 是由包含一段单拷贝 DNA 侧翼的简单重复模块串联组成的长达几十个核苷酸的重复序列，重复单位长度一般为 1~6bp，重复次数从几次到几十次不等（陈鹏，1989），经过 PCR 扩增所得产物为 100~300bp，而且基因型间的差异可能仅为几个 bp，一般通过聚丙烯酰胺凝胶电泳分离，溴化乙锭染色或银染法显色进行研究。

微卫星 DNA 由于核心序列重复次数的不同而造成了每个座位上 DNA 片段长度不同而产生多态性，微卫星突变的遗传学机制现在尚不清楚，目前大多数研究者认为微卫星重复性的多态性是由于减数分裂过程中的不平衡交换或复制修复过程中滑链错配所致（安瑞生等，2002）。Christians 等（1992）认为微卫星的形成主要是 DNA 复制过程中的滑动或 DNA 复制和修复时滑动链与互补链碱基之间的错配，从而导致 1 个或 n 个重复单位的缺失或插入。Johnson（1992）和 Pupko（1999）等认为，2 条染色体间 DNA 重组过程中发生的不等交换以及基因转换可能是引起微卫星多态性产生的主要原因。Levinson 等（1987）认为在 DNA 复制合成的过程中发生了局部解链，引起微卫星存在区域的新生链和模板链相对滑动而产生错配，使得 1 个或者几个重复单位形成环状而未能参与配对，从而导致了微卫星多态性的产生。

微卫星 DNA 的功能目前尚不是很清楚。King 认为三核苷酸重复可能在基因组中充当自然发生的特异性位点突变调节因子的角色。目前，已发现微卫星能参与遗传物质的结构改变、基因调控及细胞分化过程，它有自身特异的结合蛋白，并能直接编码蛋白质，是一种非常活跃的碱基序列。微卫星在促进染色体凝集、维持染色体结构等方面也有作用，可参与染色体折叠、端粒的形成等。一些微卫星还可能与致盲性、性别分化、X 染色体失活有关。微卫星的序列变化多样，在基因组中可能通过改变 DNA 结构或通过结合特异蛋白来发挥作用。

微卫星具有高度的保守性和位点的多态性，目前微卫星主要应用于以下领域：构建基因图谱、制作 DNA 图谱、定位功能基因和 QTL、血缘鉴定与血缘控制和生物群体遗传多样性的研究等（陈红菊等，2004）。

人们用微卫星标记分析山羊的遗传多样性，Luikart 等（1990）把 22 个微卫星用于山羊的家系检测，22 个位点杂合度的范围为 0.028 ~ 0.882，平均为 0.611，等位基因数范围 2 ~ 11，其中安哥拉山羊有最高的平均杂合度。YangL 等（1999）用 6 个微卫星标记检测我国 5 个地方山羊品种（西藏绒山羊、内蒙古绒山羊、辽宁绒山羊、太行山羊和马头山羊），这 6 个位点均表现多态性，等位基因数 8 ~ 11。Kim 等（2002）用微卫星来分析韩国和中国山羊的遗传多样性，在 9 个微卫星位点中共发现 62 个等位基因，每个位点都具有多态性，等位基因数为 4 ~ 10。Menghua Li 等（2002）用 26 个微卫星标记对我国 12 个地方山羊品种的遗传关系进行分析，其中有 17 个位点表现出遗传多样性。赵艳红等（2003）用 5 个微卫星位点在 6 个山羊群体中进行扩增，该 6 个位点均表现出多态性。张英杰等（2003）发现微卫星标记 OARAE101 和 MCM38在波尔山羊、太行山羊和河北奶山羊存在多态性，波尔山羊遗传变异程度最大，河北奶山羊遗传变异程度相对较小。Chenyambuga 等（2004）用 19 个微卫星标记对非洲山羊品种遗传多样性进行分析，结果每个位点在山羊群体中均表现多态，每个标记的等位基因数均大于最小等位基因数。欧阳述强等（2005）分析了微卫星标记 BMS2508 在波尔山羊、南江黄羊、贵州黑山羊和湘东黑山羊中的多态性，结果表明该位点在这 4 个山羊品种中存在多态性，等位基因片段大小为 93 ~ 145bp，湘东黑山羊群体遗传变异最大，波尔山羊次之，贵州黑山羊和南江黄羊遗传变异最低。

（四）AFLP 标记

扩增片段长度多态性（Amplified Fragment Length Polymorphism，AFLP）是 1992 年由荷兰 Keygene 公司的 Zabeau 和 Vos 等在 PCR 和 RFLP 技术的基础上发展起来的一种 DNA 指纹

分子标记技术。

AFLP 的基本原理是对基因组总 DNA 酶切后进行 PCR 选择性扩增。具体做法是：①基因组 DNA 经限制性内切酶酶切后，形成分子量大小不等的随机限制性片段，对于较复杂的基因组，AFLP 技术一般采用两种限制性内切酶，一种为寡切点酶，一种为多切点酶，通过二者的搭配，可以控制产生合适的片段数量和大小，保证在电泳可以分辨的范围内；②将特定的人工合成的双链接头（Artificial Adaptor）连在这些片段两端，形成一个带接头的特异片段，作为 DNA 扩增的模板，通过接头序列（Adaptor Sequence）和 PCR 引物 3' 端选择性碱基进行扩增；③扩增片段通过变性聚丙烯酰胺电泳分离检测（郑嫩珠等，2004；王伟继等，2005）。

AFLP 标记信息量大、多态性丰富、灵敏度高、可重复性强，不需要预先知道研究对象的遗传背景，分析所需 DNA 量少，受反应条件影响不大，因此在生物的遗传多样性分析、种质鉴定、标记辅助育种、基因定位、遗传图谱的快速构建、基因表达与调控以及分类进化研究等领域得到了广泛的应用（王青山等，2005）。

Marsan 等（2001）用 EcoR I /Tag I 引物对分析 7 个意大利山羊种群内和种群间遗传多样性，其中只有 1 个种群的遗传多样性与地理距离无关。其余 6 个山羊种群遗传多样性与地理分布有关；曹少先等（2002）应用 36 对引物对波尔山羊、徐淮山羊和海门山羊 AFLP 多样性进行研究，共得到 3 253 个标记，包括多态标记 92 个，平均每个引物组合扩增 3.17 个多态标记，多态频率达 2.8%。苟本富等（2003）应用 10 条 AFLP 引物，Pst I 酶切，对 15 只小香羊和 15 只乌羊基因组 DNA 进行 AFLP 检测，在小香羊中共获得 113 个 AFLP 标记，单引物获得的标记数为 2~19，群体相似系数 AFLP 研究结果为 0.913（0.814~0.980），在乌羊中获得 116 个 AFLP 标记，单引物获得的标记数为 2~21，群体相似系数 AFLP 研究结果为 0.897（0.798~0.976）。

（五）SSCP 标记

日本 Orita 等（1989）研究发现，单链 DNA 片段呈复杂的空间折叠构象，这种立体结构主要是由其内部碱基配对等分子内相互作用力来维持的，当有一个碱基发生改变时，会或多或少地影响其空间构象，使构象发生改变，空间构象有差异的单链 DNA 分子在聚丙烯酰胺凝胶中所受阻力大小不同。因此，通过非变性聚丙烯酰胺凝胶电泳（PAGE），可以非常敏锐地将构象上有差异的分子分离开，作者称该方法为单链构象多态性（Single-Strand Conformation Polymorphism，SSCP）分析。

单链构象多态性是一种在不同的电泳分离技术上，揭示这种相同 DNA 长度含不同碱基序列组成的 DNA 片段多态性。其原理是：在琼脂糖凝胶和中性聚丙烯酰胺中电泳时，双链 DNA 片段电泳速率主要取决于 DNA 片段的长度，与碱基序列和组成无关，在含变性剂的凝胶中，DNA 单链的电泳速率同样取决于 DNA 片段的大小，在不含变性剂的中性聚丙烯酰胺凝胶中电泳时，DNA 单链的迁移率除与 DNA 长度有关外，更主要是取决于 DNA 单链的构象。在非变性条件下，DNA 单链可自行折叠形成具有一定空间结构的构象，这种构象由 DNA 单链碱基序列决定，其稳定性靠分子内部的相互作用（主要为氢键）来维持。相同长度的 DNA 单链因序列不同，甚至单个碱基的改变，都会造成单链构象的变化，从而引起电泳迁移率的不同，表现出多态性（熊远著，1999）。

随着分子生物学技术的发展，尤其是 PCR 技术问世以后，各种与 PCR 相结合的基因检测技术进一步推动了基因研究的发展，PCR 技术与 SSCP 技术相结合，就产生了 PCR-SSCP 技术，其基本过程是：①PCR 扩增靶 DNA；②将特异的 PCR 扩增产物变性，使之成为具有一定空间结构的单链 DNA 分子；③将适量的单链 DNA 进行非变性聚丙烯酰胺凝胶电泳；④最后通过放射性自显影、银染或溴化乙锭显色分析结果，若发现单链 DNA 迁移率与正常对照组相比发生改变，就可以判定该单链构象发生改变，进而推断该 DNA 片段中可能有碱基突变。

该方法简便、快速、灵敏，不需要特殊的仪器，但它也有不足之处，例如，它只能作为一种突变检测方法，要最后确定突变的位置和类型，还需进一步测序；电泳条件要求也较为严格；另外，由于 SSCP 是依据点突变引起单链 DNA 分子立体构象的改变来实现电泳分离的，这样就可能会出现当某些位置的点突变对单链 DNA 分子立体构象改变不起作用或作用很小时，再加上其他条件的影响，使聚丙烯酰胺凝胶电泳无法分辨造成漏检。尽管如此，该方法和其他方法相比仍有较高的检出率。首先，它可以发现靶 DNA 片段中未知位置的碱基突变。经试验证明小于 300bp 的 DNA 片段中的单碱基突变，90% 可被 SSCP 发现，现在知道的单碱基突变绝大多数可用该方法检测出来。另外，SSCP 方法可通过聚丙烯酰胺凝胶电泳将不同迁移率的突变单链 DNA 分离，并且还可以进一步提纯。

赵兴波等（2001）应用 PCR-SSCP 技术发现小尾寒羊、乌珠穆沁羊、湖羊、萨福克羊和夏洛来羊线粒体 DNA 控制区左功能域中存在多态，提示现代绵羊品种在起源上存在两种主要的进化途径。李碧侠等（2003）采用 PCR-SSCP 技术分析了繁殖性状候选基因 GDF9 在小尾寒羊、湖羊、多赛特羊和萨福克羊 4 个绵羊品种的多态性，结果在该基因 cDNA 第 152 处发现一处 SNP，该突变导致氨基酸改变（天冬酰胺-天冬氨酸）。储明星等（2005）采用 PCR-SSCP 技术分析了肌细胞生成素（MYOG）基因 Exon1 在小尾寒羊、湖羊、多赛特羊和萨福克羊 4 个绵羊品种中的多态性，结果在 MYOG 基因 cDNA 第 183 处发现单碱基突变（C-T），并导致氨基酸突变（丙氨酸-缬氨酸）。李美玉等（2004）以鲁北白山羊、波尔山羊、以及鲁北白山羊与波尔山羊杂交一代、回交一代共 274 个样本为研究材料，采用 PCR-SSCP 技术分析了山羊生长激素 5' 调控区进行分析，共发现 5 处突变，分别为 60 位 C-T、211 位碱基 C 缺失、264 位 T-C、292 位 T-A、372 位 C-T。闵令江等（2005）采用 PCR-SSCP 技术分析鲁北白山羊、波尔山羊、以及鲁北白山羊与波尔山羊杂交一代、回交一代生长激素 5' 调控区多态性，共发现 5 处点突变，对突变位点产生的不同基因型与体重与体尺性状进行关联分析的结果表明波尔山羊 AA 型个体的初生重、周岁重显著高于 BB 型和 AB 型，杂交一代中断奶重、周岁重也以 AA 型偏高，但不同基因型间的差异均不显著，而鲁北白山羊 BB 基因型个体体重相对于另外两种基因型偏低，且断奶重的差异达到显著水平。

（六）SNP 标记

随着人类、拟南芥（Arabidopsis thaliana）和水稻（Oryza sativa L.）等多种高等生物基因组测序的完成，人们已经开始致力于生物基因组序列差异的发现和研究。单核苷酸多态性（Single nucleotide polymorphism，SNP）的筛选及其检测正成为研究者们广泛关注的焦点。

1994 年，SNP 这个概念第一次出现于人类分子遗传学杂志，1996 年，美国麻省理工大学人类基因组研究中心 E. S. Lander 第一次提出 SNPs 为新一代的分子标记。随后由于 SNP 检测与分析技术的飞速发展，特别是与 DNA 微阵列和芯片技术相结合，使其迅速成为继 RFLP 和微卫星标记（SSR）之后最有前途的第三代遗传标记系统，正在生物医学、农学、生物进化等众多领域发挥着巨大的作用。

SNPs 是指基因组 DNA 序列中由单个核苷酸（A，T，C，G）变异引起的多态性，包括单碱基的转换（transition）和颠换（transversion），其中最少的一种等位基因在群体中的频率不低于 1%。通常所说的 SNPs 不包括碱基的插入、缺失以及重复序列拷贝数的变化（Brookes et al.，1999），因为在基因组 DNA 双链中一条单链某个核苷酸发生置换时，其互补链的对应位点上同样也发生相应的改变，此时才能视为出现一个 SNP（Jonathan et al.，2004）。一般来说，在任何已知或未知的基因内或附近都有可能找到 SNPs，在单个基因或整个基因组中 SNPs 的分布不均匀，在非编码区中的突变明显高于编码区突变。根据 SNPs 的分布位置，可将其分为：①基因编码区 SNPs（coding SNP，cSNP），其中未引起蛋白质编码氨基酸序列改变的称为同义编码 cSNP（synonymous cSNP，s-cSNP），引起蛋白质编码氨基酸序列改变的称为非同义编码 cSNP（nonsynonymous cSNP，ns-cSNP）；cSNP 比较少，ns-cSNP更少，但它在遗传病和育种的研究中却备受关注；②基因周边 SNP（pSNP）；③基因内 SNP（iSNP）。大多数 SNPs 位于非编码区，目前已有的人类基因组 SNP 图谱中共有 142 万个SNPs，其中只有约 4.23% 位于外显子内，非编码区 SNP 有的与调节基因的作用有关，会引起基因功能改变，蛋白质的亲和力也会发生变化，在群体遗传和生物进化研究中也具有重要的意义（Wang et al.，1998；Syvanen et al.，2001；The International SNP Map Working Group，2001）。

SNP 之所以在遗传学分析中作为一类遗传标记得以广泛应用，主要源于以下几个特性：①SNP 位点的丰富性。SNP 几乎分布于整个基因组，据估计，在人类基因组中大约平均每 1 000bp 就会出现 1 个 SNP，在其他哺乳类动物中 SNP 的频率为每 500~1 000bp 出现1 次，玉米 1 号染色体中每 100bp 左右就出现 1 个 SNP，其多态性程度大大高于人类和果蝇（O'Brien et al.，1999；Tenaillon et al.，2001；The International SNP Map Working Group，2001）；②SNP 位点的遗传稳定性。相对于微卫星位点来说，SNP 的突变率较低，尤其是处于编码区的 SNP 是高度稳定的，有利于对群体进行遗传分析，也易于发展高通量技术对其进行大规模检测，如基因芯片等的应用；③富有代表性。某些位于基因内部的 SNP 有可能直接影响蛋白质结构或表达水平，因此它们可能代表疾病遗传机理中的某些作用因素；④SNP 在种群中是二等位基因分子标记。理论上，在一个二倍体生物群体中，SNPs 可能是由 2 个、3 个或 4 个等位基因构成，但实际上 3 个或 4 个等位基因的SNPs 很罕见，故 SNPs 通常被简单的称为二等位基因分子标记（biallelic marker）（熊远著，1999）。在对基因组筛选时往往只需要对 SNPs 进行" +/-"分析，无需进行长度分析，因此有利于发展自动化技术来筛选或检测 SNPs（Tenaillon et al.，2001）。

目前可以用来检测 SNP 的方法很多，凡是理论上能检测点突变的方法技术都能用来检测 SNP，常用的检测方法有：①DNA 片段直接测序法，这是检测 SNPs 最直接、最容易实施的方法。通过对不同个体同一基因或基因片段进行测序和序列比较，以确定所研究的碱基是否变异，其检出率可达 100%。采用直接测序法，还可以得到 SNP 的类型及其准确位置等SNP 分型所需的重要参数；②PCR-SSCP 法，PCR 产物变性后，单链 DNA 经中性聚丙烯酰胺凝胶电泳，靶 DNA 发生改变时，因迁移率变化就会出现泳动变位，从而可以进行 SNP 的检测；③PCR-RFLP 法，如果 SNP 产生或消除了某个限制性内切酶位点，则可通过 PCR 产物酶切后电泳检测；④AS-PCR（Allele-specific PCR）法，PCR 反应中引物 3' 端对引物的延伸具有至关重要的作用，若这个碱基与模板互补，则引物能不间断延伸，PCR可以正常进行，得到特定长度扩增片段，反之则不能，因此将突变与正常等位基因所不同的那个碱基安排在3' 末端进行PCR扩增，通过观察扩增片段的有无，即可进行SNP检测；⑤基因芯片（Gene-chips）法，基因芯片是利用核酸杂交原理建立起来的一种高度集成化、并行化、多样化、微型化和自动化的SNP检测技术，是一种高通量SNP检测平台。具体检测过程为：通过PCR扩增得到带荧光标记的单链待测DNA样品，在一定条件下与固定在芯片上的阵列探针杂交；或者是PCR扩增无荧光标记DNA样品，在一定条件下与固定在芯片上的阵列探针杂交后，用链霉亲和素偶联的荧光素作为显色剂进行染色，如果待测序列与探针完全互补，就发出强的荧光，否则，荧光信号就会很弱，利用激光共聚焦显微镜或其他荧光显微装置对芯片进行扫描，由计算机收集荧光信号并转化为数字信号后进行分析（汪维鹏等，2006；李艳杰等，2003；贾玉艳等，2003）。

第二节　肉羊选种理论

选择的目的是为了富集肉羊群体内的优良基因，增加优良基因型个体的数量，防止不良基因型个体后代在群体内存在。我国的肉羊育种羊群比较分散，每个群体一般比较小，很难实施有计划的高强度的选择。从所发表的文献表明，在过去对地方山羊的选育来看，对于肉用性能没有较大的遗传改进。

期望的年度选择反应（R）是以下四个参数构成的模型，即选择强度（i）、世代间隔（t）、选择精确性（p，真实育种值和观察值的相关）、加性遗传标准差（δ_A）。选择反应模型 R 为：

$$R = i \cdot p \cdot \delta_A / t$$

育种者所能控制的参数仅是 i、t 和 p，而 δ_A 则是由育种群体和所选择的性状决定的。在育种中应用这个公式的优点是，在一定的选择强度下，通过改变 p 值能适应不同的选择类型，如后裔测验、同胞测验、系谱和个体测定。对这些参数进行讨论就可以看出它们在肉羊遗传改进中所起的作用。下面就影响肉羊选择进展的速度和精度的一些因素进行讨论。

一、选择强度（i）

选择强度由肉羊群体内的留种比例确定。假定在正态分布下截顶选择，标准化的选择差等于截点处纵高除以选种率。这个数值在许多统计书上都有详细的讨论，此处不再详述。选择反应对选种率的变化不是线性的关系。

在肉羊育种方面，后裔测验可以有5%的公羊选种率。这时的选择强度为2.064。母羊生长速度的成绩测定可以有70%的最大选种率，或者0.497的选择强度。勉强可以通过在其他方面减少淘汰来寻求增强母羊入选机会。

二、选择精确性（p）

选择精确性是肉羊的基因型和表型间的相关。它取决于性状的遗传力和选择时对每一候选者的有效信息含量。选择的期望改进量更是受遗传力大小的影响。根据半同胞和后裔测定进行选择精确性取决于可利用的记录数。因此，它们不能与系谱或个体选择相比较。不过，如果知道可用的半同胞或女儿数，那么就可以比较不同的选择类型所获得选择效率。

表 2-2 是不同选择类型的选择精确性估算值。从表 2-2 中可以看出，在遗传力为 0.1~0.8 时，后裔测定的精确性最大。当遗传力超过 0.8 时，个体选择优于半同胞选择。遗传力在 0.1~0.6 时，用 10 个或更多的半同胞姐妹进行半同胞测定优于系谱测定（仅有一个亲本时）。在遗传力低时，将祖代和亲代记录合用可获得最大效果。在高遗传力时，祖代记录的价值相对较小。全同胞比半同胞记录的利用价值高。个体本身的成绩记录比半同胞记录更好。

表 2-2 不同选择类型的选择精确性

| 遗传力 | 系谱 | | 个体 | 半同胞 | 全同胞 |
	一个亲本	两个亲本		$N=20$	$N=20$
0.1	0.16	0.22	0.32	0.29	0.59
0.2	0.23	0.32	0.45	0.36	0.72
0.3	0.28	0.39	0.55	0.39	0.79
0.4	0.32	0.45	0.63	0.41	0.83
0.5	0.36	0.50	0.72	0.43	0.86
0.6	0.39	0.55	0.77	0.44	0.88
0.7	0.42	0.59	0.84	0.45	0.90
0.8	0.45	0.63	0.89	0.46	0.92
0.9	0.48	0.67	0.95	0.46	0.92
1.0	0.50	0.71	1.00	0.47	0.93

三、加性遗传标准差（δ_A）

如果个体间没有差异，选择显然没有任何实际价值。标准差、方差和变异范围都是表示个体间变异的指标。加性遗传标准差是表型标准差与遗传力平方根的乘积，它的平方就是加性遗传方差。加性遗传方差与遗传力直接成正比。为了确定肉羊候选性状可能的期望遗传进展，需要了解不同性状的标准差。

四、世代间隔（t）

肉羊育种者最感兴趣的是单位时间内的遗传进展，这是表示育种实际效率的经济技术指标，因此，世代间隔就显得特别重要。有些选择方法实际上延长了世代间隔，从而使其失去了在育种实践中的优势。后裔测定虽然增加了选择精确性，但延长了世代间隔，其结果实际上降低了肉羊许多性状的年改进量。

肉羊育种实践和许多其他家畜育种一样，允许公母羊间有不同的世代间隔、选择强度和精确性。可以进一步划分为公羊之父、母羊之父、公羊之母和母羊之母，这四组的每一组都可有不同的遗传进展和世代间隔。这种育种上的宽容是值得的，它在最大限度上应用了理想型个体的遗传贡献。

在公羊进行后裔测定时，选择强度和选择精确性常有互作关系。由于实际群体和育种资源有限，若测定更多公羊则需要降低每头公羊的后裔记录数。为了最大的遗传进展，需要确定测定数和测定精确性间的最优平衡关系。此外，还有许多其他因素应该考虑，包括相关性状、年轻公羊的初选和公羊死亡等。这些关系较为复杂，要找到一个经济的、遗传和实际的有效平衡关系是一项很大的实际研究工作。

五、遗传进展通径

肉羊的基因传递通径是，父到公羊，父到母羊，母到公羊和母到母羊。在公羊后裔测定和母羊的个体选择时，人工授精公羊的后备母羊的父亲贡献69%的遗传改进量，而其母亲则贡献31%的遗传改进量。每一个通径的贡献如下：

父亲→公羊：0.36　父亲→母羊：0.28；

母亲→公羊：0.33　母亲→母羊：0.03。

由于公羊有较大的选择强度，育种值估计精确性较大，后代数较多，所以公羊对遗传进展的贡献是很大的。

六、直接选择

通过对现有羊群淘汰获得的进展将取决于重复力。肉羊大多数经济性状的重复力是中低等的。繁殖性状，如产羔间隔、配种期和每次怀孕的配种次数等的重复力较低。

通过淘汰低产个体，获得现有羊群的生产性能的遗传进展的精确估计值可用如下公式求得，遗传进展 $=p \cdot d$，其中 p 为淘汰比率，d 为淘汰与留种个种间性能差异。

七、选择相关反应

选择肉羊的一个性状（性状1）往往导致另一个性状（性状2）的加性遗传值的平均增加，这就是选择性状1引起性状2的相关反应。因此，相关反应取决于性状1的遗传进展和性状1单位改变量引起性状2的遗传改变量。性状2的相关反应（ΔG）为：

$$\Delta G = r_g \cdot h_1 \cdot h_2 \cdot i \cdot \delta_p$$

其中 r_g 为两性状的遗传相关；h_1 和 h_2 为两性状的遗传力平方根；i 是选择强度；δ_p 是表型标准差。为了获得相关反应的选择就是间接选择。这种方法改进性状2（直接关心的性状）的有效性是可以计算的，也可以与直接选择性状2的遗传改进量进行比较。相对于直接选择反应，间接选择的期望反应可用期望反应率来表示。如果两个性状的选择强度相同，那么间接选择的期望相对改进量可用下式表示：

$$\Delta G = (r_g \cdot h_1 \cdot h_2 \cdot i \cdot \delta_p) / (h_2^2 \cdot i \cdot \delta_p) = r_g \cdot h_1 / h_2$$

这里，h_1 为性状1的遗传力平方根；h_2 为性状2的遗传力平方根；r_g 为两个性状的遗传相关。因此，相关反应取决于性状间的遗传相关、遗传力、选择强度和性状2的表型方差。在肉羊育种中，有时采用通过性状1对性状2进行选择，往往比直接对性状2的选择更为合理和有效。特别是对一些限性性状和晚期性状，如净肉率、成年体重、肉质以及公羊的产羔指数等。

间接选择比直接选择更为有利的基本条件是性状1（次选性状）的遗传力高，性状1和性状2（主选性状）间有中等以上的遗传相关，或者性状1的遗传力为中等而两性状有高的遗传相关。遗传相关的符号对性状1并无影响，因为负相关意味去掉度量值大的个体。这就是说，在间接选择时，性状2的遗传力可以很低，而性状1（直接对其进行选择）的遗传力则应尽可能的高。性状间遗传相关也应相当高，尽可能大于0.5。遗传相关高，遗传力差异大，那么相关反应的优势也就越大。

八、独立淘汰

由于独立淘汰法的简单性和可以随着记录资料的获得对群体进行顺序截顶选择，所以它是一种方便易行的选择方法。而指数选择法从理论上讲，要待到所有记录资料都得到后才进行淘汰。正是这种顺序淘汰方案耗费低，使得独立淘汰法的经济总效率比指数选择法要高。在肉羊育种中，多数育种方案中不同程度应用了独立淘汰法。

可是，由于需要找到一个使独立淘汰法最有效的截顶值，在计算上的复杂性可能会带来应用上的一些不便。最近，一些研究者先后给予出了有关独立淘汰法的最适截顶值的计算机程序，这对该方法的进一步应用大有好处。

九、指数选择

单个性状的选择反应可以利用包括与该性状相关的其他性状的指数得到加大。例如，利用双亲的生长成绩与候选肉羊的生长成绩一起制定一个选择指数，可以加大对肉羊生长性状的遗传改进。通常情况下，肉羊往往需要同时改进几个性状，这时可以应用选择指数，这需要给每一个性状一个用基因型值表示的相对净经济加权值。指数选择法可以将可利用的记录资料综合到一个分数或指数中去，利用这个分数可以对肉羊个体排队。选择指数法已在以下几个方面得到利用：①利用从亲属来的记录对个体单个性状进行选择；②利用个体本身记录选择几个性状；③选择品系或品系杂种。

指数选择的复合育种值是：

$$H = \sum_{i=1}^{n} a_i \cdot g_i$$

这里 g_i 是性状 i 的基因型值；a_i 是性状 i 的净经济加权值。按照矩阵，指数可以表示为：

$$I = \sum_{i=1}^{n} b_I \cdot X_I$$

这里，x_I 是性状 i 的表型值；n 为性状个数；b_I 是 x_I 的偏回归系数。

指数方程解 $b = p^{-1} \cdot G \cdot a$，这里，$b$ 是 n 个性状偏回归系数的 $n \times 1$ 向量；p 是 $n \times n$ 的表型方差和协方差矩阵，总是奇异矩阵；G 是 n 个变量和 n 个性状组成的 $n \times n$ 的基因型方差和协方差矩阵；a 是经济值的 $n \times 1$ 向量。

指数的方差为：$\delta_i^2 = b' \cdot p \cdot b_I$

总的基因型变化：

$$\Delta H = i \cdot \delta_I$$

其中，i 是选择强度。

基于指数选择，每一性状产生的变化为：

$$\Delta h_k = \sum_{i=1}^{n} (b'_j \cdot G_{jk})/(b' \cdot b \cdot p)$$

其中，b_j 和 G_{jk} 是相应矩阵 b 和 G 的元素。

用指数选择法同时对几个性状选择是困难的，因为不知道各性状的相对经济值，实际上这种经济加权值因不同的育种者或育种组织对各经济性状的强调程度不同而有所不同。选择指数中的性状越多，对每一个性状而言，其单位时间内的遗传进展会减少。

在一些情况下，通常的选择指数法不能应用：①当两种性状具有同样的经济重要性，而且呈负的遗传相关；②产品的价值随生产水平的不同而变化，这时就需要使用限制性选择指数。就某一特别性状 COV $(I, Y_i) = 0$，可以使某一复合基因型的选择最优化，结果使特定的一个或多个性状（Y_i）不发生遗传变化，而另一些性状发生预计的遗传进展。

十、产肉力选择

对肉羊育种而言，肉羊的产肉能力当然是第一重要的。肉用性状包括生长速度、胴体品质和生产效率。在生产效率方面，肉羊的繁殖性能占的比重较大，它是肉羊生产经济效益的一个重要组成。如果繁殖力高，每个商品羊所分担的母羊饲养成本就较低，所以，有的育种者甚至将肉羊的繁殖性能和肉羊的生长速度看得同样重要。

肉羊的生长性状具有中高等遗传力，这对肉羊的选择是十分有利的，就是用简单的表型选择，遗传进展也较快。表 2-3 是南江黄羊的体重、体尺和日增重的遗传力。

表 2-3 南江黄羊体重、体尺和日增重的遗传力

性状	初生	2 月龄	6 月龄	周岁	成年
体重	0.18	0.43	0.33	0.33	0.33
体高	—	0.96	0.80	0.68	0.34
体长	—	0.61	0.89	0.70	—
胸围	—	0.43	0.56	0.09	—
日增重	—	0.44	—	0.39	—

肉羊繁殖性状具有中低等遗传力。南江黄羊产羔率的遗传力第一、二、三、四和五胎分别为 0.02、0.23、0.46、0.25 和 0.18。第一胎产羔率的遗传力极低，多数胎次的遗传力属于中低等。各胎次产羔率的重复力仅为 0.06，这表明，产羔率受环境因素影响很大。用个体选择等方法对产羔率几乎不能产生遗传改进，这是肉羊育种中的一个难点，其他家畜育种中对繁殖率的选择同样遇到这种情况。家系选择、杂交等方法对繁殖性能的提高是有效的。

十一、遗传进展

肉羊育种，世代重叠是普遍的。用牧场资料来无偏地估计由环境影响的遗传变化，可以用不同年度内出生的公羊的后裔成绩，用最小二乘分析，同时估计公羊效应和年度效应。用数年内的群体均值比较公羊后裔的成绩，通过加倍公羊效应或同期比较对年度的回归，可以获得群体年度遗传变化的估值。为了提高精确性，利用羊场记录，公羊必须使用多年，有大量不同年龄公羊的重叠使用和大量的记录资料。

在肉羊育种中，采用的方法应该与育种群体的实际情况相适应，特别要考虑群体的大小和群体生产性能资料的质量。在一个大的肉羊育种群体中（如 10 000 头），获得的生长性能的年度遗传进展由大到小的选择方法是后裔测定、半同胞测定、系谱和个体选择方法。但育种实践中遇到的几乎都是小群体。如在 400 头羊的小群体内，遗传进展则很小。随着群体的增大，遗传进展也增大，群体大则进展也大。这是因为：①群体大可以使每头公羊有更多的

女儿数，可以增加选择精确性；②验证公羊的女儿多，这是取得遗传进展的主要作用；③由于能参加测定的公羊多，因而选择强度也增加。多数育种者都希望用大群体进行后裔测定。半同胞测定同样受群体大小的影响。在系谱选择中因选择强度的问题，它同样受群体大小的影响。只有个体选择不受群体大小变化的影响，这是我国肉羊育种中多数育种方案要用个体选择的原因。这不是哪种选择方法优劣的问题，而是育种环境条件的问题。

十二、遗传进展缓慢的原因

对于肉羊育种中的多数小群体而言，选择的遗传进展是较小的，其原因可能有以下几种。

1. 双亲较差

多数肉羊群体是小群体，这对公羊测定不利，在这样一个羊群中难以做到既测定后备公羊又同时又使用已经验证的公羊，这种方案至少需要 1 500 头肉羊的群体才行。在没有验证公羊时，一般利用系谱选择的公羊，但这些公羊的育种价值值得怀疑。

2. 选择强度小

在小群体内，选择强度不是很高，这是育种群体遗传进展缓慢的重要原因。

3. 遗传估计值偏高

在遗传参数估计过程中，为了增加肉羊的数量，往往利用了许多年度和没有共同公羊的多个羊场的记录资料。世代和羊场不同的个体不是同一个群体。孟德尔遗传群体是在一定的时间和地点内品种间杂交的动物群体。因此，不同世代或没有使用同一组公羊的不同羊场内的个体不是用最小二乘法进行遗传分析的有效材料。如果将公羊效应与年度效应或羊场效应相混杂，就会使遗传参数估值偏低或偏高。较为理想的羊群应是在 3~4 年内，并使用同一组公羊的羊场个体组成。

如果要利用多年和多个羊场的记录估算遗传参数，应该考虑场—年—季效应和公羊效应等。

第三节 肉羊选种

肉用种羊的品质鉴定，与鉴定其他类型的羊一样，主要从生产性能和体型外貌两方面分别进行测定或评定。由于肉羊的不同性状表现的时间常有一定的差异，所以，应当在不同的时间鉴定和选择不同的性状。

在育种实践或生产中，人们总是倾向于选种时间越早越好，故对于那些表现较晚的性状，育种者正试图采用相关性状的选择或标记辅助选择。另外，由于选择肉用种羊的着眼点和侧重点主要在于生长速度、肉用性能和繁殖性能，与对其他类型羊的要求有所不同。因此，鉴定和选择种用肉羊的方法和程序，也与其他类型羊有差异。具体的安排和做法如下。

一、肉羊早期生长的选择

种用肉羊生长性能的测定，一般只对有希望定为推荐级的 4 月龄后备种用小公羊进行，最好统一交由专门的性能测定站负责实行。送测公羔的必备条件为：系谱清楚、母亲繁殖指数符合品种要求、体形外貌评分达 60 分以上、其他品质鉴定符合品种标准。测定项目：包括进站体重、饲养结束体重、消耗的草、料量。测定及报送数据含测定期内的平均日增重、料重比、标准日龄（165d）的平均日增重等。在4月龄以前生长性能的测定分以下三个项目，主要由育龄场自己测定。

（一）1月龄内羔羊的鉴定和选择

1月龄羔羊的品质鉴定和选择，是继后鉴定和选择的基础，是肉羊早期限生长速度快慢与否的重要标志，非常重要，有以下三项测定或评定工作要做：

初生重测定：羔羊初生重，可作为母羊妊娠后期饲养水平的反映指标和估测其母亲泌乳力的基础数据之一。一般应在羔羊出生毛干后立即进行称重。

1月龄体重测定：在羔羊生后25~35日龄期间，测定羔羊的体重并计算1月龄羔羊平均日增重。1月龄羔羊平均日增重的多少，既可反映母亲泌乳能力的高低，还可表明其生长能力究竟是较强还是较弱。其算法为：

$$平均日增重 = （末重 - 初重）/哺乳天数$$

只有那些日增重大于育种设计要求的个体才能作为种羊的候选者，而那些生长较慢的个体，则用于生产商品羊。

畸形羔羊的观察和评定：羔羊在生后1月龄内，要注意观察是否畸形和畸形种类。特别是注意山羊的间性等。畸形羔羊一律不得选入种用群，只能转入经济群育肥。如果某个种羊的羔羊中畸形比例较多，则表明该种羊很可能是畸形基因的携带者，应注意淘汰。

（二）2月龄体重的测定

一般在60日龄左右称重，计算出2月龄的平均日增重，作为判定羔羊生长速度、采食和消化植物性饲料能力的根据。如果平均日增重不能达到育种设计的水平，则该个体不能作为候选种羊继续培育，而转入商品羊群饲养。可见，对肉羊早期选择实际上用的是独立淘汰法，选择相当严格。

（三）4月龄体重的测定

种用肉羊4月龄体重是每个种羊选留的重要依据之一。每一个培育品种留作种用公、母羊4月龄体重均应达到该品种的标准。例如，夏洛莱的公羔应在37kg以上，母羔应在32kg以上。但是，在育种之初所设计的体重不应过高，应该有一个较为宽松的范围。否则会因入选的羔羊数量太少而不能保证群体的数量。如果在体重和数量不能同时满足育种需要时，先满足数量，体重可以通过选择等方法随后提高。

同时要注意的是，肉羊的生长也有一定的波动性和不平衡性，也可能受疾病等外界因素的影响，所以用这种独立淘汰的方法是有一定的局限的。人们之所以在肉羊育种实践中喜欢用这种方法，主要是它比较易于操作。在淘汰羔羊时要综合分析，尤其是对那些来源于优良家系的个体，最好是建立其早期生长模型，用生长模型来选择，可以避免由于肉羊生长波动性的影响。

二、体形外貌的评定

肉用种羊的体形外貌评定，是多年来肉羊育种中经常采用的方法。它实际上是个体品质鉴定的一种方法，是以品种特征和肉用类型特征为主要依据而进行的。体形外貌评定在育种实践中最常用、简单、经济而有效。

一般采用记分的方法，评分达总满分一半者为及格，达60%以上者为良好，达80%以上者为优秀。体形外貌评分及格者，方能初步定为系谱登记的种用羊，否则被划入经济羊群。评分达总满分60%以上者，方可评为一级（推荐级）种羊。评分达总满分80%以上者，方可评为特级（优良级）种羊。

为选定后备羊而进行的肉羊体形外貌评定，一般在羔羊处于110～120日龄期间进行。肉羊体形外貌鉴定评分方法的试行方法介绍如下：

种用肉羊体形外貌的评定，满分为100分，50分为及格，65分为良好，80分为优秀。各分项评定的要点及其记分办法如下：

（一）总体综合评定

最理想的满分总记34分。从以下4方面分别进行评分：

A：肉羊体型大小评定：满分记6分。根据品种和年龄应达到的体格和体重的标准衡量，达标者记满分6分，较差的酌情扣分。

B：体型结构评定：满分记10分。总观羊体，表现低身广躯，长、宽比例协调，各部位结合良好和匀称的记满分10分。较差的酌情扣分。

C：肌肉分布和附着评定：满分记10分，凡臀、尾部和后腿丰满，各重要部位肌肉分布多的记满分10分。较差的酌情扣分。

D：骨、皮、毛外观评定：满分记8分。凡骨骼相对较细，皮肤较薄，被毛着生良好，毛相对较细和较好者记满分8分。较差的酌情扣分。

（二）头颈部评定

最理想的满分记7分。按品种的要求，显得口大、唇薄的给1分，面部短而细致的给1分，额宽、丰满，长、宽比例适当的给1分，耳纤细灵活的给1分，颈长度适中，颈、肩结合良好的给2分。以上6点有不足者酌情扣分。

（三）前躯评定

最理想的满分记7分。按品种要求，显得肩部丰满、紧凑、厚实的给4分，前胸宽、丰满厚实、肌肉直达前肢的给2分，前肢直立、腱短并距离较宽且胫较细的给1分。以上3点有不足者酌情扣分。

（四）体躯评定

最理想的满分记27分。按品种要求，显得胸宽深和胸围大的给5分，背宽、平、长度中等且肌肉发达的给8分，腰宽、长且肌肉丰满的给9分，肋开展且长而紧密的给3分；肋腰部低厚并在腹下呈直线的给2分。以上5点有不足者酌情扣分。

（五）后躯评定

最理想的满分记16分。按品种要求，显得腰光滑、平直，腰荐结合良好而开展的给2分，臀部长、平且宽直达尾根的记5分，大腿肌肉丰厚和后裆开阔的给5分，小腿肥厚成大弧形的给3分，后肢短直、坚强且胫相对较细的给1分。以上5点有不足者酌情扣分。

（六）被毛评定

即使是中国南方，肉羊的被毛也是很重要的，被毛对于肉羊保温或散热很重要，实际上关系到肉羊的生态适应性。长江三角洲白山羊可以生产笔料毛，选择被毛没有异议。对诸如马头山羊、南江黄羊等南方品种，有的山羊育种者认为可以不考虑被毛，这可能是误解。应该根据当地的实际情况进行选择，以满足冬天冷、夏天热的南方高热高湿的气候特点。

最理想的满分记9分。即按品种要求，被毛覆盖适中、较细和较柔软的给3分，被毛较长的给 3 分，被毛光泽较好且较清洁的给 3 分。以上 3 点有不足的酌情扣分。被毛生长情况和毛的品质是较为重要的。所以被毛的评分在实际育种中可以适当增加。

三、母羊繁殖指数测定

繁殖指数是反应母羊在一年内的有效繁殖成绩。这个指标包含了母羊的产羔能力、哺乳能力和羔羊成活能力等。其计算的公式为：

$$繁殖指数 = 产出和育成羔羊的成绩/（饲养月数/12）$$

其中饲养月数是测定公羔时其母亲的月龄 -4 个月。

例：某待测公羔，其母亲的月龄为 61 个月，共产了 8 只羔，育活 8 只羔，1 年产 1 胎。则其母亲的产出和育成羔羊的成绩是 （8 + 8）/2 = 8；饲养月数 = 61 - 4 = 57；繁殖指数 = 8/（57/12）= 1.68。

四、种母羊等级划分

母羊多由羊场自己选育和划分其种用等级。体形外貌评分达 60 分以上的种用母羊，繁殖指数和泌乳指数均较高的，可定为优秀级，繁殖指数和泌乳指数一般的，可为良好级。不符合上述两项规定的母羊，一律定为合格级种母羊，不能进入核心群。

由于种公羊在育种中的作用特别重大，所以种公羊的选择常用的不是个体品质鉴定，而要用到更为精确的方法。在下面单独介绍。

五、南江黄羊的选育方法

南江黄羊是我国培育成的第一个肉羊新品种。它的选育不仅为肉羊生产作出了贡献，也为在我国肉用山羊的培育提供了经验和范例。在选种过程中，对它主要从体形外貌、生长发育和生产性能等几个方面进行评定，最后进行个体综合评定，以确定它们的育种价值。

（一）体形外貌评定

南江黄羊是根据表 2 - 4 的外貌评定标准对待评羊只逐一进行评分，然后以个体所得总分，按评分标准表评出个体等级。需要说明的是，外貌评分是主观评分，与测评人员有一定的关系。在育种实践中，对测评人员进行严格的培训是绝对必要的。如果能够固定评定人员效果会更好。

对于参评母羊来说，有了表 2 - 4 给出的综合评分，就可以根据评分高低得到相应的评级（表 2 - 5）。例如，某母羊综合评分是 97 分，则该母羊是体形外貌特级母羊。

表 2 - 4 南江黄羊外貌鉴定评分标准表

项目		要求标准	评分	
			公羊	母羊
外貌	毛色	被毛黄褐色，富有光泽，有明显或较明显的黑色背线	14	14
	外形	体躯近似圆桶形，公羊雄壮，母羊清秀	6	6
	头	头大小适中，额宽平或平直，鼻微拱，耳长大或微垂，眼大有神，有角或无角	12	12

（续表）

项目		要求标准	评分	
			公羊	母羊
体躯各部	颈	公羊粗短，母羊中等，与肩结合良好	6	
	前躯	胸部深广，肋骨弓张	6	
	中躯	背腰平直，腹部发育良好，且较紧凑	6	
	后躯	荐高，尻丰满，倾斜适度，母羊乳房梨形，发育良好	12	
	四肢	粗直端正，蹄质坚实，圆形	18	
发育情况	羊体发育	肌肉充实，膘情中上	6	
	整体结构	各部结构匀称，紧凑，体质结实	8	
	外生殖器	发育良好，公羊双睾对称，母羊外阴正常	6	
合计			100	100

表 2 - 5　南江黄羊体形外貌评分等级表

等级	特级	一级	二级	三级
公羊	≥95	≥85	≥80	≥75
母羊	≥95	≥85	≥70	≥60

（二）生长发育评定

南江黄羊生长发育评定分四个年龄段进行。制定 2 月龄、6 月龄、周岁和成年公母羊体重和体尺的个体最低标准（表 2 - 6），达到表中各年龄段体重标准的羊定为一级。公母羊体重比一级羊高 15% 以上，体尺公羊比一级羊高 8% 以上，母羊比一级羊高 5% 以上者，可以定为特级；体重分别比一级羊低 8% ~ 10% 以内，体尺小 3% ~ 5% 以内的羊可以定为二级；其他的可以定为三级。

表 2 - 6　南江黄羊一级羊体重体尺标准表

年龄	体重（kg）		体长（cm）		体高（cm）		胸围（cm）	
	公羊	母羊	公羊	母羊	公羊	母羊	公羊	母羊
2 月龄	11	10	46	46	45	44	51	50
6 月龄	25	20	56	53	55	51	64	59
周岁	35	28	63	60	61	57	72	67
成年	62	42	77	68	72	65	90	79

（三）繁殖性能评定

繁殖性能是肉羊的一个重要的性能。南江黄羊在培养过程中十分重视其繁殖性能的选择，表 2 - 7 中列出了南江黄羊繁殖性能的标准。公羊连续两个繁殖季节配种 30 只经产适繁母羊，以纯种羊产羔率达 220% 为特级，200% 为一级，180% 为二级，150% 为三级。后备公、母羊的繁殖性能由系谱确定，参考同胞资料评定。

表 2 - 7　南江黄羊繁殖性能评分标准表

项目	特级	一级	二级	三级
年产胎数	2.0	1.8	1.5	1.2
胎产羔数	2.5	2.0	1.5	1.2

（四）个体综合评定

经以上三项评定后，结合后裔和系谱资料对南江黄羊进行个体综合评定，以确定其种用价值。对于种用价值高的个体，给予较多的繁殖机会，从而增加育种群体的总体生产性能。

第四节　种公羊评定

一、优秀种公羊的作用和标准

优秀的种公羊是建立高产肉羊群体的育种动力。它们对育种群体有如下的遗传贡献：①打破育种群体内基因频率的平衡；②能明显提高下一代的基因型值；③有利于增大育种群体内的加性遗传方差；④恢复选育性状间被削弱甚至消失的相关关系。可见，一头优秀的种公羊在育种群体内的重要地位。

种公羊理想的表现型是一个综合品质的表现，而不是几项育种指标的孤立的表现。入选的种公羊必须首先符合群体内来源一致、品质一致和外形一致的要求。品质上除了现行规定项目外，必须严格要求亲代品质和上下代相似的程度。外表上必须符合群体一致的要求，偏离群体或家系要求的个体是不能作为入选对象的。来源上必须是群体内现有家系或拟建家系的成员，特别是在性状突出公羊的后代中一般不从单一个体上着眼，而是从有一定数量的羊群入选，以减少选择误差，实现后代超过父代的育种要求。为家系的扩大和提高创造条件。需要说明的是，上述公羊与家系的关系，不同于一般所指的家系选择或家系内选择，而是指以家系为基础的个体表型选择。

在种羊场，对公羊的选择，还要与增大家系间的遗传差异和减少家系内遗传不一致联系起来，从而加速群体世代遗传进展。从群体育种目的来看，种羊生产的目的，一是复制和扩大优良基因型，二是加大个体育种值。

母羊群数量大，品质差异大，环境影响大，遗传基础广泛且母羊在数量上占育种群体的主要部分。这就要求好的公羊可以使下一代朝着育种方向发展，使群体品质表现趋于一致，为群体高产提供充分的选择基础。

公羊作用于群体的效果，实际上是基因型的作用。公羊和群体的遗传结构之间，是通过家系的方式联系起来的。群体内有几个高产家系，从中选出的优良种公羊作为群体的核心，来整顿群体的遗传结构。这样的种公羊，其生产性能、体形外貌和遗传背景都是比较完美的，它们是群体遗传进步的重要推动者。

二、后裔测定

后裔测定是一个反复的过程，每年用肉羊群体的一小部分与新的一批年轻公羊交配，群体其余部分与验证过的公羊交配。后裔测定是一项费时费力的工作，所以只有非常有实力和远见的公司才会长期坚持进行，最终获得非常有竞争力的新种质或品种。

验证过的公羊的女儿，它们作为后备母羊进入生产群体（第一代母羊的后裔）。以后各代母羊后裔，作为后备母羊进入群体内（来自验证过的公羊的女儿的第二代后备母羊，从第二代来的第三代后备母羊等）。这些世代的遗传进展的获得实际上没有额外测定费用的支出。来自被认为是验证公羊的一组公羊以人工授精获得的后备公羊，它们作为年轻公羊使用，最后成为验证公羊。

进入育种群的正是公羊的女儿、孙女儿，这就能产生大量的遗传进展。应该用群体大部分个体与验证公羊交配。在一个有400头能繁母羊的小群体中，为了保持最小的后裔群，需用80%的个体与年轻公羊交配。这就只剩一小部分个体与验证公羊交配。每年的遗传进展是均值的0.25%。当群体增大时，就有可能有大的后裔测定群体，从而增加选择精确性，同时可有更多的个体来验证公羊。由于群体的增大，这两个因素可使年度遗传进展由小群体的0.25%增加到大型群体的1.09%。群体增大，还可以测定更多的公羊，提高选择强度。故为了获得最大的遗传进展，应该用大的繁殖群体来进行后裔测定，这在人工授精的情况下是有可能做到的。

在不到100头母羊的小群体内用后裔测定的效率还不及根据母羊的生产力选择年轻公羊的效率。为了克服群体小的不利之处，有的育种者组织几个育种场进行后裔测定。为了得到更大的群体，在邻近农村地区执行大范围的人工授精和生产性能记录。这在一定程度上是成功的。

公羊选择的遗传进展为：

$$\Delta G = 0.5i \cdot \delta_g \cdot r_{IA} \cdot (1 - p)$$

这里i是选择强度，δ_g是肉羊生长或繁殖性状的遗传标准差，r_{IA}是选择精确性，$(1-p)$是验证的公羊和与配群体的比例，式中乘以0.5是因为只考虑公羊的遗传改进量。

选择强度与选择精确性成反比关系，前者的降低将引起后者的增加，反之亦然。如果说有100头女儿可以利用，按每头公羊测10头女儿的比例，则可以测定10头公羊；如果每头公羊配20头女儿，则仅可测定5头公羊，如此类推。后裔测定的精确性和被测公羊的选择强度是估计后裔群体最适大小的两个主要因素。

最适的后裔群体大小随以下4方面的变化而增大：①群体的增大；②遗传力下降；③选择强度的增大；④减少近交。

例如，在一个有1.5万头能繁母羊的群体中，通过使用大量年轻公羊，每头公羊与最少测定母羊数（20）相配，可获得最大的遗传进展。精确性的降低超过了增大后裔测定公羊间选择差的补尝部分。

例如，在一个20万能繁母羊中，为了获得最大遗传改进量，每年应测定100头年轻公羊，每个后裔组23头母羊，最后选择5头最优秀的公羊作为验证公羊来使用。

在育种实践中，在后裔测定中留下来的年轻公羊比例大于1：20。这个选留比例主要是因为后裔测定耗费很大。作者认为，应该用群体15%～30%的母羊来测试公羊，其余配验证公羊。

（一）最小后裔群体大小

后裔测定的精确性随每头测定公羊女儿数的增加而增加。但是每头公羊的女儿数太多，则公羊测定的头数会减少，这相当于降低了选择强度。因此，在后裔测定时，应协调精确性和选择强度的关系，这取决于性状的遗传力和变异性。在人工授精广泛的情况下，每头公羊至少要有100头女儿参与测定。但在中等大小的群体内，每头公羊要有这么多的女儿是难以做到的。如果知道了显著性测定的公羊均值间的差异，那么就可以找出需要的最少女儿数。其计算方法和生物统计中确定样本大小的方法是一样的，这里不重复。表2-8列出了部分精度要求下，每头公羊所需要的女儿数。

表2-8　每头公羊所需要的女儿数

优秀公羊比例	5%	10%	15%	20%
CV (%) 40	246	61	27	15
CV (%) 36	199	50	22	12
CV (%) 33	167	42	19	10
CV (%) 30	138	35	15	9
CV (%) 25	96	24	11	6

从表2-8中可以看出，性状的变异越大，测定的差异越小，则每头公羊需要的女儿数越多。因此，群体应用同一品种和类型的个体组成，生长或繁殖性能的变异应较小，饲养管理和环境条件应基本一致。如果要让每头公羊有约50头女儿，则每头公羊要配约60头母羊，因为不是所有的女儿资料都是可以用的。

（二）测定的公羊数

年轻公羊测定的头数取决于需要验证公羊的头数、选种率和群体大小。因为测定耗费大，测定公羊的头数应尽可能的少。假定有一个大的公羊群体，已知它们的育种值，如果做图，则形成一个正态曲线。期望选择的公羊至少具有高于群体均值一个标准差以上的选择差。均值上下一个标准差占曲线下总面积近2/3，余下约1/3。因此，选择的群体位于正态曲线右边部分，占面积的1/6。也就是说，6头公羊中可望有一头公羊的生产成绩位于这个选择面积之中。如果要取5头验证公羊，那么一个标准差的选择强度就必须测定30头公羊。

（三）期望进展的估计

选择的年改进量可由下式来估计，

$$P_n = P_0 \ (1 + \Delta G_y/100)^n,$$

这里，P_n是n年后的生长速度或繁殖性能，P_0是选择开始时的生长速度或繁殖性能，ΔG_y是年遗传进展率。

（四）更新率

更新率的定义是：在群体中的随机母羊，该母羊在某一年内有一个后裔将进入生产的概率。这个参数由下面的事件组成，在该年度内产羔的母羊、出生的活羔、羔羊是母羔、母羔成活到6月龄、6月龄羔羊成活到性成熟、性成熟母羊怀孕和产羔。如果这些事件的估计概率分别为0.84、0.99、0.46、0.82、0.96、0.94和0.95，且这些事件是独立的，那么总事件的概率是各事件概率的乘积，即是0.27。这就是说，成年肉羊群中27%

的个体在下一代中更新它们是可以达到的。一般来讲，更新率与后裔测定群的测定能力有关。

在实际育种群中，更新率不是主要受上面的群体自然更新的可能性决定的，而是受育种群体的最大可能程度决定，因为育种者维持育种群的规模是有限的。

（五）后裔测定方案

假定在南方一个典型的农村肉羊育种群体的后裔测定方案（图2-1）。假定有2.5万头成年能繁母羊和羔羊，全部进行人工授精。其中将5 000头母羊（占总头数的20%）与最优秀的20头年轻公羊交配。20%的更新率可产生1 000头小母羊，它们的记录可以用作年轻公羊的评定资料，每头公羊50只小母羊。根据同期比较选出5头优秀公羊进入10头优秀公羊群内，它们提供精液配其余的2万头母羊。从这个公羊群中选取4头最优秀的公羊，与约40头生长和繁殖性能最好的母羊配种，从而获得每年进行后裔测定所需的20头年轻公羊，从中选出5头优秀的公羊补入公羊群，同时淘汰公羊群中较差的5头公羊。这个过程每年循环。

显然，要实行后裔测定必须有足够大的群体，目前能满足开展这项工作的群体并不多。我们的群体显然比这个假设的群体要小得多，但是这并不影响我们用一个缩小版或微型版的后裔测定方案，其原理是相同的。

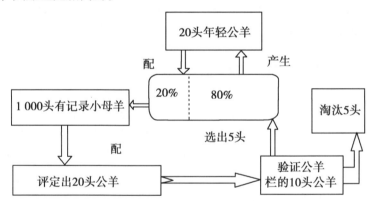

图2-1 肉羊后裔测定方案图

三、公羊评定方法

公羊评定的主要目的是获得公羊育种值的精确无偏估计。在育种实际中，无偏估计的条件几乎不能完全满足，主要问题是识别造成有偏额外方差的主要来源和在可能情况下降低它们的效应。产羔年度和季节是影响母羊繁殖成绩环境方差的次要来源，而羊群是主要来源。另外，羊群间遗传差异也可以造成一些遗传偏差。

女儿均值是基本的公羊指数。对不同环境效应的校正可以形成不同指数。只要公羊与母羊进行随机交配，其女儿在同一环境下饲养和测定，而且数量大，那么女儿均值就相当精确和简单。如果与一头公羊相配的一组母羊的遗传价值存在差异，就有必要校正母羊的繁殖水平，这就出现了母女比较法。当公羊的女儿分布在几年内，还有必要校正年度差异。可以将公羊的每一女儿记录（D）减去同龄女儿相应年度均值（C_0），再加上羊群均值（A），即 $I = A + (D - C_0)$。以同期同龄比较为基础的评定方法在评定公羊时都没有考虑每头公羊女儿数的差异。应该用 $2nh^2 / [4 + (n-1) h^2]$ 加权平均来校正。即 $I = A + 2nh^2 \cdot (D - C_0) / [4 + (n-1) h^2]$

作母女比较时：

$$I = A + 2nh^2 \cdot [(D - C_0) - (M - C_M)] / [4 + (n-1) h^2]$$

其中 M 为母亲生产成绩。这个指数对女儿均值校正了不同公羊与配母羊的不同生产水平、参加测定的女儿头数和不同时间的环境方差。

人工授精的推广使一头公羊的女儿分布于多个群体中。群伴比较法大大消除了公羊育种值估计中因羊群、产羔年度和季节差异在生产上造成的复杂性。为了提高群伴比较法的精确性，用预期差法（PD）可在标准基础上对公羊进行排队。这个值就是每个公羊后裔预期在群体均值基础上的差值。当公羊的女儿仅有一个记录时，假定后裔中的所有相似性是遗传的（$C_2 = 0$），则 PD 值计算如下：

$$PD = nh^2 \cdot [D - 0.9 (HM - B) - B] / [4 + (n-1) h^2]$$

这里，n 是女儿数，D 是女儿均值，HM 是同群羊均值，B 是品种均值，0.9 是对女儿记录进行校正。这个校正系数是根据具体的羊群生产性能而确定的。

（一）群伴比较法和线性模型技术

群伴比较法可以归纳为两个步骤，即剔除羊群－年度－季节效应（用记录与场－年－季效应均值之差来表示），忽略羊群－年度－季节效应，分析这些离差估计公羊效应。相对于同群比较法，另一个方法是加权最小二乘法，它同时考虑公羊、羊群－年度－季节效应，可以用最小二乘分析或极大似然法。这样可以区分效应是固定的、随机的还是混合的。实际上，在很多情况下，群伴比较法、最小二乘法和极大似然法对公羊的评级是一致的，精确性也差不多。

这类线性预测技术在家畜育种中起过重要的作用，但其不足之处是未知观察记录的均值、未知方差和协方差、候选个体信息不等和高度非正交资料等。这在一些情况下会影响评定的精确性。

（二）加权最小二乘法

公羊繁殖性能的育种值是根据它们的女儿成绩求得的。因为公羊效应与半姐妹共有唯一的遗传效应，一头公羊女儿间的遗传协方差（$\delta_{d1, d2}$）是加性遗传方差（δ_{g2}）的函数。当随机交配时，$\delta_{d1, d2} = \delta_{s2}$。如果共同基因是半同胞相似的唯一来源，一头公羊的 n 个半同胞女儿均值的方差（δ_{d2}）：$\delta_{d2} = \delta_{s2} + \delta_{e2/n}$。那么，将来的女儿对现在的女儿的回归可以表示为：$bdf \cdot d = \delta_{d1}$，$d2 / \delta_{d2} = \delta_{e2} / (\delta_{s2} + \delta_{e2/n}) = n / (n + \delta_{e2} / \delta_{s2})$。当 n 很大时，上式值近于 1。如果说 si 代表最小二乘公羊常数（公羊后裔与群体均值的离差），那么，一头公羊的基因型值（gi）为：$gi = 2si$。因此，公羊的期望育种值（EBV）等于：

$$EBV = 2n \cdot si / (n + \delta_{e2} / \delta_{s2}) = snh_2 \cdot si / [4 + (n-1) h^2]$$

（三）群伴比较的限制因素

采用同群母羊比较法评定公羊的一个基本条件是，所要考虑的繁殖性状，不同公羊的后裔应与具有相当遗传性能的同群母羊相比较。因为年老的公羊和年轻的公羊的预期差值常用以上方法进行比较。同群羊比较需要的条件是：所有的羊群和地区应该有同样的选择目标，并使用具有相同遗传价值的公羊。否则，用群伴比较法评价这些差异是有公羊评定的系统误差的。虽然误差与公羊间的差异相比是很小的，但是通过修正同群羊比较法或采用其他方法来剔除这些误差更好。

(四) Henderson 的混合模型

在公羊评定中，遗传趋势、种羊群间差异趋势、羊群间公羊的非随机分布、被评定公羊来自不同的群体、季节性差异和母羊平均遗传价值上的羊群差异等都需要作为评定精确性的影响因素而加以考虑。Henderson 的混合模型（又叫极大似然法）考虑了这些因素，从而使预测在某些情况下比上面的线性预测方法更精确。

Henderson 的混合模型具有 BLUP 特性（最佳线性无偏估计），它综合了选择指数和最小二乘技术的特点。它不是把公畜看成来自一个单一静止群体的随机样本，而是指定公畜到一个固定群，按照公畜和登记进入配种的时间，使其成为一个混合模型。

最佳线性无偏估计（BLUP）法是从女儿繁殖记录 Y 的一个函数来预测公羊的育种值（$\dot{g}$），即 $g = f(Y)$。这个预测必须是无偏的、有效的，即预测的误差方差（$\dot{g} - g$）^{2} 最小。多数援引如下的混合模型：

$$Y = Xb + Zg + e$$

这里，Y 是观察值向量（记录）；X 是已知的固定矩阵；b 是未知的固定向量；Z 是已知的固定矩阵；g 是非观察随机向量（公羊值），平均值为 0，方差协方差矩阵为 G_{82}；e 是非观察随机向量，平均值为 0，方差协方差矩阵为 G_{82}。g 和 e 互不相关。Y 和 g 的均值一般表示为：

Y 的均值 $= XB$，g 的均值 $= pB$，p 是已知矩阵。

对 Y 的一个线性函数，当均值为 0，使 $E(g-g)^2$ 最小时，有

$$gi = Pi'B + bi'(Y\text{-}XB) \qquad (1)$$

这里，bi 是正规指数方程的解。

$$Vbi = Ci \qquad (2)$$

这里，V 是 Y 的方差-协方差矩阵，C 是 Y 与 g 间的协方差矩阵，B 是

$$X'V-1B = X'V-1Y \qquad (3)$$

的任一解。式（3）是假定 pB 可估时，概括为最小二乘方程，Henderson 称之为最佳线性无偏估计（BLUP）。这种方法有较多优点，它不要求观察一定要呈正态分布，可以在模型中考虑更多的生物学因素，从而使之更接近家畜所处的生物学和饲养管理环境。

在肉羊育种中，公羊评定可能出现偏倚。其中以下几种情况是用 BLUP 技术克服这些偏倚的例子。

在人工授精情况下，公羊后裔头数差异不等。如果没有作出必要的校正，则预测的误差方差很大，具有最高估计值的公羊最可能是后裔头数最少的个体。如果选择强度大，后裔头数少的公羊则更可能补选上。

种羊群具有不等的遗传价值，由于公羊头数少，并不是所有的公羊在所有的羊群中都有后裔存在。那么，种羊群的遗传价值可能出现差异。如果根据 BLUP 法的要求，将公羊合理的指定到 2 个或多个固定的组，可以降低或剔除这种偏倚。

不同世代的公羊和不同群体的公羊，由于选择上的差异，遗传进展不一样。如果将这些公羊合理地分为 2 个或 3 个固定的组，则对公羊评定的精度要高一些。

如果利用女儿多个繁殖记录时，将会高估第一个繁殖记录低的公羊。用 BLUP 法将可以对第一个繁殖记录高低不同的公羊作出合理的比较。

四、基因与环境的互作

（一）基因与环境互作的类型

采用冷冻精液和人工授精技术，使用同一公羊给不同环境条件下的多个羊群配种成为可能。基因型和环境的互作可以使公羊的选择发生偏倚。在一定程度上，用这一环境条件下从表型排队的基因型顺序来预测另一环境条件下的排队顺序，其精确性将降低。一头公羊的女儿，处在不同的羊群环境条件下，它们的成绩是评定该公羊的依据。实际上，这些女儿的繁殖成绩受到环境的影响。公羊与环境互作的类型有以下几个方面：

1. 公羊与羊群的互作

选作人工授精的公羊一般来自管理和饲养条件较好的羊群，是在比一般饲养管理条件好的情况下，根据它们的母亲或女儿的成绩选择出来的。然而，它们用人工授精的方法产生的女儿却可能分布在农村的不同环境条件。若是农村的饲养管理条件比培育公羊的条件差，往往比平均水平还低得多。若是根据这些后代成绩来评定公羊，则会显著影响公羊的排队顺序。公羊与羊群的这种互作可以用多个羊群女儿的成绩来予以消除或降低，以降低我们错选优秀种公羊的机会。

2. 公羊与年度－季节－场（地区）的互作

人工授精可以使公羊的女儿分布不相同的场（地区）、年度和季节内。这种互作的存在是不容怀疑的。但有关这方面的文献不多。需要进一步的研究。

（二）基因与环境互作的测定

公羊与环境效应互作的测定，先将所有的互作建立一个模型，然后从模型中去掉那些不显著的互作，再重新分析，这样逐个测定。现在已经知道，公羊与其他许多效应的互作是不显著的。常用以上的模型，采用最小二乘分析可以估计羊场（h_i）、公羊（S_j）、年度（Y_k）和季节（Z_l）等效应：

$$X_{ijklm} = \mu + h_i + S_j + Y_k + Z_l + e_{ijklm}$$

这里，X_{ijklm} 是母羊的繁殖记录。

为了测定羊场、公羊、年度和季节的互作效应，每一性状的总互作平方和可以从下式中求得：

$$\sum_{ijk} (x_{2ijk}/n_{ijk}) - R(\mu, h, S, Y, Z)$$

这里，R（μ，h，S，Y，Z）表示拟合括号内各效应常数引起的平方和的减少量。由于模型中没有包括互作项，所以可以计算出误差平方和为：

$$\sum_{ijklm} X_{2ijkl} - \sum_{ijkl} (X_{2ijkl}/n_{ijklm})$$

互作自由度为全部水平组合数减去模型中水平数再加1，误差自由度为总记录数减水平组合数，这个分析可以表明总互作效应的显著性。

第五节　肉羊选配

选配是在选种的基础上根据母羊个体或等级群的综合特征，为其选择最合适的公羊进行交配，以期获得最优良的后代。选种摸清了每只羊的个体品质，通过选配可以巩固选种的成果，选配是选种工作的继续。

通过选配能使肉羊亲代的优良性状遗传下去，使不稳定的性状稳定下来，把分散在各个个体的优良性状，按需要组合起来，把不需要的性状去除。选配时，公羊的个体品质和生产性能必须优于母羊；配种最好要发挥特级、一级种公羊的作用，使其后代尽可能的多，以扩大群体中优良基因的比例。二级、三级公羊一般不作种用。有共同缺点的公、母羊不能选配，如凹背的公羊不能和凹背的母羊交配等。一般情况下不要亲缘选配。

一、选配类型

选配类型可以分为品质选配和亲缘选配两种。品质选配又分为同质选配和异质选配。同质选配就是选择具有相似或相同的优良性状的公母羊进行配种，目的在于巩固和提高共同的优点。如生长速度快的母羊用生长速度快的公羊配种。特级、一级母羊都用同质选配。异质选配就是选择主要性状不同的公母羊进行配种，目的是要把不同的优良性状结合起来，其后代能得到双亲的优点，也可以是用公羊的优点克服与配母羊的缺点。

亲缘选配是具有一定血缘关系的公母羊之间的选配。在肉羊生产中一般认为7代以内出现共同祖先，就算有亲缘关系，7代以外就认为无亲缘关系。亲缘选配的目的是希望在后代中保存和发展祖先的优良品质，使畜群的同质性达到最大程度。但亲缘程度过高也可能引起后代生活力降低、羔羊体质柔弱、体格变小、生产性能和繁殖力降低，应用时要特别慎重。

二、选配方法

在肉羊育种中常用的选配方法可分为个体选配和等级选配两种，是品质选配的具体应用。

个体选配是在个体鉴定基础上进行的一种选配。采用这种选配方式的主要是特级和一级母羊。特级、一级母羊是羊群的核心，尽管其数量不是太多，但对品种的提高关系很大，因为它们已达到了较高的生产水平，继续提高较困难，须根据每一头母羊的特点深入细致地进行选配。采用个体选配方法进行繁殖是较为有效的。

等级选配是根据一个等级母羊的综合特征为其选配公羊，以求得共同优点的巩固和共同缺点的改进。一般用于二级、三级、四级母羊群。由于这些等级的母羊数量较大，采用个体选配的方法在实际工作中难以做到，采用等级选配的方法切实可行。

第六节 杂交育种

在肉羊新品种（系）培育、改良和生产过程中，杂交是应用最广泛的一项技术。广义地讲，杂交是两个基因型不同的个体间的交配。这几乎包括了动物间的所有交配方式，没有多少实际意义。在畜牧生产中，杂交就是两个或两个以上的品种或品系间公母羊的交配。利用杂交可创建一个新品种、改良生产性能低下的原始品种。杂交能将多个品种的优良特性结合在一起，创造出原来单个亲本所不具有的新的生产特性。杂交是引进外来优良基因的重要方法，杂交是克服近交衰退，增强后代生活力的主要技术手段。杂交产生的杂种优势是生产更多更好肉羊产品的重要技术措施。在我国大多数绵山羊新品种培育过程中，都广泛地使用了杂交方法。常用的杂交方法有级进杂交、育成杂交、导入杂交和经济杂交等几种。

一、级进杂交

当要将一个生产性能低下，没有特殊经济用途的绵山羊品种作彻底改造时，可以使用级进杂交的方法。例如，将一个粗毛羊品种改造成为一个肉毛兼用的半细毛羊品种时，应用级进杂交方法能较快地达到目的。

级进杂交的方法是，用 A 品种的母羊和 B 品种公羊交配，其杂交后代又用 B 品种公羊配种，如此继续进行下去，直至将 A 品种基本上变成 B 品种。如果使用 B 品种特别优秀的种公羊，会在相当短的时间内获得对 A 品种的改良。

在级进杂交过程中，每一代杂交所产生的杂种公羊全部淘汰作为商品羊，不作种用。同时，在级进杂交过程中要加强选择，注意保留被改良品种的一些优良特性。例如，地方品种的生态适应性、高繁殖力、母性好、耐粗、抗病力强等优良特性要十分注意保护，使这些特性在新培养的品种中保存下来。级进杂交代数不是越高越好。当杂种羊达到了育种要求的生产性能和优良特性，同时保留了被改良品种的某些优良特性时，级进杂交就应停止，改用别的方法来继续选育，固定和提高所获得的各种生产性能和理想特性。

在选择级进杂交用的改良品种时，除了考虑该品种的生产性能外，还必须注意考察该品种的生态适应性，这一点相当重要。当引进的改良品种能较好地适应本地的生态条件和生产环境，对饲养管理条件要求也不特别苛刻时，级进杂交的效果往往较好，否则，就要另行考虑选用别的品种。我国在一些粗毛羊和地方品种的杂交改良过程中，由于注意到了这一点，引进国内外优良品种时，不仅注意引入品种的生产性能，也注意其生态适应性，从而在用级进杂交方法培育新品种时，获得了显著的成功。

二、育成杂交

育成杂交是利用两个或两个以上各具特色的品种，进行品种间杂交，创造新品种的杂交方法。只用两个品种进行育成杂交时称为简单育成杂交，而用两个以上品种进行育成杂交称为复杂育成杂交。育成杂交的目的是要将两个或两个以上品种的优良遗传特性和生产性能集中到杂种后代身上，同时将杂交亲本的缺点和不足克服掉，最终创造出一个新的理想品种。育成杂交通常可分为三个阶段。

（一）杂交改良阶段

根据培育新品种的目标，选择杂交亲本，较大规模地开展有组织的杂交工作，产生大量的杂种后代。例如，育种目标是培育一个产肉力强的新品种，则所选用的亲本品种应具有这个特性，如生长速度快、繁殖力强、肉质好等。但不是参加杂交的每一个品种都具有上述全部特征，通常是具有其中的部分性能。本地品种一般是当然的参加品种，因为它至少可以提供大量的母羊，使杂交育种工作显得经济和方便，且地方品种可以提高拟培育的新品种的适应性、高繁殖力、耐粗饲等优良特性。

在大规模杂交之前，一般先进行较小规模的杂交组合试验。可以是不完全双列杂交，也可以更简单一些。从杂交组合中选出较好的一两个组合，在杂交改良区进行大规模的杂交工作。经过一段时间后，在杂种后代中选择符合育种目标要求的个体进入下一阶段的育种工作。

（二）横交固定阶段（自群繁育）

经过杂交改良阶段后，产生了大量的杂种羊。在横交固定阶段的主要任务是选择理想型杂种公母羊，进行自群繁育，从而固定羊群中理想的遗传特性和生产性能。在此阶段，关键是发现和培育优秀杂种公羊。有时一只或几只杰出的杂种公羊，往往会对品种的培育起到十分重要的作用。在杂种羊群中选择优良种公羊是一件难度较大的育种工作，这与在纯种羊群中选择公羊有所不同，在后面章节中讨论的种公羊的评定中将详细论述。

值得注意的是，在这一阶段初期，杂种公、母羊交配产生的后代，会出现较大程度的性状分离现象，因此应加强对杂种羊后代的选择工作。凡是不符合育种目标要求的个体，必须严格淘汰。不符合要求的杂种母羊可以再用纯种公羊级进，杂种公羊一般进行肥育后作为商品羊出售。特别注意的是，有遗传缺陷和生产性能低下的个体应坚决予以淘汰出群。

在选配方法上，为达到固定杂种优良性状的目的，应采用不同程度的亲缘选配或同质选配，有时近交系数大一点也是值得的。横交代数的多少主要取决于育种目标是否达到，横交后代的质量和数量是否符合育种要求。横交后代的质量好，数量多，则横交代数可少些，品种形成的时间就短一些。否则，横交的代数就会多一些，从而增加品种育成时间。

（三）发展提高阶段

品种的形成和巩固提高依赖于品种整体结构的完善、品种数量的增加、生产性能和整体品质不断改善以及扩大品种的地区分布。通过横交固定下来的具有优良遗传特性的种群，还必须在数量、生产性能、产品质量和品种结构上予以完善。因此，在该阶段可采用品系繁育的方法来达到提高品种整体水平的目的。品系繁育是该阶段最为关键的技术，它关系到拟育成品种的结构、生产性能和发展潜力。品系繁育的方法另节详细介绍。

三、导入杂交

导入杂交是用引入的 B 品种公羊和 A 品种母羊，进行一次杂交后即行固定，不再使用 B 品种，所以又叫充血杂交。这样做的主要目的就是只将 B 品种某个方面的某些优良遗传特性导入 A 品种去，同时要保留 A 品种的大部分遗传特性。

导入杂交通常是在一个品种基本上符合生产要求，只是在某方面有自身不能克服的重大缺点，用纯种繁育方法难以提高或改变时使用。导入的品种，必须与原来品种的生产方向一致。例如，肉毛兼用的半细毛羊品种如果要用导入杂交的方法提高其生产性能，除了肉用特性外，还必须考虑导入品种羊毛特性。不能导入粗毛型或细毛型的品种，否则，导入外血后，该品种的羊毛品质将发生较大改变。选择好适当的导入品种和理想的公羊个体，是导入杂交成败的关键。导入杂交后的选择培育也不可忽视。

四、经济杂交

经济杂交又叫商品杂交，目的是利用两个或两个以上品种进行杂交，其杂种后代进行商品生产。尽管经济杂交主要目的不是为了育成一个新品种，但是在肉羊生产中这是一个广泛应用的方法，而且在一些肉羊育种中确实用到了由经济杂交产生的杂交羊群和杂交组合，从而大大加快了育种进程。实际上，较多杂交育种是在经济杂交的基础上开始的，基于以上原因，也在此对其做些介绍。

经济杂交主要目的是利用杂种优势。杂种后代具有生活力强、生长速度快、饲料报酬高、生产性能高等优点。应用经济杂交最广泛、效益最好的，是肉羊的商品化、集约化生产，尤其是大规模肥羔生产。进行经济杂交时，需要考虑以下几个方面：

（一）生产方向和目的

如果主要目的是生产肥羔，选择的品种要求母羊繁殖力高、母性好、性成熟早、羔羊生长发育速度快、饲料报酬高和羔羊肉品质优良。其中，主要是生长速度和繁殖性能对综合生产性能贡献最大。

（二）杂交方法

经济杂交效果的好坏，必须通过不同品种间的杂交组合试验才能知道，可获得最大杂种优势的组合为最佳组合。关于杂种优势可用下面的公式来计算：杂种优势（％）=（F_1 代某性状表型均值 - 双亲某性状表型均值）/双亲某性状表型均值×100％。有关三元杂交等更复杂的杂交方法的杂种优势计算见其他育种学专著或文献。实践证明，用两个以上品种的多元杂交比用两个品种杂交效果好。在肉羊生产中常用的几个杂交方法如下：

1. 二元杂交

用两个不同的绵山羊品种或品系进行杂交，产生的杂种后代全部作商品羊利用，这就是二元杂交。主要利用杂交一代的杂种优势。这种杂交方法的缺点是需要饲养较大数量的亲本用于继续杂交，这在我国农村地区广泛应用。在杂交过程中主要强调的是肉羊的生长速度和体重大小。所以在选用杂交父本时，也不一定选用肉羊品种，较多地方选用的是萨能山羊。尽管这个品种主要是奶用品种，但个体大、早期生长快、繁殖性能好、遗传性能稳定，最终可以使杂交后代体型变大，生长快。据测定，杂种后代的屠宰率比本地山羊降低了约1％，但生产性能显著提高了。

2. 三元杂交

在二元杂交的基础上，用第三个品种或品系的公羊和第一代杂种母羊交配，产生第二代杂种（三元杂交后代），全部作商品羊利用。选择的第三个品种或品系又叫终端父本。终端父本是很重要的，应具备生长发育快和较好的产肉性能。例如，进行肥羔生产，应先选择两个繁殖力高的品种或品系进行杂交，杂种后代将在繁殖性能方面产生较大的杂种优势，产羔率会获得大的提高。再用杂种后代作母本与产肉性能好的终端父本杂交，就能生产三元杂种后代。这些三元杂交羊往往产肉性能好，生长发育快。三元杂交可以充分利用杂种一代母羊的杂种优势。

3. 四元杂交

四元杂交又叫双杂交。选择四个各具特点的绵山羊品种或品系，如 A、B、C、D，先两两杂交，如 A×B 和 C×D，产生的两组杂种后代为 AB 和 CD，然后再用 AB 和 CD 进行杂交，产生"双杂交"后代 ABCD，这些双杂交后代全部作商品羊利用。

4. 轮回杂交

在参加杂交的几个品种中，先用两个品种杂交，以后每个参加品种依次和上一代杂交后代的母羊交配，这种杂交方法就称为轮回杂交。这种方法适合在引入少量优秀种公羊，利用本地品种有大量母羊的情况。

两个品种间的轮回杂交方法是，A♀×B♂→F_1（AB），F_1（AB）♀×B♂→F（BAB），F（BAB）♀×A♂→F（ABAB）……依次进行。三品种或四品种轮回杂交的方法相似，杂交后代母羊依次与参加杂交公羊交配。

通过杂交所获得的杂种优势：产羔率为20%～30%，增重率约为20%，羔羊成活率约为40%，产毛量约为33%。美国在用8个绵羊品种进行杂交试验表明，两个品种杂交的羔羊肉总产量比纯种亲本提高约12%。到四个品种为止，每增加一个品种杂交可提高8%～20%。但是，由于生物学限制和多品种杂交所需繁育体系庞大而增加的经济负担，不是参加杂交的品种越多越好。他们根据试验和生产经验，主张在生产中用三到四品种进行轮回杂交。

（三）加强杂种后代的饲养管理

加强杂种后代的饲养管理是最终取得最佳经济效益的关键，良种良法，才能使杂种所具有的遗传潜力得到最大程度的发挥。在一些地区，本地品种由于是在该地自然生态条件下长期选育而成的，适应了这种生态和生产环境。当引入外来品种杂交时，由于杂交后代中含有不同程度的外血，所以其适应性可能明显不如本地品种。如果不配合适当的饲养管理措施，杂种羊不一定能生长发育正常，生产性能也不能正常发挥。当遇到诸如大的雪灾、严寒和高温之类的自然灾害时，可能会大量死亡，造成巨大的损失。

第七节　纯种繁育

在同一个品种内，每一个世代进行选择、繁殖和后代培育等繁育工作称为纯种繁育。纯种繁育的目的是增加品种内优良基因和基因型频率，从而保持和提高品种的生产性能。绵山羊纯种繁育的方法实际上主要体现在品系繁育方面，在一个品种中建立若干个各具特色的品系，推动品种不断在品系培育和品系杂交的交替中提高。

品系是品种内具有共同特点、彼此间有一定亲缘关系的个体组成的具有稳定的遗传性能的群体，是品种内部的结构单位。一个品种内品系越多，遗传基础越丰富。通过品系繁育，品种整体质量就会不断得到提高。例如，在一个肉羊品种内，需要同时提高几个性状的生产性能，例如生长性能、繁殖性能和肉质性能等。如果在品种内所有个体中选择提高几个性状，由于考虑的性状过多，每个性状的遗传进展就很微小。如果将群体中有不同优点，如生长速度快的、繁殖性能高和肉质好的个体分别组合起来，形成品种内小群体（品系），在各个品系内进行选育，有重点地将这些特点加以巩固提高，然后再将不同品系进行杂交，便可快速地提高整个品种质量。所以，品系繁育是现代肉羊育种中一个重要的高级育种技术。

一、品系繁育的三个阶段

品系繁育是肉羊育种中的一个常用和重要的技术。一个品种的不断提高，往往是应用品系繁育和品系杂交的不断交替进行而获得的。同时，培育一个品系比培育一个品种更经济、方便和快捷，这也是现代育种中广泛应用这种方法的一个原因。根据纯种繁育的育种特点，一般可以将其分为品系基础群组建、闭锁繁育和品系间杂交等三个阶段。

（一）品系基础群组建

根据育种目的，选择品种内具有符合需要特点的个体，组建品系繁育最初的基础羊群。例如，在肉用羊的育种中，可建立高繁殖力品系、生长快的品系、体大的品系等。组建品系时，可按两种方式进行：

第一种是按表型特征组群。这种方法简单易行，不考虑个体间的血缘关系，只要将具有符合某个品系要求的个体组成群体即可。在育种和生产实践中，对于有中高等遗传力的性状，多数采用这种方法建立品系。

第二种方法是按血缘关系组群。对选中的个体逐一清查系谱，将有一定血缘关系的个体，按拟建品系的要求组群。这种方法对于遗传力低的性状，如繁殖力等有较好效果。

（二）闭锁繁育阶段

品系基础群组建后，用选中的系内公羊（又叫系祖）和母羊进行"品系内繁育"，或者说将品系群体"封闭"起来进行繁育。通常进行同质选配，在这个阶段应注意以下几方面的问题。

按血缘关系组建品系的闭锁繁育，应尽量利用遗传稳定的优秀公羊作系祖，同时注意选择和培育具有该系系祖特点相同的后代作为系主的接替公羊。按表型特征组建成的品系，早期应对所有公羊进行后裔测验，选择和培育优秀的系祖。系祖一经确定，要尽量扩大它的利用率。优秀系祖的选定和利用往往是品系繁育能否成功的关键。但是品系并不是系祖的简单复制，而它是不断集合各个体优良性状而不断向前发展的动态群体。因此必须及时淘汰不符合品系要求的个体，始终保持品系的同质性。

封闭繁育到一定阶段后，品系内必然会出现近亲繁殖的现象。特别是按血缘组建的品系，一开始实行的就是近交，因此，有计划地控制近交系数是十分必要的。开始阶段近交程度可以大一些，如采用父-女交配，母-子交配。随着品系繁育的进行，这种近交程度要逐代减少，最后将近交系数控制在20%以内。

在多数情况下，要严格按照系谱资料，根据选配计划进行配种，以控制近交程度。如受条件限制，采用随机交配时，可通过控制公羊数量和不同种羊场定期交换种公羊的方法来控制近交，但这相当粗放。用下列公式可估计每个世代近交系数的增量，即：$\Delta F = 1/8N$。ΔF表示世代近交增量，N表示参加随机交配的公羊数。求得每个世代的近交系数增量后，再乘上世代数，就可求得近似的近交系数。例如，在一个封闭繁育的品系中，有3代没有从外面引进过公羊，始终只用2只公羊。假定该羊群中开始时的近交系数为0，则现在该羊群的近交系数就是18.75%。

（三）品系间杂交

当各品系繁育到一定时期后，各品系所要求的优良性状和遗传特性达到一定程度稳定后，便可开展品系间杂交，将各品系优点集合起来，提高品种的整体水平。例如，用高繁殖力品系与高生长速度品系杂交，就可将这两个性状固定于后代群体中，从而使品种生产性能在品系繁育和品系杂交的交替过程中提高。

在进行品系间杂交后，还有必要根据羊群中出现的新特点和育种的要求创建新的品系，再进行品系繁育，不断提高品种水平，最后达到预期的育种目的。南江黄羊是四川省培育成功的我国第一个肉用山羊新品种，在品种培育前期和中期，选育工作比较粗放，所以进展缓慢。为了提高羊群品质和加快育种速度，在20世纪80年代后期开始建立了大体型系、高繁殖力系和早熟系等品系，分别进行品系繁育。经过近十年的努力，终于成功地培育出了具有体格高大、繁殖力强、生长发育快、产肉性能好和适应性强的新型肉用山羊品种-南江黄羊，这是品系繁育成功的一个典型例子。在其他肉羊新品种培育过程中，也利用了品系繁育的技术，并取得了较好的成绩。

二、品系繁育的三个注意问题

（一）品系繁育时适度引入外血的问题

品系繁育是利用品种内固有的遗传资源以提高品种质量的方法。但是，当品系繁育中出现了不可克服的缺陷，例如近交程度过高造成的生活力下降；或经过长期纯种繁育，生产性能没有明显提高；或整体生产性能达到一定水平，性状间的差异很小，变异资源已经比较贫乏；或者由于市场需求改变，现在的生产性能已无法适应等，均可考虑引进新的遗传资源以弥补其不足，从而提高品种质量。

从外部引进遗传资源和优良基因时，应首先对现有品种的特点进行细致分析，确定哪些是应当保留的性状，哪些是需要改进和提高的性状，然后引进具有所需要的优良特性的品种公羊与原品种母羊杂交。四川凉山半细毛羊是我国新培育的一个肉毛兼用新品种。经过多年培育，生长速度、体型、羊毛细度等多方面均已基本符合育种要求，但是羊毛长度和剪毛量始终达不到国外同类品种的标准，后引入了长毛型品种林肯羊后，很快提高了该品种羊毛长度和羊毛品质，达到了预期目的，但不改变其肉毛兼用的生产方向。

同时，出于健康安全的考虑，引入精液或胚胎比引入活体好。这样可以最大限度地减少疾病风险。过去育种实践反复证实的这一结论，通常在于引入活体更省事的认识下，继续引入活体，同时也引入新的疾病，造成严重的损失。

（二）防止近交衰退的原则与方法

在肉羊的纯种繁育过程中，特别是进行品系繁育时，近亲交配是不可避免的。为了防止近交衰退，原则上在使用近交时要严格按照选配计划进行，尽量避免盲目的、无计划的近亲交配。在必须使用近亲交配的时候，应加强近交个体体质和健康状况的选择，淘汰因近交而产生的体质纤弱、生活力衰退、生长发育不良、有缺陷和生产性能下降的个体。同时增加公羊数量，以控制每个世代的近交增量，并加强近交群体饲养管理。

（三）引入品种小群体的扩大繁殖

近年来，我国先后从国外引入了一些肉羊品种。这些引入品种的数量较少，有的还投放分散。这就对引入品种小群体的扩繁提出了比较迫切的要求。如繁殖和选择得当，这些引入品种的持续利用是很有希望的。否则，几年以后，它们就不能发挥其种用作用了。

由群体遗传理论可知，在一个有限的封锁小群体内，遗传漂变可以有较大的频率发生。同时由于近交的原因，群体的生产性能有可能以较大的速度下降。为此，保持恰当的群体有效含量是重要的。

在随机留种的情况下，群体有效含量可由下式估侧。$N_e = 4N_s \cdot N_d / (N_s + N_d)$，其中，$N_e$ 是群体有效含量，N_s 和 N_d 分别为实际留种的公羊和母羊数。则每一世代的近交系数增量（ΔF）为：$\Delta F = 1/2N_e = 1/8N_s + 1/8N_d$。

在群体含量相同、每一世代留种公羊少而母羊较多的情况下，用家系等数留种法有较小的近交系数世代增量。因为在引入肉羊的小群体中，公羊的数目比母羊要少得多，所以公羊对群体的有效含量和近交增量有较大的影响。为了将引入的小群体持续地繁殖下去，以下三点是有用的：①在小群体中尽可能多选留公羊，保持 20 只以上的公羊是较好的，最低不能少于 5 只。这些公羊最好是来源于不同的家系；②用家系等数留种法留种，每头公羊都有一定数量的后代留在群体中作为继承者，母羊也要按等数留种；③尽可能控制近交系数的增加，包括引进冻精和胚胎等方法。

第八节 肉羊育种体系

肉羊育种体系是肉羊育种实施的组织形式。育种体系是否合理，主要是看这种育种体系的育种效率和育成品种的质量。一个优良的育种体系可以在相对较短的时间内育成一个理想的品种或品系，而一个较差的体系即使在较长时间内也很难完成育种任务。

一、常用的育种体系

育种目标的实现需要一个运转合理的科学育种生产体系，该体系能够最大限度地发挥出遗传改进作用。现有的育种体系由于其目的不同，种类繁多，各有优劣和特点。就其最终目的而言，可以分为两类：一类是以发挥纯种能力的育种体系，主要通过本品种选育的方法来获得遗传改进，其中以奶牛的繁育体系为代表；另一类是发挥杂种优势的育种体系，主要通过品系繁育和品系杂交的方法来获得遗传改进，其中以家禽和猪的育种体系为代表。

肉羊育种体系倾向于发挥杂种优势的育种体系。国内外多数肉羊育种用的是品种杂交（国外在绵羊育种中有少部分是品系杂交）。在育种的过程中，往往利用本地的品种作为母本，引入外来品种作为父本进行杂交。配合力的测定最多用不完全双列杂交，有的甚至用的是更简单的方法。

我国肉羊生产主体在农村，普及面大、生产分散、生产规模小、资金有限、设备简单。育种及其相关工作很大程度上由各省（区）、市县各级种羊（畜）场承担。

（一）原种场

主要任务是提高和繁殖引入品种，也承担选育复壮地方品种的任务。如江苏省的海门种羊场，引入的林肯羊就在该场纯繁，同时也承担海门山羊的选育和复壮工作。在肉羊繁育体系中原种场处于金字塔的最高级，主要为后一级生产场提供种公羊。种羊要定期全面鉴定。

一般采用品系繁育，特别要着重培育新的更高生产性能的品系。原种场为数不多，要求有坚强的领导、良好的经营管理和可靠的饲料来源和放牧场地，特别要求技术力量配备齐全，所以一般以国营牧场或县以上的专业畜牧场作为原种场。原种场最好设置于良种繁育基地范围以内。

（二）繁殖场

繁殖场的任务在于大量繁殖种羊，以满足商品羊场和广大农村对种羊的需要。有条件时，繁殖场应分两级，一级繁殖场或称种羊场，进行纯繁，以提供纯种羊；二级繁殖场多采用品系间杂交，向商品场提供系间杂种。如果全区采用三元杂交，则二级繁殖场所养的纯种母羊可用另一品种公羊杂交，以生产一代杂种母羊，供应商品场或广大农村作为三元杂交的母本。一般以国营农牧场中的专业畜牧场以及较好的区级畜牧场分别作为一级或二级繁殖场。每一个繁殖场基本上只养一个品种（系），一般避免近交，并经常进行血缘更新。母羊可以在场内自行更新一部分，但大多数从育种场或上一级繁殖场获得。公羊一般不利用本场繁殖的后代来更新，而应全部从育种场选调。

（三）商品场

商品场的任务在于最经济地生产大量的优质杂交羊，因此，商品场一般都采用杂交技术以充分利用杂种优势。场内不需要同时保持几个品种，可从繁殖场获得母羊，并利用配种站的另一品种公羊交配或进行人工授精，以生产一代杂种。如果商品场的规模较大，则从育种场获得公羊。商品场或称生产场，一般有两种形式：一种是自己不养种羊，只养杂交羊；另一种是自繁自养杂交羊。农户是最小单位的家庭羊场，虽然每户的饲养规模有限，但是总体规模大，占肉羊繁育体系的大部分。

上述三种性质的羊场形成相互联系的繁育体系。如上所述，它们的种羊是依次移动的，各级羊场的任务虽然不同，但目标是一致的，育种场和繁殖场都是为提高商品羊场的生产力而努力的。实际上，商品羊场中杂交羊的性能，就是鉴定育种场和繁殖场种羊优劣的良好依据之一，也是评定其选育效果的标准。

（四）建立良种繁育基地

在肉羊生产实践中可以看到，品种原来都有它们特定的产区，这个特定的产区往往就是种畜业比重较大的地区。例如，湖羊的原产地是江苏、浙江、上海太湖流域的广大地区。适宜良种繁育基地的地区，一般应具备以下三项条件：①有传统的繁殖习惯，群众有较丰富的饲养管理和选育经验；②适龄母羊比例较高，且有足够数量的种公羊；③有稳定的饲料来源和丰富的饲草资源。

我国现在的肉羊繁育体系是一种主要以杂交为主的繁育体系。基因流向经常是单向的，而不是完整的"金字塔"形，即"公羊由上而下，母羊由下而上"的合理的流动趋势。

合理的繁育体系应该是，核心群的公羊一部分优良的留在核心群，另一部分用于核心以外，用于杂交改良。同时，可从核心群以外选择一部分优秀母羊补充进入核心。这种有序的基因流动不仅可以不断地提高核心外羊群的生产性能，而且可以不断吸取核心外的优良基因进入核心群。

由于我国肉羊繁育体系不足，优良种羊在很大程度上依赖于其他国家，这也正是近年来我国肉羊育种加速发展的原因之一。在这个肉羊加速发展的过程中，完善"金字塔"繁育体系是一个重要的任务。这对我国肉羊业的持续发展作用十分重大。我们在引入良种后，坚持选育的公司极少，多数是快速扩繁，卖种羊。这种经营模式在短期内是有经济收益的，但是不能持续性发展，结果表现为典型的中国特色怪圈："引种→退化→再引种→再退化"。

二、超数排卵和胚胎移植育种体系（MOET）

在人工授精育种体系下，广泛开展公羊的后裔测定工作，充分发挥优秀种公羊的作用，以改进羊群的遗传品质。这项工作的最大困难和障碍，是在全国或地区范围内缺乏生产性能监测组织，对生产性能等数据不能准确及时地取得，从而使公羊后裔测定的可靠性可能不高。所以当前我们必须另觅新的育种体系，以尽快地改进羊群的质量。

在肉羊育种中，遗传进展受到限制的原因之一，是母羊每年不能生产较多的后代，但是在20世纪70年代胚胎移植技术的成熟发展，有条件消除这一限制。当前的做法是首先对供体母羊进行激素处理，使母羊比正常时能够排出较多的卵子，然后输精，从子宫内冲出受精卵（胚胎），直接或经冷冻后，移植到受体母羊子宫内，平均每次冲卵可以得到 6 个以上可用的胚胎，移植成功率最大可达到 70%。虽然这些数字说明比过去有很大改进，但这项技术的巨大潜力仍然没有发挥出来，因为青年母羊卵巢上有 2 万个以上的卵母细胞。

当前在肉羊育种中，应用胚胎移植技术，有两个不同的方法：一是胚胎移植与传统的后裔测定相结合；二是胚胎移植在优良的核心羊群中开展，并根据其家系资料，对肉羊进行早期选择。

（一）胚胎移植应用于后裔测定方案以增加遗传进展

传统的后裔测定方案中，被测定的公羊，只有最好的才能作为下一代公羊的父亲。这些青年公羊是群体中遗传品质较优的少数母羊的后代。大约每 6 头母羊才有机会产生一头用于后裔测定的青年公羊。

用胚胎移植对传统的后裔测定有以下三点改进：①对产生公羊的母羊增加了选择强度；②对产生母羊的母羊增加了选择强度；③对评定的公羊和母羊供给了更多的资料。

1. 对产生公羊的母羊应用胚胎移植

对产生公羊的母羊应用胚胎移植技术，每头母羊可以获得较多的用于后裔测定的后代公羊。这样，对产生后裔测定公羊的母羊数量会减少，从而可以增加选择强度，提高选择反应。如果对产生公羊的母亲选择能达到总遗传反应的 25%，则胚胎移植可增加选择强度和繁殖率为 2% ~ 10%。

2. 对产生母羊的母羊应用胚胎移植技术

在人工授精育种体系中，一般需要大量的母羊产生后备母羊。如果对产生母羊的母羊应用胚胎移植技术，遗传反应不会很大。但是对于特别优秀或进口的母羊，应用该技术在经济上是合算的。

3. 胚胎移植在肉羊评定中的应用

胚胎移植技术的成熟和发展，为提高公羊和母羊的评定准确性开辟了新的途径。由于种羊评定精确性的提高，实际上大大加快了肉羊育种进程。

（1）母羊评定

因为应用胚胎移植技术可以使一头供体母羊产生许多女儿，这就可以对个体母羊进行后裔测定，同时测定的精确性也会提高。胚胎移植还可以增加全同胞和半同胞的记录。例如，一头公羊配 4 只供体羊，每只供体羊产生 4 只女儿，则每只母羊可有 3 只全同胞和 12 只半同胞的资料用于评定。选择指数的准确性，由于包括有母羊本身的一个记录及其全同胞和半同胞的记录，可与应用母羊本身 3 个胎次记录的准确性相当。这无疑缩短了世代间隔，而且不影响对母羊评定的准确性。

（2）公羊评定

公羊评定可以用全同胞和半同胞资料，这比后裔测定所需的时间短。假设全部母羊有一个胎次的繁殖记录，而公羊及母羊的母亲有两个胎次的繁殖记录，产羔数的遗传力为 0.25，则全同胞及半同胞数量对预测产羔数育种值准确性见表 2 - 9。从表 2 - 9 中可见，在评定时，所采用的全同胞及半同胞的数量不同，对预测产羔数的育种值准确性有一定的影响。

表 2 - 9　全同胞及半同胞数量对预测产羔数育种值准确性

选择方法	全同胞	准确性（%）				
		半同胞家系大小				
		0	1	2	3	4
公羊选择	0	29	35	39	41	43
	1	36	40	43	45	46
	2	40	44	46	47	48
	3	44	47	48	49	50
	4	47	49	50	51	52
母羊选择	0	55	57	58	59	60
	1	57	59	60	61	61
	2	59	60	61	62	62
	3	60	62	62	63	63

（二）超数排卵和胚胎移植育种体系（MOET）

应用成熟的超排和胚胎移植技术给肉羊育种工作开辟了新的育种途径。应用 MOET 育种方案可以加快育种进展，从而引起了广泛的兴趣。在英国、加拿大等国的绵羊育种中已有育种者应用，并建立了 MOET 核心羊群。应用这种育种体系的优点是：①用半同胞和全同胞生产成绩选择公羊，打破了过去后裔测定的制度；②可以缩短育成优良公羊的年限；③全部育种方案可在一个育种场内完成，羊群在同一条件下，环境误差可以大大减少，从而提高准确性；④可以节约大量后裔测定所需的资金、人力和物力。

另外，在 MOET 育种体系中应用遗传标记的选择方法，对早期选择公羊、缩短育种年限、加快遗传进展、培养核心母羊和优良种公羊等都具有重大意义。

肉羊 MOET 和遗传标记等新技术的研究，近年来国内外都有较大的发展。在核心母羊中，应用 MOET 技术后，根据供体的数量和每一个供体的后代数，与一般的后裔测定相比，不论是青年型还是成年型，分别可提高遗传进展 71% 和 14%。后裔测定主要根据女儿的生产性能对公羊进行选择，而 MOET 方法是根据公羊的姐妹生产性能来鉴定，世代间隔可以缩短约一半。

对我国肉羊育种来讲，应用 MOET 技术有突出的意义。因为我们缺少全国或地区性的肉羊性能测定组织，羊群有的没有全面的生产性能记录本，公羊后裔鉴定方案不太健全。采用 MOET 核心群育种方案，虽然技术成本高，对生产群不适用，但对肉羊育种工作，特别是对种公羊的培育和选择提供了新的途径。这项技术不但可以在短期内获得许多全同胞和半同胞后代，而且可以根据姐妹生产性能来评定公羊，这种方法叫做亲属测定。它比后裔测定遗传进展快，而且完整的育种方案可以在一个育种场内完成，也不需要全国或地区性的生产性能测定组织。从而可以多快好省地培育出优良的核心母羊和大量的优秀公羊，广泛地应用于生产。正因为该方案有以上的优越性，所以，江苏、上海等地的肉用山羊育种中正在应用胚胎移植技术。可以预料，这将为我国正在培育的肉用山羊提供有效的技术支撑。

1. MOET 育种方案的形式

MOET 育种方案有两种形式：一是确认的供体母羊集中在一个羊群中；另一种是供体母羊分散在胚胎收集和移植中心周围原来的羊群中。如果供体羊集中在一个羊群中，称为核心 MOET 方案。如果供体母羊分散在各羊群中，称为非核心 MOET 方案。这两种育种方案的实施方案见表 2 – 10。

表 2 – 10　青年型和成年型 MOET 育种方案的实施步骤

月龄	青年型	成年型
1	出生	出生
6	系谱选择并进行 MOET	
8		配种
11	MOET 后代出生	
13		产羔
24	测定生长和繁殖性能，选择 MOET 的后代进行 MOET	
26		测定生长和繁殖性能并进行 MOET
29	MOET 后代出生	
31		MOET 后代出生
世代间隔	11 个月	31 个月

不论是核心方案还是非核心方案，都有必要选择用于 MOET 的优秀供体羊，以便应用胚移技术产生下一代。对双亲的选择有两种方法：一是青年型选择方案（Juvenile MOET Scheme），其公、母羊都是在 6 月龄进行选择。母羊本身尚无繁殖成绩，是根据母亲及其亲属有关资料所预测的育种值来进行排队；另一种方法是成年型方案（Adult MOET Scheme），选择工作将延长至母羊本身的繁殖成绩出来以后，即拟作供体的母羊用本身繁殖成绩、全同胞记录、在同一组内的半同胞记录和其母亲的记录来进行选择；而公羊则需全同胞、半同胞和其母亲的记录进行选择，世代间隔约为 31 个月。

2. 成年型核心群 MOET 方案

这一方案的目的就是要建立具有优良生长和繁殖性能的母羊核心群，生产最优秀的公羊和母羊个体，同时从中选出最优秀的种公羊，这一过程比其他方案更快。图 2 – 2 是肉羊成年型核心群 MOET 育种方案实施示意图，这个示意图作为一个流程模型，体现了 MOET 的目的，那就是最大限度地发挥出最优秀公羊和母羊的作用，使理想群体快速扩繁和放大。所以，找出最优秀的公羊和母羊是首要的任务。

在上面的肉用羊育种方案中，主要强调了育成品种的生长和繁殖性能。执行以上的育种方案后，可得表 2 – 11 中的结果。假定每年移植 1 024 枚，受胎率为 70%，成活率为 70%（实际上可能达不到这个水平）。则在选择时每头供体羊有 8 头后代，每头公羊配 16 头供体羊。

表 2 – 11　选择生长和繁殖性能的成年型 MOET 方案的结果

	每 3 个月	全年
移植（枚）	256	1 024
出生羔羊（头）	179	716
生产冻精的公羊（头）	16	64
产过一胎的母羊（头）	64	256
被选的供体羊（头）	16	64
选择母羊		
产 2 胎的（头）	32	128
产 3 胎的（头）	32	128
产 4 胎的（头）	32	128
已生产精液的公羊（头）	3	4

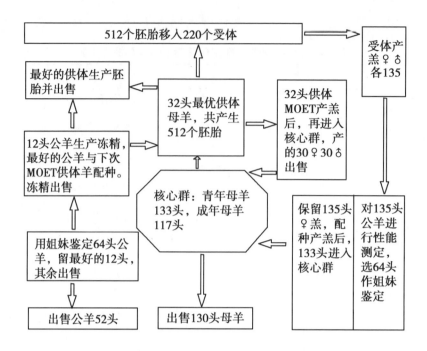

图 2 - 2　肉羊成年型核心群 MOET 育种方案实施示意图

（三）MOET 育种方案的不足和近亲程度的估计

MOET 育种方案的不足主要是近亲交配。青年型 MOET 比成年型 MOET 更易发生近亲交配，可引起近交衰退、体质纤弱和疾病发生。在 MOET 方案中，近亲现象特别明显的原因有两个：一是核心群的羊群小；二是在 MOET 方案中，从较少的家系中选择后备羊，评定的重点是根据有亲缘关系的个体预测的育种值来选择，结果在一个全同胞家系中的全部成员，都可能被评为具有高育种值的个体，但它们的亲缘关系是极为密切的。例如，在一个全同胞家系中，某一个成员被选中，其同胞和半同胞也有较大的机会被选中，这就是导致近亲现象的原因。

上述成年型核心群 MOET 育种方案中，估计每个世代内的近交系数是 2%。因此，在建立核心群时，应注意使其遗传基础广泛一些，后备公羊最好来自不同的家系。

可用下面的公式估计每年大致的近交系数，$\Delta F = (1/S + 1/D^*) /8L^2$

其中：L = 世代间隔 = $(L_m + L_f) /2$

S = 每年公羊数 (D/x)

D = 每年供体羊数 = ST/Y

Y = 选择时每个供体的后代数

ST = 每年后代数

X = 每头公羊所配供体母羊数

D^* = 有效供体羊数（被选中的供体母羊）：青年型 MOET 方案中 $D^* = 2D/Y$；成年型 MOET 方案中 $D^* = D$。

三、集中育种体系

集中育种体系包括三个部分：一是核心羊群，这个群的主要任务是培育种公羊，然后在整个育种系统中应用；第二个部分是测定羊群，被测公羊的女儿都在这个群体内测定，全部记录工作都在该羊群中进行；第三个部分是供应羊群，每年从中输送后裔测定女儿到测定羊群。经测定后，将最优秀的母羊选送到核心羊群，其余的送到供应羊群。这个方案实施的关键是供应羊群、测定羊群都必须围绕着核心羊群进行育种工作。

四、开放核心育种体系

当人工授精不是很普遍、生产记录不完整时，为了更快地提高肉羊育种群的生产性能，用开放核心育种体系是科学合理的。这种育种体系和集中育种体系相似，所有参加育种的羊群必须紧密合作，育种计划围绕核心羊群进行。每年从合作的基础羊群中选出优秀母羊，输送到核心羊群，以替换核心群中那些生产性能较低或年龄较大的母羊。其育种流程如图2-3所示。

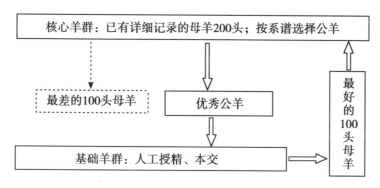

图2-3 开放核心育种方案图

当然，在实际生产和育种中，羊群的大小可因实际情况而定，但是在这种规模灵活选择过程中，其基本思想是一致的，就是让优秀母羊进入核心群，而淘汰不够理想的母羊。这种方法的好处是通过母羊向核心群富集优秀基因，使基础群的优秀基因向核心群流动；同时，核心群的优秀基因通过优秀公羊流入基础群。这种基因流向使核心群和基础群在相互提高中同时受益，是一种科学有效的技术策略。

第九节 育种羊群的培育和管理

育种羊群的培育和管理是指在一定的育种体系下，对组成育种群体各种肉羊的培育措施和管理技术，是繁育体系能否正常发挥育种效率的保障。只有在正常的培育环境和管理条件下，肉羊的生产性能才能充分地发挥。在此基础上，选择才能准确，育种计划才能实现。如果培育措施不当，管理技术不妥，那些在遗传上真正优秀的个体可能表现不正常，从而不能达到育种要求而被选中，从而影响肉羊育种的进程。所以，各种羊群的培育和管理对一个育种体系来说，是一个重要的组成部分。育种羊群的培育条件要和拟推广地区的条件尽可能地一致，这是总的原则。对育种羊群进行优饲的方法不利于羊群的遗传进展和将来的推广利用。只要能满足肉羊的生长发育条件，就基本上能适合育种的需要。育种羊群一般由种公羊、繁殖母羊、育成羊和羔羊等组成。下面就各种羊的培育和管理作一介绍。

一、种公羊的培育和管理

种公羊对提高羊群的生产力和杂交改良本地羊种起重要作用，对种公羊的培育很重要。对那些因遗传素质较好而将用作配种的公羊，要单独组群。种公羊培育的要求是：种公羊要保持中上等膘情，性欲旺盛，精液品质良好。种公羊要单独放牧，不能和母羊混合放牧，以免发生偷配。育成种公羊如果过早配种，会影响其生长发育和一些不良的性习惯，这不利于以后的采精和调教。

种公羊要求饲料营养价值高，有充足优质的蛋白质、维生素 A、维生素 D 及无机盐等，且易消化，适口性好。较理想的饲料有苜蓿草、三叶草、山芋藤、花生秸、玉米、麸皮、豆粕、胡萝卜、南瓜、麦芽和骨粉等。在配种或采精频率较高时，动物蛋白对种公羊也很重要。

开始配种或采精的种公羊要单圈饲养、单独组群放牧、运动和补饲，除配种外，不要和母羊放在一起。配种季节一般每天采精 1~2 次，采精后要让其安静休息一会儿。种公羊还要定期进行检疫、预防接种和防治内外寄生虫，并注意观察日常精神状态。

种羊每天放牧和运动的时间为 4~6h。干粗料为山芋藤、花生秸等，任其自由采食，每天按体重的 1% 补饲混合精料（配方见表 2-12）。采精较频时，每天补饲 2 个鸡蛋。每天采精 1~2 次，3~4d 休息一次。除夏季特别炎热的时候和冬季特别寒冷的时候精液品质较差外，其余时间精液品质都较好。

表 2-12　混合精料配方

种类	比例（%）	粗蛋白（%）	代谢能	Ca（%）	P（%）
玉米	60	5.166	1.812	0.024	0.126
豆粕	25	11.8	0.758	0.08	0.23
麸皮	10	1.48	0.221	—	0.064
甘薯	3	0.12	0.087	0.02	0.008
食盐	0.8	—	—	—	—
碳酸钙	1	—	—	—	—
多维素	适量	—	—	—	—
微量元素	0.2	—	—	—	—
合计	100	18.566	2.888	0.542	0.428

二、繁殖母羊的培育和管理

（一）配种前的饲养管理

配种前要做好母羊的抓膘复壮，为配种妊娠贮备营养。日粮配合上，以维持正常的新陈代谢为基础，对断奶后较瘦弱的母羊，还要适当增加营养，以达到复膘。种羊场饲养的母羊一般以舍饲为主，粗饲料如山芋藤、花生秸等可以让其自由采食。每天放牧 4h 左右。此时期每天每只母羊补饲混合精料 0.4kg 左右。

（二）妊娠期的饲养管理

在妊娠前 3 个月，胎儿的累积生长较小，营养需要与空怀期基本相同。在妊娠后 2 个月，由于胎儿发育很快，胎儿体重的 80% 在这两个月内生长。因此，这两个月应有充足、全价的营养，营养水平应提高 15%~20%，钙、磷含量应增加 40%~50%，并要有足量的维生素 A 和维生素 D。妊娠后期，每天每只补饲混合精料 0.6~0.8kg，并每天补饲骨粉 3~

5g。产前 10d 左右还应多喂一些多汁饲料。不能吃霉变饲料和冰冻饲料，以防流产。

怀孕母羊应加强管理，日常活动要以"慢和稳"为主，认真做好"四防"，即要防拥挤、防跳沟、防惊群、防滑倒。这几项做好了，妊娠母羊就比较安全，流产的概率就小。

（三）哺乳期的饲养管理

产后 2~3 个月为哺乳期，应保证母羊全价饲养。在产后 2 个月内，母乳是羔羊的重要营养来源，尤其是出生后 15~20d 内，几乎是唯一的营养来源。波尔羊羔羊哺乳期一般日增重可达 200~250g。羔羊每增重 100g 体重需母乳约 500g。产生 500g 羊乳，需要 0.3kg 风干饲料（33g 蛋白质，1.8g 钙和 1.2g 磷）。到哺乳后期，由于羔羊采食饲料增加，可逐渐减少对母羊的补饲。在哺乳期除青干草自由采食外，每天补饲多汁饲料 1~2kg，混合精料 0.6~1kg。

哺乳母羊的管理要注意控制精料的用量。产后 1~3d 内，母羊不能喂过多的精料，不能喂冰冻饲料，不能喂冷冰水。羔羊断奶前，应逐渐减少多汁饲料和精料喂量，防止发生乳房疾病。

母羊舍要经常打扫和消毒，要及时清除粪和毛团等污物，以防止羔羊吞食后生病。

三、羔羊培育和管理

羔羊的培育很重要。羔羊培育不好将影响其终生生长和生产性能。加强培育，对提高羔羊成活率，提高羊群品质具有重要作用。羔羊生后的 2~5 日龄内发病死亡最多，可占全部死亡的 85%。在这一阶段，羔羊有如下几个生理特点：

（1）体温调节能力不强，易受外界环境的影响；

（2）体内缺乏免疫抗体；

（3）乳汁直接进入真胃内消化，前三个胃的消化作用尚未发挥。肠道中各种消化酶不健全，肠道的适应能力差。瘤胃中的微生物区系尚未形成。因此，肉羊育种中都高度重视初生羔羊培育。

（一）初乳期羔羊培育

使羔羊早吃初乳、吃好初乳是关键。母羊产后 5d 以内的乳汁叫初乳。初乳中含有丰富的蛋白质(17%~23%)、脂肪(9%~16%)等营养物质和抗体，具有营养、抗病和轻泻作用。羔羊出生后及时吃到初乳，对增强体质，抵抗疾病和排出胎粪具有重要作用。因此，应让初生羔羊尽量早吃、多吃初乳，吃得越早，吃得越多，增重越快，体质越强，发病少，成活率高。

严格执行消毒隔离制度。做好"三炎一病"的防治工作，即肺炎、肠胃炎、脐带炎和羔羊痢疾。同时，搞好圈舍清洁卫生。

（二）带乳期羔羊培育（6~60d）

在这一阶段，加强对羔羊的补饲是关键。奶是羔羊的主要营养来源，同时采食少量草料。从初生到 45 日龄，是羔羊体长增长最快的时期；从出生到 75 日龄是羔羊体重增长最快的时期。此时母羊的泌乳量虽然也较高，营养也很好，但仍不能满足羔羊生长发育的需要。所以，羔羊要早开食，训练吃草料，以促进前胃发育，增加营养的来源。一般从 10 日龄后开始给草，将幼嫩青干草捆成把吊在空中，让小羊自由采食。生后 20d 开始训练吃料。在饲槽里放上用开水烫后的半湿料，诱导羔羊去啃，反复数次小羊就会吃了。注意烫料的温度不可过高，应与奶温相同，以免羔羊烫伤。15 日龄每天补饲混合精料（表 2-13）50~75g，1~2 月龄 100g，2~3 月龄 200g，3~4 月龄 250g。

表 2 - 13 羔羊配合饲料配方（%）

配方	玉米	豆饼	大麦	苜蓿粉	蜜糖	食盐	碳酸钙	无机盐
A	50	30	12	1	2	0.5	0.9	0.3
B	55	32	—	3	5	1	0.7	0.3
C	48	30	10	1.6	3	0.5	0.8	0.3

（三）奶草过渡期培育（两月龄至断奶）

两个月以后的羔羊逐渐以采食为主，母乳为辅。羔羊能采食饲料后，要求饲料多样化，注意个体发育情况，随时进行调整，以促使羔羊正常发育。日粮中可消化蛋白质以 16% ~ 20% 为佳，可消化总养分以 74% 为宜。安排好羔羊的吃奶时间。此时一般是母仔分群放牧，母羊早上出牧，羔羊留在家里。最好让羔羊能在早、中、晚各吃一次奶。此时的羔羊还应给予适当运动。随着日龄的增加，把羔羊赶到牧地上放牧。母羊和羔羊分开放牧有利于增重、抓膘和预防寄生虫病。断奶的羔羊在转群或出售前要全部驱虫。

四、育成羊培育和管理

从断乳到配种前的羊叫育成羊或青年羊。这一阶段是羊骨骼和器官充分发育的时期，如果营养跟不上，就会影响生长发育、体质、采食能力和繁殖能力。加强培育，可以增大体格，促进器官的发育，对将来提高肉用能力，增强繁殖性能具有重要作用。

丰富的营养和充足的运动，可使青年羊胸部宽广，心肺发达，体质强壮。半放牧半舍饲是培育青年羊最理想的饲养方式。断奶后至 8 月龄，每日在吃足优质干草的基础上，补饲含可消化粗蛋白 15% 的精料 250 ~ 300g。如果草质优良也可以少给精料。青年公羊由于生长速度比青年母羊快，所以给予较多的精料。运动对青年公羊更为重要，不仅利于生长发育，而且还可以防止形成草腹和恶癖。

青年羊应按月固定抽测体重，检查全群的发育情况。称重需在早晨未饲喂或出牧前进行。

第十节 肉羊生长评价

生长速度是肉羊最重要的性状之一，也是肉羊生产性能的最佳表现性状，所以对肉羊生长的研究显得极为重要。肉羊生长是一个动态变化过程，不同年龄阶段的生长不平衡，一个时期生长较快，另一个时期生长较慢。生长的快慢受遗传的控制，同时受环境的影响。所以，对生长的研究是为了控制生长，主要是从这两个方面开展工作。

肉羊的生长可以用以下几种方法来描述和定量表达：①生长速度：单位时间内的平均生长量；②相对生长：在一个特定的生长阶段，对每个单位初始度量的增长百分率；③累积生长：一定时间内的总生长量。

畜牧生产上最常用的是每天或每周的平均生长速度。它是末重（W_2）和始重（W_1）的差除以两次测定之间的天（周）数。平均日增重 =（$W_2 - W_1$）/（$T_2 - T_1$）。生长百分率 = [（$W_2 - W_1$）/W_1] ×100%。

体重是生长速度和体格大小最适宜的测量指标。为了使肉羊更快地生长，现代的育种和饲养技术已经建立起来。要应用这些原理，首先要弄清楚每一个具体的品种的生长曲线及其影响因素。

一、肉羊不同年龄的体重增长

（一）初生重

初生重是肉羊最早的可测量性状，反映了初生羔羊遗传和生理上的构成。它除了受母亲的体重、年龄和健康等影响外，还受双亲的品种和基因型的影响。初生重与羔羊的生长和健康有一定关系，但多数研究表明，与成年重关系不明显。

（二）断奶体重和周岁体重

多数育种场在 4 月龄对羔羊断奶，并在断奶重的基础上淘汰一些不符合育种标准的羔羊。一些体重较小的个体往往被淘汰。所以，周岁羊的体重变异就小得多。影响断奶重的因素有：母羊的泌乳力、羔羊早期生长的遗传素质、羔羊补饲和疾病等。影响周岁重的因素主要是肉羊的遗传素质和饲养管理，其中充分的饲料和饲草是重要的。

（三）初情期体重

肉羊的初情期在 5～6 月龄，有的南方品种更早。这时的体重有的还不足成年体重的40%。初情期的早晚在很大程度上受品种的影响。同时，季节、营养、光照、温度以及是否与公羊混合饲养等对初情期都有一定的影响。有的研究表明，体重对初情期的影响比年龄对初情期的影响要大。在充分饲养的情况下，年龄较小也可能达到较大的体重。因此，育种、饲养和管理工作应以尽可能早的获得最适体重为目标。

（四）生长速度

肉羊从初生到 4 月龄的生长率基本上呈线性。但是，从初生到周岁或更大的年龄，生长不是呈线性，而是呈指数或 Logistic 生长模型，是非线性的。这就是说，肉羊的早期生长相当快，当其越过生长的拐点后，其生长显著变慢。

（五）体重遗传力

肉羊初生重的遗传力较低，为 0.1～0.2。如南江黄羊初生重的遗传力是 0.18。这表明，非加性遗传效应（如母体效应）等对初生重有重要的影响。其他年龄阶段的体重遗传力估计值是中高等的。南江黄羊的 2 月龄、6 月龄、周岁和成年体重的遗传力分别为 0.43、0.33、0.33 和 0.33，相对较稳定。可见，遗传因素对羔羊后期生长有决定性的作用。用初生重对肉羊的体重选择不会有明显的遗传进展，而用后期的体重是较为理想的。

（六）母羊初产时体重

母羊初产时的体重反应了初情期前的生长状况，并对确定它是否达到性成熟和体成熟有重要的作用。也是肉羊早熟性的一个指标。影响母羊初产体重的因素有：产羔季节和月份、产羔年度、牧场、羔羊数量和性别等。

二、不同年龄体重间及其与其他经济性状间的相关性

（一）不同年龄体重间的相关

体重间的表型相关由遗传和环境两部分组成，可能环境因素中还含有没有剖分出来的非加性遗传效应。如果两个性状具有高的遗传力，则遗传相关是表型相关的主要部分，如果遗传力较低时，则环境因素是主要的。南江黄羊部分体重间的遗传和表型相关见表 2－14。表

的对角线上方是遗传相关，对角线下方是表型相关。

表 2 – 14 南江黄羊部分体重间的遗传和表型相关

性状	初生	2 月龄	6 月龄	周岁
初生	—	0.05	0.08	0.08
2 月龄	0.36	—	0.13	0.14
6 月龄	0.26	0.38	—	0.03
周岁	0.21	0.26	0.33	—

从表 2 – 13 中可以看出，初生重与后期各体重间的遗传相关是极低的，但表型相关是较高的。这符合一般的规律，因为初生重的遗传力较低。从理论上讲，相近年龄体重间呈高的遗传相关，其相关性大小随年龄差异的增加而下降，因为遗传相关主要是由基因的多效性造成的。例如，影响 2 月龄体重的基因可能影响后期生长，其影响的大小先是 6 月龄，再是周岁。

（二）体重与其他性状间的相关

体重和体尺的相关性是显著的。同一时期的体重和该时期的体尺相关性较明显，时间离得越远，这种相关性降低。表 2 – 15 中是南江黄羊部分体重和体尺的相关表。每栏括号内为表型相关，括号外为遗传相关。

表 2 – 15 南江黄羊部分体重和体尺的相关表

性状	初生重	2 月龄重	6 月龄重	周岁重
2 月龄体长	0.13（0.04）	0.37（0.71）	0.25（0.27）	0.05（0.23）
6 月龄体长	0.09（0.26）	0.13（0.41）	0.21（0.45）	0.07（0.33）
周岁体长	0.12（0.25）	0.10（0.19）	0.10（0.22）	0.10（0.43）

三、肉羊生长模型

（一）研究肉羊生长模型的意义

肉羊生产的主要目的是获得最大的经济效益。然而，肉羊生产获得最大经济效益的能力取决于许多因素的相互作用，如肉羊的品种、性别、饲养技术、羊群管理、疾病预防等。尽管对这些因素间的相互作用进行了许多研究，但这些因素的关系是如此复杂，以致于不可能就某一项生产管理技巧对整个肉羊生产效益的影响作出正确评价。将有关肉羊生理、遗传等方面的知识应用于肉羊生产实践唯一可行的途径就是将它综合成整体动物的模型，从而指导肉羊生产实践。

生长是肉羊最重要的经济性状。对肉羊生长发育常用的研究方法是每隔一定时期对其进行称重。肉羊的生长是一个连续的动态过程，即使观察测定点较多，也只能收集到各测定点的相应信息，反映相应测定时期的静态状况，很难描绘其动态变化特征和规律。为此，有必要采用动态研究的方法，建立生长模型。

肉羊生长模型具有以下几个方面的作用：①有助于分析经济性状的遗传改进和外来影响对肉羊生长的影响；②为选择肉羊生长的合理饲养体制提供经济分析；③对实际记录的肉羊生产表现与其可能的生产潜力进行比较，及时发现管理缺陷，以提高管理水平；④论证拟采用肉羊管理技术的相对经济效益等。

（二）肉羊生长模型的研究方法

体重的生长模型可由体重和肉羊年龄的函数 $W = \varphi'(a, t)$ 来描述。一个可接受的函数具有两个重要的特征：

（1）对某一个肉羊年龄来说，函数逐渐趋近成熟体重（K），所以可以算出时刻 t 时体重的成熟程度 $\mu_t = W_t/k$。体重的增长若用成熟程度来表示，则生长值可在 $0 \sim 1$。这便于在不同品种之间进行比较。

（2）在年龄 t' 有一个体重重量 W'，对应于曲线上的一个拐点（W', t'）。该点函数不连续。在该点之前体重生长表现为"自我"加速，之后则表现为"自我"控制。反映在整体水平调控下，生长优势在时间序列上的变化，也是品种的特征参数之一。

对于初生到 4 月龄之间的早期生长，可以用线性模型来拟合。一般来说，早期生长可能是线性模型或指数模型。对肉羊从初生到周岁或成年的生长，常用以下 4 个非线性模型分别拟合其生长规律（姜勋平等，1998，1999，2001）：

（1）指数方程修正式 $W = k - A \times B^d$；

（2）Mitscherlich 模型 $W = k \times [1 - A \times \exp(-B \times d)]$；

（3）Gompertz 模型 $W = k \times \exp[-A \times \exp(-B \times d)]$；

（4）Logistic 模型 $W = k/[1 + A \times \exp(-B \times d)]$。

其中，d 为月龄，W 为 d 月龄时的体重；K、A、B 为待估参数。在 Gompertz 模型中 K 为最大体重，A 为常数，B 为瞬时相对生长率。

具体某个品种在一定的饲养管理条件下的生长规律更符合下面哪一个模型，主要看模型的拟合度。往往选用拟合度最大的模型作为理想模型。例如，我们在研究萨槐杂种山羊（萨能羊×槐山羊）生长模型时，对 168 只杂种羊进行测定，分别逐只称量初生、1～8 月龄各月龄的体重。试验羊采用放牧补饲的方法饲养。对其生长模型进行分析的目的是：①在现在的农村生产条件下，这种杂交羊的生长速度是否理想；②这些杂交羊的理论生长体重、生长拐点、最大生长速率等参数是否理想。在进行分析时有如下数据（表 2 – 16）。

表 2 – 16　萨槐杂种山羊生长　　　　　　　　　　（kg）

	性别	初生	1 月龄	2 月龄	3 月龄	4 月龄	5 月龄	6 月龄	7 月龄	8 月龄
公羊	均值	2.46	6.56	9.83	12.69	13.94	15.36	17.02	18.28	20.76
	标准差	0.51	1.14	1.92	2.21	2.29	2.12	2.25	2.21	2.50
母羊	均值	2.44	5.76	8.37	10.93	12.73	15.21	16.32	17.86	19.17
	标准差	0.47	0.48	1.23	1.72	1.68	1.69	1.78	1.67	1.28

分别用以上四种模型拟合萨槐杂种山羊生长规律，各模型参数及拟合度见表 2 – 17。拟合度的计算参照文献进行。从以上 4 种模型中选用拟合度（R^2）最大者以进一步计算拐点日龄、拐点体重和最大日增重等参数。本试验中 Gompertz 模型的 R^2 最大，在 Gompertz 模型中估计这些参数的公式如下：

拐点体重：K/e；

拐点日龄：$T = 30 \times \ln A/B$；

最大日增重：$e^{-1} B \times K/30$。

表 2 - 17   生长模型参数表

模型	公羊			R^2	母羊			R^2
	A	B	K		A	B	K	
Gompertz	1. 579 0	0. 255 7	24. 522 0	0. 999 5	1. 804 2	0. 296 3	22. 506 6	0. 999 8
指数修正式	111. 630 6	0. 980 2	116. 022 9	0. 996 7	-1 357. 9	-0. 063	14. 631 1	0. 938 1
Mitscher - lich	0. 865 1	0. 121 4	29. 835 2	0. 998 9	0. 908 1	0. 129 5	28. 268 7	0. 998 9
Logistic	3. 009 7	0. 385 8	22. 695 9	0. 998 1	3. 822 4	0. 462 5	20. 682 9	0. 999 6

从表 2 - 17 可以看出，萨槐杂种羊公羊的最大体重比母羊约大 2kg。早期生长比母羊快，其达到生长拐点的日龄比母羊约早 5d，而体重约重 1kg。尽管在 8 月龄时公羊的累积生长比母羊要大（表 2 - 16），但母羊的瞬时相对生长率和最大日增重比公羊大，可见母羊的生长比公羊波动性大。

表 2 - 18   试验羊体重增长参数

性别	最大体重（kg）	瞬时相对生长率	拐点体重（kg）	拐点日龄	最大日增重（g/d）
公羊	24. 520 2	0. 255 7	9. 021 4	53. 593 1	76. 898 2
母羊	22. 506 6	0. 296 3	8. 280 6	59. 748 6	81. 784 5

表 2 - 18 分析表明，萨槐山羊在 2 月龄前生长极快。公羊大约在 54 日龄，母羊大约在 60 日龄出现生长拐点，此时它们的体重分别约为 9kg 和 8kg。已超过了本地槐山羊 3 月龄时的体重（本地槐山羊 3 月龄时公羊 7.61kg，母羊 6.92kg）。可见萨槐山羊早期生长相当快，这符合肉羊生产需要山羊早期生长快的要求。

在 4 月龄以前，公羊的生长速度一直比母羊快，而在这以后，二者的差异变小。这可能与公羊在 3 ~ 4 月龄去势有关。

（三）关于最优组合生长模型

用 Mitscherlich 模型、Logistic 模型、指数修正模型和 Gompertz 模型分别拟合萨槐杂种山羊生长规律，除了指数修正模型的拟合度欠佳外，其他三个模型的拟合度均较高，可以较准确地表示萨槐山羊的生长规律。从这个例子可以看出，对于同一组生长资料，往往不是一个模型对其有较高的拟合度，而是有几个甚至是一组拟合度高的模型，但也可能是一组拟合度都不太高的模型。这时可以用最优组合模型技术来进一步提高拟合的精度，这在对肉羊的生长作精细的研究时，是分外有用的技术。如在估算某个基因的遗传效应或是计算一种肉羊促生长剂的效果时，都需要用到这种组合模型。

将两个或两个以上的模型进行组合的方法是，先计算单个模型参数，然后通过加权系数的方法将这些模型组合起来，以组合模型对数误差平方和最小为目标函数来确定各参加模型的最优加权系数。用这种组合后的模型进行预测，精度比任何一个参加组合的单个模型要高，可靠性要好。在上面的例子中，就有三个模型都有较好的拟合度。若要进一步提高预测模型的精度和稳健性，就可以用加权几何平均法将它们组合起来。

第三章　山羊繁殖及繁殖控制新技术

在肉用山羊育种和生产中，繁殖是一个极为重要的技术环节。如果繁殖技术较好，就可以加快肉用山羊育种进程，提高生产效益。如果肉用山羊的繁殖技术较差，则繁殖问题就成了整个育种工作和生产实践的瓶颈，严重影响育种的进度和生产效益。所以，肉用山羊的繁殖技术受到养羊业长期广泛的关注。

一些成熟的繁殖技术，如人工授精、同期发情、胚胎移植、胚胎冷冻和胚胎分割等，已在肉用山羊常规育种和生产中得到应用。性别控制和核移植技术等也正处于研究阶段，有极大的应用前景。转基因羊对肉用山羊繁殖和育种起到极大的推动作用，同时亦将大大地拓宽羊的育种范围。人工授精就是借助器械和工具，将公羊的精液采出，经过适当的处理后，再输到发情母羊的子宫颈内，使母羊受精。人工授精的优点是：①可以提高优秀种公羊的利用率。采用人工授精，一只种公羊可负担 500～800 只基础母羊的配种任务。同时也节约了种公羊的饲养费用；②提高受胎率；③减少疾病的传播；④可以异地配种。这一点在肉羊的育种和生产中是极为重要的。优秀的种公羊不可能分布在同一个育种场内，为了加快育种进程，育种者希望调用一个地区、一个国家甚至整个世界的肉羊品种资源。没有人工授精和精液冷冻技术要达到这个目的是不可能的。人工授精技术克服了品种资源分布的时空障碍，因此在肉羊育种和生产中大量使用。在肉羊育种和生产中进行人工授精，要有一套组织机构和技术规范。组织机构是人工授精大面积推广的保障；技术规范是人工授精成功的保证，在育种和生产中二者缺一不可。

胚胎移植是将一头良种母羊配种后的早期胚胎取出，移植到另一头生理状态相同的母羊体内，使之继续发育成为新个体的技术，通俗地称之为人工受胎或借腹怀胎。提供胚胎的母体称为供体，接受胚胎的母体叫做受体。胚胎移植实际上是由产生胚胎的供体和养育胚胎的受体分工合作共同繁殖后代的技术。胚胎移植在我国肉用山羊的培育中有重要的意义，主要表现在以下几个方面。

（1）可以迅速提高肉用山羊的遗传素质　　由于超数排卵技术的应用，使一头优秀的母羊一次排出许多卵子，免除其本身的妊娠期和负担，因而能留下更多的后代。一般可以从一头优秀母羊身上一年获得 40～50 头后代。这样，可以加大对母羊的选择强度，从而增加遗传进展，大大加速品种改良速度，扩大良种肉用山羊群。

（2）便于保种和基因交流　　在肉用山羊的育种和改良过程中，应该吸取其他畜种的经验教训，注意对我国固有的地方品种进行保护。常规保种是个艰巨的任务，需要大量的资金和人力。胚胎库就是基因库，用胚胎保种可以使我国不少优良地方良种羊经胚胎冷冻长期保存。胚胎的国际间交流可省去活体运输的种种困难，如检疫、管理上的困难等。现在我国已先后从多个国家引入了波尔山羊的胚胎。

（3）使肉用山羊多产羔，提高生产率　由胚胎移植技术演化出来的"诱发多胎"的方法，即向已配种的母羊移植一个或两个胚胎，这种方法不但提高了供体母羊的繁殖力，同时也提高了受体肉用山羊的繁殖率。另外还可以向未配种的母羊移植两个或两个以上的胚胎，这样在母羊头数不增加的情况下，降低了繁殖母羊的饲料用量，增加经济效益。

（4）克服不孕　优秀母羊容易发生习惯性流产或难产，或者由于其他原因不宜负担妊娠过程的情况下（如年老体弱），也可用胚胎移植，使之正常繁殖后代。例如美国科罗拉多州报道，一头长期屡配不孕的母羊通过胚胎移植在15个月期间内获得30头羔羊。

此外，胚胎移植技术还可为研究其他繁殖新技术提供手段。这些技术包括体外受精、克隆和胚胎干细胞技术等。另外胚胎移植技术也是胚胎学、细胞遗传学等基础理论的重要研究手段。

以上诸多优点中，胚胎移植在肉用山羊新品种培育中的作用是：可以充分利用最优秀的母羊，尤其是在引入品种数量很少的情况下，通过胚胎移植，可以在较短的时间内得到比较多的纯种后代，满足当前育种的需要。在育种过程中，通过育种手段得到的优秀母羊和公羊的数量是较小的，用胚胎移植的方法可以使这些最优秀的个体在尽可能短的时间内扩群繁殖，从而缩短育种进程。为此，江苏、上海等省市已先后开展了扩群繁殖纯种波尔羊为目的的胚胎移植。世界上已先后进行了以扩繁理想型个体为目的的育种体系，称为超数排卵和胚胎移植（MOET）育种体系。这种育种体系的效率比常规育种体系高，具体内容见后面章节。

第一节　山羊性成熟与发情规律

一、性成熟和体成熟

肉用山羊生长到一定的年龄，生殖器管已发育完全，出现第二性征，开始产生成熟的生殖细胞（精子或卵子），生殖机能达到比较成熟的阶段，具有了繁殖后代的能力，这个时期叫做性成熟。在肉用山羊繁殖实践中，性成熟并不意味着可以开始配种，因为这个时期其年龄还小，通常为4~7月龄，还未达到体成熟。公母混群放牧时，很可能在这个时期配种。由于其身体发育尚不完全，一方面会严重阻碍母羊本身的生长发育；另一方面因生育能力较低，会严重影响后代的体质和生产性能。因此，羔羊在3~3.5月龄时就应该公母分群饲养和放牧，以防止早配和乱配。

肉用山羊性成熟后，本身的正常生长发育仍在继续进行，一般在12~18月龄达到体成熟。这时就可以进行配种。原则上，当母羊体重达到或接近成年体重的70%~80%时就可进行第一次配种。

二、发情与发情周期

母羊达到性成熟年龄后，卵巢出现周期性的排卵现象，随着每次排卵，生殖器官也发生一系列周期性的变化，这种变化周而复始的循环，直到性衰退为止。通常把母羊出现的求偶行为叫发情。把两次发情之间的间隔时间称为发情周期。发情周期因品种、个体和地区之间的差别而具有很大的差异。肉用山羊的发情周期为18~21d，平均约20d。

山羊发情平均持续时间约为 40h。发情持续时间因品种、年龄、配种季节的不同而有差异。处女羊发情持续时间较短，成年羊较长；配种季节的初期和末期较短，中期较长。配种受胎后，卵巢内黄体产生孕酮，抑制新卵泡的生长发育，母羊就不再发情。

母羊的发情周期，根据其生理上的变化，可以分为以下四个时期。

（1）发情前期　卵巢内黄体萎缩，新卵泡开始生长发育。整个生殖器官的腺体活动开始加强，上皮细胞增生。此时母羊还没有明显的性欲表现，不愿意接受公羊爬跨。

（2）发情期　卵巢上卵泡发育加快。先经过 1~3 个卵泡波，即募集、选择最后确定的一个或几个优势卵泡，发育成熟并排卵。此时子宫蠕动加强，阴道充血潮红，腺体分泌加强，子宫颈口张开，阴道排出黏液，阴唇肿胀。母羊表现精神兴奋，情绪不安，不断地咩叫、爬墙或爬跨其他羊、顶门，或站立圈口不停地摆动尾巴，手压臀部摆尾更明显，食欲减退或不思饮食，放牧时离群，喜接近公羊，愿意接受公羊爬跨。农谚归纳为四句话："食欲不振精神欢，公羊爬跨不动弹，咩叫摆尾外阴红，分泌黏液稀变黏"。

以上表现随着卵子的排出，由弱到强，最后变弱。有时处女羊或个别经产母羊表现不太明显。发情期是母羊受孕的唯一时期。一般情况下，肉用山羊的发情持续期平均 40h。排卵分别发生在发情后 30~36h，最佳配种时间是在发情后 36h。随着卵子的排出，发情征状会逐渐消失。如果排出的卵子受精，母羊即进入妊娠期，发情周期停止；如果没有受精，则进入发情后期。

（3）发情后期　这时排卵后卵泡内黄体开始形成。在发情期间生殖道发生的一系列变化逐渐消失而恢复原状，性欲显著减退。

（4）间情期　是发情过后到下一次发情到来之前的一段时间。在此阶段是黄体活动阶段。通过黄体分泌孕酮的作用，保持生殖器官的生理上处于相对稳定的状态。

肉用山羊分娩后，若在繁殖季节内，仍能发情。产后发情的时间，山羊平均 20~40d；奶山羊为 10~14d。

三、诱发发情

大多数山羊品种一年一产，产后有一个很长的乏情期。如果在乏情期进行诱发发情处理，就可缩短产羔间隔期，使母羊 2 年产 3 羔。

用孕激素制剂（阴道栓、皮下埋植或肌肉注射孕酮每日 10~12mg）处理 14d，在停药当天肌肉注射 PMSG 500~1 000IU，30h 左右即开始发情。

注射氯地酚 10~15mg 也具有促进母羊发情的效果。

在母羊的发情季节到来前数周，将公羊放入母羊群中，可刺激母羊很快结束乏情期，具有明显的公羊效应。有许多试验说明，公羊的生物学刺激对于母羊的生殖生理具有明显作用。据观察，母羊与公羊接触后平均 41h 会排卵。如果在配种季节快结束时，将结扎输精管的公羊放入母羊群中，可使母羊的性周期活动停止延迟。利用"公羊效应"几乎可以使绵羊、山羊品种的季节性发情提早 6 周。

山羊的诱发发情还可通过创造人工气候环境来实现。在温带条件下，山羊的发情季节是在日照时间开始缩短的季节才开始的。春、夏季是母羊非发情季节，在此期间，利用人工控制光照和温度，仿照秋季的光照时间和温度，也可引起母羊发情。

产后 1 月以上的泌乳母山羊在耳背皮下埋植 60mg 18-甲基炔诺酮药管维持 9d，在取管前 48h，每千克体重肌肉注射 PMSG 15IU，发情后每只静脉注射 GnRH 100μg。泌乳母山羊在注射 PMSG 后，间隔 12h 肌肉注射 2mg 嗅隐亭，诱导发情率达 90% 以上。

阴道海绵栓比埋植法实用，方法是海绵栓浸以适量的药物，如四甲孕酮（MAP 50～70mg）、氟孕酮（FGA 20～40mg）、Norgestomet（sc21009 5mg）、孕酮（500～1 000mg）、18-甲基炔诺酮(10～15mg) 放置到母羊阴道内，放置时在栓上撒一些抗生素或消炎药物。

四、发情鉴定

相对而言发情鉴定，在山羊的生产和育种中更重要，因为山羊的发情症状不明显，肉眼很难看出来。通过发情鉴定，可以及时发现发情母羊，正确掌握配种或人工授精的时间，防止误配或漏配，提高受胎率。肉用山羊的发情鉴定一般采用外部观察法、阴道检查法、试情法等几种，其中试情法在生产和育种中普遍应用。

1. 试情法

鉴定母羊是否发情，多采用此法。这种方法比较简单和方便，特别是在生产现场，可以较快地将发情母羊从羊群中选取出来。试情的方法是，每天早上或晚上将试情公羊放入羊群中，由试情公羊将发情母羊选出来。因为发情母羊会分泌一些气味，公羊可以通过气味识别发情的母羊。在用试情法时，必须注意以下两点：

（1）试情公羊的准备和管理　试情公羊必须体格健壮，无疾病，年龄以 2～5 周岁较好。为了防止试情公羊偷配母羊，要在试情公羊腹部绑好试情布，也可将输精管结扎或阴茎移位。在育种场，可以用本地羊作为试情羊，因为本地羊性欲旺盛，行动敏捷，由于体型比外种羊或杂种羊小，便于管理。试情公羊应单圈饲养，除试情外，不要和母羊在一起。试情公羊要给予良好的饲养条件，保持健康。

（2）试情方法　试情公羊和母羊的比例要合适，以 1：40～50 为宜。试情公羊进入母羊群后，不要轰喊，只能适当驱动母羊群，使母羊不要拥挤在一起。站立不动、接近公羊和接受试情公羊爬跨的母羊，多数是发情母羊，要立即挑出。可以在公羊的腹部安装打印装置，试情后躯有墨迹的母羊就是发情的。

2. 外部观察法

山羊发情表现明显，发情时兴奋不安，食欲减退，反刍停止，外阴部及阴道充血、肿胀、松弛，并有黏液排出。喜欢接近公羊，并强烈摇动尾部，当被公羊爬跨时表现为站立不动，外阴部分泌少量的黏液。肉用山羊的发情周期短，外部表现不明显，用这种方法不是太理想。

3. 阴道检查法

用阴道开膛器来观察阴道黏膜、分泌物和子宫颈口的变化来判断发情状况。发情母羊阴道黏膜充血、潮红，表面光亮湿润，有透明黏液流出；子宫颈口充血、松弛、开张，有黏液流出。进行阴道检查时，先将母羊保定好，外阴部清洗干净。开膛器清洗、消毒、烘干后，涂上灭菌的润滑剂或用生理盐水浸湿。检查人员左手横向持开膛器，闭合前端，慢慢插入，轻轻打开开膛器，通过反光镜或手电筒光线检查阴道的变化，检查完后稍微合拢开膛器，抽出。

第二节 山羊繁殖年龄和配种方法

一、初次配种的年龄

北方牧区的山羊通常在1.5岁，一些早熟品种10个月龄左右即可达到体成熟。饲养条件较好的情况下，羊只体况良好，生长发育较快，初次配种年龄可以稍早一些。小母羊配种时体重以相当于成年羊体重的70%～80%为宜。若体重过低就要推迟初配年龄。在很多生产群体中，由于是公母羊混合放牧，实际上母羊一发情就被配上了。所以，初产的年龄很小。羔羊的初生重较小，母羊泌乳能力较差，母羔的生长发育都受到影响。在育种场，推荐在体成熟时初配；在生产单位，初配体重不能低于成年体重的75%。种公羊最好到18月龄后再进行配种使用。但初配年龄也不能迟于20月龄，这除了经济上受到损失外，还不利于对肉用山羊各种性状的选择，缩短繁殖利用年限。因此，在肉用山羊达到体成熟时，就应及时进行初配，以提高肉用山羊的生产能力和经济效益。

二、最佳配种季节

肉用山羊繁殖有季节性现象。配种的最佳季节与繁殖季节、品种、当地气候条件、区域和饲养管理条件等因素有关。山羊何时配种主要根据当地最适宜的产羔时间来决定，这样便于产羔时期的外界条件适合羔羊的生长发育。我国大部分地区有两种情况：一种是八九月份配种，翌年一二月份产羔，即所谓产"冬羔"；另一种是十一月、十二月份配种，翌年四五月份产羔，即所谓产"春羔"。有条件时或尽量创造条件多产冬羔，冬羔初生重大，生长发育快，加强饲养，羔羊可当年上市和屠宰，生产羔羊肉。因此，较为理想的配种时间是在秋末冬初。

南方地区的山羊品种常年发情配种，但春、秋两季较为集中。为了安排2年3产或1年2产，集中配种、集中产羔和肥育上市，需要控制配种时间。一般用同期发情的方法，让一群羊在较为集中的时间内发情配种。配种时间尽量争取在两个发情期内，以便于生产管理。

三、繁殖年限

山羊繁殖年限可用到8～9岁，舍饲山羊有的甚至可达10～12岁，但繁殖最合适的年龄是3～6岁，这个年龄阶段，山羊的产羔能力、哺乳能力最好。母山羊繁殖使用一般不超过7～8岁，个别优秀种公羊的利用年限可以适当增加。很多的研究和实践证明，5岁以前的种公羊配种效果最好。

四、配种方式

肉用山羊的配种方法有自然交配、人工辅助交配和人工授精三种。自然交配只限于一些条件较差的生产单位和农村使用。因为自然交配需要的公羊较多，不能记录羔羊的系谱，也容易传播一些疾病。在育种场人工辅助交配和人工授精用得较多。

（一）自然交配

在我国现阶段山羊自然交配是最普遍的生产方式，主要分为两种形式：一种是平时公、母羊分开饲养，在配种季节按每100只母羊放入3～4只公羊的比例编群，进行自然交配；

另一种情况是平时公、母羊一直混群放牧。后者缺点很多，无法控制产羔时间和避免近亲交配，管理不便，容易发生小母羊早配现象。在较大的牧区和半农半牧区山羊群较大时，采用这种方式配种可省人力，但无法了解配种的确切时间；谱系不清，无法了解与配公羊的后代品质；需公羊的头数多，经常发生争斗，不仅公羊的体力消耗较大，同时也影响母羊的采食和抓膘。如果非得用这种方法配种时，则要做到平时公、母羊不混群，只在配种季节将公羊放入母羊群。

（二）人工辅助交配

人工辅助交配就是全年都把公、母羊分群饲养或放牧。在配种期内，用试情公羊找出发情母羊，再与计划选配的公羊交配。饲养在农区的肉用山羊，多采用这种配种方式。在农区，平时公、母羊分开饲养，公羊通常养在种畜户，母羊发情时，即用指定的公羊配种。

这种方式的优点是：交配由人工控制，知道配种日期与种公羊羊号，并进行必要的记录工作。可以进行选种选配，可以预测产羔日期，可以减少种公羊的体力消耗、提高种公羊的利用率。每只公羊可负担 70～80 只母羊的配种。因此，在母羊群不大、种公羊数量较多的羊场，可以采用人工辅助交配。

（三）人工授精

在育种场，人工授精是配种的首选方法。它的优点是可以充分应用最优秀的种公羊，加快遗传进展。在生产上也是最好的配种方法，特别是在杂交肉用山羊生产中，从异地引入的种公羊数量较少，很难满足大面积的杂交改良需要。总之，应用人工授精技术则可以克服时空上的限制。对于人工授精的操作，我们将在第九节中给予详细的介绍。

第三节　妊娠和妊娠期管理

一、排卵和受精

母羊发情，象征着卵泡的发育成熟。卵子发育成熟后，卵泡破裂，卵子为输卵管伞所接纳，再进入输卵管。卵泡破裂使卵子由卵巢排出的过程叫做排卵。肉用山羊排卵是自发的。排卵的数目因品种而异，有些品种排卵数少，而一些多胎品种排卵数多，一胎可产羔 2～3 只。

进入输卵管的卵子，依靠输卵管的蠕动、收缩、上皮纤毛细胞的摆动及输卵管黏膜的分泌作用，到达输卵管的上 1/3 处，在这里与精子汇合受精。

受精过程开始时大量精子包围卵细胞或其膜外的放射冠。在精子分泌的蛋白水解酶作用下，放射冠被溶解，并与卵子分离，接着一部分精子钻入卵子的透明带与原生质间隙，最后仅有一个精子进入卵膜内，与卵子的细胞核结合。这个复杂的生理过程叫做受精，已受精的卵子称为受精卵。

二、妊娠母羊的饲养管理

妊娠期是繁殖母羊的一个非常关键的阶段，如果在这一阶段的饲养管理不好，就有可能造成流产等不良后果。妊娠母羊除了应具备其他羊的一般饲养管理条件外，还应注意其他方面的一些问题，才能保证母羊的正常妊娠。所以，在繁殖母羊妊娠前就对其进行疫苗注射、驱虫，并做好妊娠母羊圈舍的定期消毒、防寒防暑等，对母羊妊娠是比较重要的。其中以下三点尤其重要。

1. 分群放牧

妊娠母羊不能与公羊和育肥羊一起放牧，应该单独组群。这样，可以针对不同的妊娠时期采取相应的饲养管理措施。特别是在妊娠后期，对母羊不能粗暴地驱赶和惊吓。

2. 保证营养需要

要让母羊体况保持良好，在较好的草场放牧，适当补饲精料，精料应是全价的。在妊娠后期，注意钙磷等矿物质的补充。注意饲养的质量，霉烂变质的饲料不能喂妊娠母羊。

3. 羔羊要提早断奶

有的母羊在妊娠时，羔羊还没有断奶。这时，应尽快给羔羊断奶。具体的饲喂方法见肥羔生产一节。尽早恢复母羊的体况，保证胚胎的生长发育。

三、妊娠检查及预产期的推算

（一）妊娠检查

卵子受精后开始分裂称为卵裂。受精卵由输卵管进入子宫，附植于子宫黏膜发育成胎儿。母羊由开始妊娠至分娩这个期间称为妊娠期或怀孕期。肉用山羊的妊娠期是 147～153d，平均 150d。妊娠期随品种、胎次和产羔数等的不同而略有差异。在配种后及时掌握母羊是否妊娠可以采用临床的和实验室的方法进行检查。

通过妊娠诊断可确定母羊是否妊娠，以便于对妊娠母羊区别对待，加强饲养管理，维持母羊的健康，以防止胚胎早期死亡和流产。如未妊娠，则可以密切注意其下次发情的时间，抓好再次配种工作，并及时找出未孕的原因，并对下次配种的方法作必要的改进或对生殖道等方面的疾病进行治疗。若未妊娠但又不返情，经过了较长的时间才发现未孕，延长了空怀的时间，就会影响育种进度和经济效益。目前在羊上的妊娠诊断主要有以下几种。

1. 外部观察法

母羊在妊娠后，一般表现为周期发情停止，食欲增加，营养状况改进，毛色光亮，性情变得温顺起来，行为也变得谨慎安稳，到妊娠 3～4 个月，腹围增大，妊娠后期腹壁右侧较左侧更为突出，乳房胀大。这种方法最大的缺点是不能早期诊断，没有某一现象时也不能肯定未孕。

2. 触诊棒法

母羊在触诊前应停止喂料 12h。触诊时，母羊仰卧保定，用肥皂水灌肠，排出直肠的宿粪，然后将涂有润滑剂的触诊棒（直径 1.5cm，长度为 50cm，前端弹头形，光滑的木棒或塑料棒），插入肛门，贴近脊柱，向直肠内插入 30cm 左右，然后一只手把棒的外端轻轻下压，使直肠的一端稍微挑起，以托起胚胎。同时另一只手在腹壁触摸，如能触摸到块状实体为妊娠；如果触到触诊棒，应再使棒回到脊柱处，反复挑动触摸，如仍然摸到触诊棒即为未孕。以此法检查怀孕 60d 的母羊，准确率可达 95%，85d 以后的为 100%。但要注意防止直肠损伤。配种后 115d 的母羊应慎用。

115d 以上的母羊可直接腹壁触诊。方法是两腿夹住母羊的颈部或前躯，用双手紧贴下腹壁，以左手在右侧腹壁前后滑动，触摸是否有硬块，予以诊断。

3. 超声波诊断法

这种方法是将超声波的物理特性和动物体的组织结构特点结合起来的一种物理学检验法，超声波遇到正在运动的物体时，以略做改变的频率返回到探头。超声波法主要用于探测羊的胎动，胎儿的心搏及子宫动脉的血流。此外，也可以根据超声波的波形进行诊断。由于身体各种脏器组织的声抗阻不同，超声波在脏器组织中传播时产生不同的反射规律，在示波屏上显示一定的波形。未孕时，超声波先通过子宫壁进入子宫，尔后再由子宫壁出子宫，从而显示一定的波形；妊娠时，子宫内有胎儿存在时超声波则通过子宫壁（包括胎膜）、胎水、胎儿，再经过胎水、子宫壁（包括胎膜）出子宫，产生与未孕时不同的波形。据此可以作为妊娠诊断的依据。

目前使用的超声波诊断仪主要有三种，即 A、B、D 型超声诊断仪。其中 A 型超声探查子宫中的液体，反应迅速、早期，但无特异性。D 型超声波仪用以探查子宫动脉血流（简称宫血音），胎儿发育和脐带动脉的血流音（简称胎儿音），胎心音和胎动音，从而诊断妊娠。由于妊娠初期宫血音也无特异性，胎儿的各种活动虽有明显的特异性，但出现得都比较晚。因此，临床上常将两者配合使用，先用 A 型仪确定子宫位置，然后再用 D 型仪在其中找胎心音或胎血音，这样即快又准。A 型和 D 型都是通过发射一束超声波进行诊断，探查的范围较窄，呈线状。B 型超声波是同时发射多束超声波，在一个面上进行扫描，显示的是被查部位的一个切面断层图像。诊断结果远较 A 型和 D 型清晰，准确，而且可以复制。

4. 孕酮含量测定法

在配种后 20～25d，山羊以血浆中孕酮含量大于 1.5ng/ml 为判断依据，检测不孕准确率为 100%；检测妊娠的准确率为 93%；山羊以血浆孕酮含量大于或等于 3ng/ml 为判断依据，检测不孕准确率为 100%，检测妊娠的准确率为 98.6%。

（二）预产期的推算

预产期的推算对于提前做好接羔的准备工作较为重要。推算的公式是：预产期 = 配种月份加 5，配种日期减 2 或减 4。如果妊娠期通过了二月，预产日应减 2，否则应减 4。

计算举例：如果一母羊在 1998 年 7 月 13 日配种，该肉用山羊的产羔期预计在 1998 年 12 月 9 日。如果在 1998 年的 10 月 21 日配种，则该肉用山羊的预产期在 1999 年的 3 月 19 日。

第四节　分娩与接产

一、分娩控制

尽管实行同期发情配种，已能使母羊的分娩时间相对集中和整齐。但是，前列腺素及其类似物（如氯前列烯醇）有激发子宫和输卵管收缩的特性，起催产的作用。这样，在妊娠达 140d 后，给妊娠母羊肌肉注射前列腺素 15mg，或注射氯前列烯醇 15mg，40h 内至少有50% 的母羊成功地分娩。不同厂家生产的氯前列烯醇的效价有一定的差异，具体应用时注意厂家的推荐用量。此外，糖皮质激素也有同样的效果。若给妊娠母羊注射 16mg 糖皮质激素，12h 后有 70% 的母羊产羔。从而可使同期受胎母羊的分娩更为集中。控制母羊在白天分娩，则有利于接产、护羔和降低羔羊在分娩时的死亡率；对于生产肥羔来说，更有利于实行集约化和工厂化的羔羊育肥和屠宰加工等。

二、分娩与接产

（一）产羔前的准备

在接羔工作开始前，需制定接羔计划，按计划准备羊舍、饲草、药品和用具等。

1. 羊舍和用具方面

（1）打扫分娩栏　在产羔前，应把分娩舍或分娩栏打扫干净，墙壁和地面要用2%的来苏儿或1%的火碱水彻底消毒。如果是冬季，地面应铺些干草，舍内应保持一定的温度，以 10～18℃为好，不要有贼风。其他季节，舍内应通风透光，地面要保持干燥。在产羔期间还应消毒 2～3 次。

（2）准备分娩栏　母羊分娩后，把分娩母羊和羔羊关在栏内，既可避免其他羊的干扰，又便于母羊认羔和管理。没有条件的地方，也可单独找一间空房作为分娩羊舍。

（3）准备好接羔羊用具和药品　如台秤、产羔记录本、产科器械、来苏儿、酒精、碘酒、肥皂、药棉、纱布、毛巾、脸盆、手电筒、工作服等都要在产羔前准备好。

2. 饲草饲料方面

若平时靠放牧饲养，在产羔前后几天内就应在羊舍内饲养，因此就应提前准备好草料。此间应给予优质易消化的青干草，每只每天准备青干草 2.5～3.5kg，全价混合精料 0.3～0.4kg。

3. 人员方面

接羔是一项繁重而细致的工作，因此应指定专人负责，并配备一定数量的辅助人员，以便完成接羔工作。

（二）分娩与接产

1. 分娩预兆

怀孕后期的母羊在临近分娩前，机体某些器官在组织学和外形上发生显著变化，母羊的全身行为也与平时不同。根据对这些变化的全面观察，可以推断临产时间，以便做好接产的准备。其预兆大致有如下几个方面：

（1）乳房变化　乳房在分娩前迅速发育，腺体充实。乳头增大变粗，整个乳房膨大，发红且有亮光。临近分娩时，可从乳头中挤出少量清亮胶状液体或少量初乳。

（2）外阴部变化　临近分娩时，阴唇逐渐柔软、肿胀、增大，阴唇皮肤上的皱襞展开，皮肤稍变红。阴道黏膜潮红，黏液由浓稠变为稀薄滑润，排尿频繁。

（3）骨盆变化　骨盆的耻骨联合、荐髂关节以及骨盆两侧的韧带活动性增强，在尾根及其两侧松软，凹陷。用手握住尾根上下活动，感到荐骨向上活动的幅度增大。

（4）行为变化　母羊精神不安，食欲减退，回顾腹部，时起时卧，不断努责和鸣叫，腹部明显下陷，有的用前肢刨地。对有上述临产征状的母羊，应立即送入产房。

2. 正常分娩的助产

母羊产羔时，一般能自行产出。助产人员主要任务是监视分娩情况和护理出生羔羊。助产时，首先剪净临产母羊乳房周围和后肢内侧的羊毛，用温水洗净乳房，挤出几滴乳，再将母羊的尾根、外阴部等洗净，用1%来苏尔溶液消毒。正常分娩的母羊在羊膜破裂后 30min 左右羔羊便能顺利产出。正常产出的羔羊一般是两前肢先出，接着就是头部出来，随着母羊的努责，羔羊自然产出。产双羔时，间隔 10～30min 就能产出第二只羊羔。当母羊产出第一只羔后，仍有努责、阵痛的表现，即是产双羔症，应认真检查。羔羊出生后，先将羔羊口、鼻和耳内的黏液掏出擦净，以免误吞羊水，引起窒息或异物性肺炎。羔羊身上的黏液，应及早让母羊舔干，如果母羊不舔，可在羔羊身上撒些麸皮，放到母羊嘴边，促使母羊将它舔净。这样既可促进新生羔羊的血液循环，又有助于母羊认羔。

羔羊出生后,一般都能自己扯断脐带。这时可用5%的碘酒在扯断处消毒。如羔羊自己不能扯断脐带时,接产人员要先把脐带内的血向羔羊脐部顺捋几次,然后再用指甲刮断脐带,长度以3~4cm为好,并用碘酒消毒处理。

在正常情况下,母羊舔完羔羊身上的黏液后,羔羊就能摇摇晃晃地站起来找奶吃。这时首先要从母羊乳头中把奶塞挤掉,让羔羊及早吃上初乳。羔羊出生后,胎衣在2~3h内自然排出,要将胎衣及时拾走,不要让母羊吃掉,以免感染疾病。胎衣超过4h不下时,就要采取治疗措施。

产羔如在寒冷季节,要做好产房的保暖防风工作。羔羊毛干得很慢时,可在产房内加温,以防止羔羊感冒。如在炎热夏季产羔,要做好防暑通风工作,打开产房门窗散热通风,但不要把羔羊放在阴凉潮湿处。有些羔羊出生后不会吃奶,应加以训练,方法是把羊奶挤在指尖上,然后将有乳汁的手指放在羔羊的嘴里让它学习吸吮。随后移动羔羊到母羊乳头上,以吸吮母奶。

三、常见难产及其处理

肉用山羊难产比例较小。一般初产母羊因骨盆狭窄、阴道狭小;老母羊由于体弱无力、胎儿过大、胎位不正、子宫收缩无力等情况有时会出现难产。

羊膜破水后30min以上,仍未产出羔羊,或仅露出蹄和嘴,母羊又无力努责时,就要助产。助产人员应将手指甲剪短、磨光,消毒手臂,涂上润滑油或肥皂,根据难产情况相应处理。如果是胎位不正,需先将胎儿露出部分送回子宫,校正胎位,随母羊的努责将胎儿拉出。如胎儿过大,可采用两种方法助产:一是用手握住胎儿的两前肢,随着母羊的努责,慢慢用力向后下方拉出;另一种方法是随着母羊的努责,用手向后上方推动母羊腹部,这样反复几次就能产出。也可以将羔羊两前肢反复数次拉出和送入产道,然后一手拉前肢,一手扶头,随母羊努责缓慢向下方拉出。切忌用力过猛或不依努责节奏硬拉,以免拉伤阴道。

对助产产出的羔羊,如发育正常,有心跳,但不呼吸,称为假死。处理方法一是提起羔羊的两个后肢,使其悬空,并不时拍打其背部;二是让羔羊平卧,用两手有节律地按压胸部。经过如此处理,短时间假死的羔羊多能复苏。

四、母羊产后护理

母羊在分娩过程中,体能消耗过大,失去的水分多,新陈代谢机能下降,抵抗力减弱。此时,如果对母羊的护理不当,不仅会影响母羊身体的健康,还会造成缺奶甚至绝奶,使生产性能下降。对产后母羊的护理,应注意保暖、防潮、避风和感冒;要保持产圈的干燥、清洁和安静。产羔后1h左右,应给母羊饮1~1.5L温水或豆浆水切忌喝冷水。同时要喂饲少量的优质干草或其他粗饲料。头3d尽量不喂精饲料,以免发生乳房炎。饲喂精饲料时,量要先少,再逐渐增多。随着羔羊吃初乳的结束,精料量可逐渐增至预定量。

五、羔羊护理

羔羊出生后,体质弱,抵抗力低,适应能力差,容易生病。因此,搞好产后初生羔羊的护理,是保证羔羊高成活率的关键。羔羊出生后,一般10min左右便能自己站立起来,并寻找乳头吃奶。为了使初生羔羊尽快吃到初乳,助产人员应协助羔羊找到母羊的乳头,并协助和护理羔羊吃好第一次乳。如果羔羊比较健壮，以后便可以自己去找母亲吃奶了。初乳含有丰富的营养物质和抗体，有免疫和轻泻的作用，是初生羔羊的必需食品，一定要确保羔羊能吃到初乳，否则羔羊不易成活。同时，可以采集一部分初乳冻存在冰箱中，用来饲喂产后母羊死亡的羔羊或特别弱的羔羊。

初生20d以内的羔羊，大多不会吃草料，其存活和生长发育全靠母乳维持。即使会吃草吃料，其采食量也较少，消化吸收草料营养的能力也较弱。为此，必须加强初生羔羊的护理。对奶不够吃者和失去母亲无奶者，都要尽快地为羔羊找到保姆羊，或实行人工补乳或哺育。保姆羊通常是一些产期相近并死去羔羊，或奶水较多，哺育自己羔羊有余的母羊。在把羔羊送给保姆羊前，需先将保姆羊的尿液或乳汁涂抹在待哺羔羊的身上，然后再把羔羊抱到保姆羊的圈里，让母羊嗅闻，接着实行人工辅助哺乳，使羔羊吃上几次保姆羊的奶。这样，保姆羊就可逐渐地适应和接受羔羊吃奶。实行人工补乳或哺育羔羊时，一定要注意乳的浓度和严格的消毒，同时还要做到定时定量，定温以38～42℃为宜。产后7d内，每小时喂1次，以后逐步改为一天哺乳8次，到产后20d时，仍需保持每4h哺乳1次，直至羔羊离乳。每次的喂量，要掌握由少到多的原则。对产后7d内羔羊实行人工补乳，一般应从每次补喂170g起步，以羔羊吃饱为原则，逐渐增加每次喂奶的数量。

羔羊在生后4～6h，便开始自行排泻胎粪。胎粪呈黄褐色，较黏稠。一定要使羔羊能及时排出，否则将会影响羔羊的正常生活和生存。如果生后24h仍然排不出胎粪，羔羊将不时鸣叫和努责。此时，就要采取灌肠等办法促使胎便排出。

羔羊出生以后，应当立即和母羊一起送到分娩小圈内哺育5d左右。母子亲和，羔羊强壮结实的，就可将它们从分娩小圈内拔出，转入母子小群生活5～10d。母子均能正常哺育生活和羔羊生长发育较正常的，便可转到带羔哺乳的母子大群去饲养。

羔羊生后7～10d就应训练其吃草吃料。可采用吊草诱使羔羊叼草，用炒香的粉料诱使羔羊舔食。从羔羊生后第15～20d起，就应当给羔羊补饲混合精料，最初为每羔每天10g，以后随着羔羊的生长，需要的养分逐渐增多，混合精料的补饲量就应逐渐增加。补料进度的安排大体是，每5～7d加量一次，到羔羊日龄达60d时，补饲的精料日总量应加到350～400g。一般羔羊应在60日龄左右断奶，这样对羔羊和母羊都有好处。

为搞好哺乳羔羊补料，推荐如下配方：玉米面55%～60%，麸皮10%～15%，豆饼25%～30%，外加混合料量1%的矿物质添加剂和多维生长素混合物。

第五节　产羔体系和繁殖力评估

一、肉用山羊的产羔体系

（一）2年3产体系

这种产羔体系是，每2年产羔3次，平均每8个月产羔一次。这个体系有固定的配种和产羔计划。例如，5月份配种，10月份产羔；次年1月份再次配种，6月份产羔；9月份配种，2月份产羔，如此循环进行。羔羊一般两月龄断奶，母羊在羔羊断奶后一个月配种。为了全年均衡产羔，繁殖母羊群可以分为8个月产羔相间的4个组，每两个月安排一次生产。这样每隔两个月就有一批羔羊上市。如果母羊在组内怀孕失败，两个月后参加下一组配种。这个生产体系比常规生产体系生产率增加40%。

（二）3年4产体系

繁殖母羊群组间的产羔间隔为9个月，一年内有4轮产羔。从而构成3年4产体系。其做法是在母羊产羔后第四个月配种，以后几轮则是第三个月配种。即1月份、4月份、6月份和10月份产羔，5月份、8月份、11月份和次年的2月份配种。

（三）3年5产体系

由于母羊妊娠期的一半是73d，正是1年的1/5。羊群可被分成4组，开始时，第一组母羊在第一期产羔，第二期配种，第四期产羔，第五期再次配种；第三组母羊在第一期产羔，第二期配种，第四期产羔，第五期再次配种；第三组母羊在第二期产羔，第三期配种，第五期产羔，第一期再次配种；第四组母羊在第三期产羔，第四期配种，第一期产羔，第二期再次配种。如此周而复始，产羔间隔7.2个月。对于1胎产1羔的母羊，1年可获1.67个羔羊，如1胎产双羔，1年可得3.34个羔羊。

（四）1年2产体系

1年2产理论上可使年繁殖率增加25%～30%。理论上这个体系允许每只母羊最大数量地产羔，但在目前情况下，1年2产还不太实际，即使是全年发情母羊群中也难以做到，因为母羊产后需要一定时间进行生理恢复。小尾寒羊和湖羊的繁殖力较高，也仅有少数母羊可1年2产。

（五）随机产羔体系

在有利条件下，如有利的饲料年份，有利的价格，进行1次额外的产羔。无论什么方式、什么体系进行生产，尽量不出现空怀母羊。如有空怀母羊，即进行1次额外配种。此方式对于个体养羊生产者是很有效的一种快速产羔方式。

总之，在选择配种产羔体系之前，应该考虑地理生态、繁殖特性、管理能力、饲料资源、设备条件、投资需求、技术水平等诸因素，认真分析后，做出最佳选择。

二、肉用山羊繁殖力评估

在肉用山羊的繁殖和育种过程中，往往需要对羊群的繁殖力进行评估，以便了解母羊群体的繁殖状况，从而对群体繁殖力的遗传进展、母羊群体结构、公羊的繁殖性能等有一个比较全面的认识。有关母羊繁殖群体的一些繁殖力参数计算如下。

1. 能繁母羊比率

主要反映羊群中能繁殖的母羊比例。能繁母羊主要是指10月龄（山羊）和1.5岁（山羊）以上的母羊。能繁母羊比率＝（本年度终能繁殖母羊数/本年度终羊群总数）×100%。

2. 空怀率

$$空怀率＝（能繁母羊数－受胎母羊数）/能繁母羊数×100\%$$

3. 受胎率

$$受胎率＝受胎母羊数/已配种母羊数×100\%$$

4. 产活羔率

$$产羔活率＝出生活羔羊数/分娩母羊数×100\%$$

5. 成活率

$$成活率＝断奶成活羔羊数/出生活羔羊数×100\%$$

6. 繁殖率

$$繁殖率 = 出生活羔羊数/能繁母羊数 \times 100\%$$

7. 繁殖成活率

$$繁殖成活率 = 断奶成活羔羊数/能繁母羊数 \times 100\%$$

以上各种繁殖力指标一般每个年度要统计一次。如果繁殖力指标下降较快，就要求育种者或生产管理者分析出具体原因。特别是在肉用山羊育种中，当一个育种群体的繁殖力指标没有按照育种计划改变时，首先就要对群体的饲养管理、繁殖技术等进行研究。其次是要对种公羊进行检查。因为育种群体的种公羊是经过严格的选择而确定的，一般有较高的育种值，是群体繁殖力提高的推动者。它的优劣对整个群体的遗传进展有较大的影响。对种公羊的检查包括：种公羊的饲养管理情况、繁殖生理状况、育种值、配种情况等。对于不理想的种公羊要及时淘汰。

第六节　生殖激素

肉用山羊的繁殖主要受生殖激素的调节和影响。生殖激素由内分泌腺体（无管腺）分泌释放，又叫作生殖内分泌激素。另外，一些激素虽然与生殖活动没有直接关系，但通过影响家畜机体的生长发育和新陈代谢机能，最终能间接影响肉用山羊的生殖活动和生殖机能，这类激素被称为次要生殖激素。如促生长素、醛固酮、胰岛素、促肾上腺皮质激素等。生殖激素对肉用山羊生殖活动的调节机制比较复杂，各种激素构成了一个完整的调节网络。在这个网络中，各种激素的平衡和协调使肉用山羊的繁殖活动能够正常进行。如果某个结点上的激素偏离了正常的生理范围，就将引起繁殖异常。在肉用山羊的繁殖控制中，利用激素的特点，可以给肉用山羊施用外源性的生殖激素，从而使肉用山羊的繁殖性能向我们希望的方向发展，如肉用山羊的同期发情、同期分娩、超数排卵等。这些生殖控制技术给肉用山羊的育种和生产带来了极大的方便，从而得到了广泛的应用。同时，肉用山羊的生殖控制是一个较为复杂的过程，为了更有效地应用这些技术，对生殖激素生理作用的认识是必要的。生殖激素的种类较多，现将其主要来源、分泌部位、化学本质和主要生理作用等归纳于表 3 - 1。

表 3 - 1　各类生殖激素的来源和化学特性及主要生理作用一览表

种类	名称	主要来源	化学特性	主要生理作用
脑垂体生殖激素	促性腺激素释放激素	下丘脑	十肽	促进垂体前叶释放 LH 和 FSH
	促乳素释放因子	下丘脑	多肽	促进垂体释放促乳素
	促乳素抑制因子	下丘脑	多肽	抑制垂体释放促乳素
	催产素	下丘脑	九肽	促进子宫收缩、乳汁排出，并有溶解黄体作用
	促卵泡素	腺垂体	糖蛋白	促进卵泡发育、成熟及精子发生
	促黄体素	腺垂体	糖蛋白	促进排卵和黄体生成及雄激素和孕激素的分泌
	促乳素	腺垂体	糖蛋白	促进乳腺发育和乳汁分泌，提高黄体分泌机能，增强母性行为

（续表）

种类	名称	主要来源	化学特性	主要生理作用
性腺激素	雌激素	卵巢	类固醇	促进发情行为、第二性征、雌性生殖道和子宫腺体及乳腺管道的发育，刺激子宫收缩，并对下丘脑和垂体有反馈调节作用
	雄激素	睾丸	类固醇	促进精子发生和副性腺的发育、维持雄性第二性征及性行为，并具同化代谢的作用
	孕激素	卵巢	类固醇	与雌激素协同作用于发情行为，抑制母畜的排卵和子宫收缩，维持妊娠，维持子宫腺体和乳腺腺泡的发育，对促性腺激素分泌有抑制作用
	松驰素	卵巢和子宫	多肽	促进子宫颈、耻骨联合、骨盆韧带松驰
	抑制素	卵巢和睾丸	蛋白质	抑制垂体FSH的合成和分泌
	激动素	卵巢和睾丸	蛋白质	促进垂体FSH的分泌
	抑制卵泡素	卵巢和睾丸	蛋白质	抑制垂体FSH的分泌和释放
	孕马血清促性腺激素	妊娠的马属家畜子宫内膜杯	蛋白质	与FSH类似，促进动物辅助黄体的形成
其他	前列腺素	子宫	脂肪酸	溶解黄体，促进子宫收缩
	外激素	外分泌腺	脂肪酸，萜烯等	对性行为有影响

一、脑部分泌的生殖激素

调节生殖活动的神经内分泌激素主要由下丘脑及其周边组织、间脑、垂体和松果体等神经组织的细胞合成和分泌。

下丘脑神经细胞合成分泌的十种激素都是多肽类激素。一些下丘脑激素分泌物对垂体的分泌和释放活动具有促进作用，所以叫做释放激素或释放因子；另一些下丘脑分泌物对垂体的分泌和释放活动有抑制作用，故称为释放抑制激素或释放抑制因子。下丘脑生殖激素主要有促性腺激素释放激素、催产素、促乳素释放因子和促乳素释放抑制因子等四种，其余均为次要生殖激素。

松果体或松果腺，又名脑上腺，是重要的神经内分泌器官。松果体能分泌多种生物活性物质，其中褪黑激素（生物胺）最多，肽类激素（如催产素等）等也占一定比例。它们对于肉用山羊的生殖系统、内分泌系统和生物节律系统都有很明显的调节作用。

（一）促性腺激素释放激素（GnRH）

1. 来源及化学特征

促性腺激素释放激素（GnRH）又名促卵泡素释放激素（FSHRH）、促黄体素释放激素、促黄体素释放因子（LHRF）、促卵泡素释放因子（FSHRF）等。由分布于下丘脑内侧视前区、下丘脑前部、弓状核和视交叉上核的神经内分泌小细胞分泌。

包括羊在内的所有家畜的下丘脑分泌的 GnRH 均为十肽，且具有相同的分子结构和生物学效应。GnRH 在体内很容易失活。目前，由于对 GnRH 的分子结构和功能之间的关系有了较深入的了解，可通过人工方法合成多种使生物活性增强的类似物，即激素激动剂。如国产的"促排 I 号"、"促排 II 号"、"促排 III 号"和国外的"巴塞林"（Buserelin，又名 Receptal、HOE766）等都是激动剂，其生物学活性比天然 GnRH 高数十倍至上百倍。

　　2. 生理作用及在繁殖上的应用

　　下丘脑分泌的 GnRH 进入血液后，经垂体门脉系统作用于腺垂体，促进垂体 LH 和 FSH 的合成和分泌。GnRH 对公羊有促进精子发生和增强性欲的作用。对母羊有诱导发情、排卵的作用。临床上常用于治疗公羊性欲减弱、精液品质下降、母羊卵泡囊肿和排卵异常等症。GnRH 类似物（LRH – A$_1$）用于治疗牛卵巢静止和卵泡囊肿的剂量分别为 $200 \sim 400 \mu g$ 和 $400 \sim 600 \mu g$，但用于羊的材料尚存在许多的争议。

　　（二）催产素

　　1. 来源和化学特性

　　催产素和加压素是由下丘脑视上核和室旁核合成，在神经垂体中贮存并释放，并和相应的运载蛋白结合，浓缩成分泌颗粒（催产素前体）沿着轴突向神经垂体运输。转运的复合物在酶的作用下裂解成运载蛋白和催产素或加压素。母羊卵巢上的大黄体细胞也能分泌催产素。

　　2. 生理功能调节及其在繁殖上的应用

　　催产素的主要生理功能表现在如下四个方面：①催产素可以刺激乳腺肌上皮细胞收缩，导致排乳。当羔羊吮乳时，生理刺激传入母羊脑区，引起下丘脑活动，进一步促进神经垂体呈脉冲性释放催产素。在给奶羊挤奶前按摩乳房，就是利用排乳反射引起催产素水平升高而促进乳汁排出；②催产素可以刺激子宫平滑肌收缩。母羊分娩时，催产素水平升高，使子宫阵缩增强，利于胎儿产出。产后羔羊吮乳可加强子宫收缩，有利于胎衣排出和子宫复原；③催产素能刺激子宫分泌前列腺素 F$_{2\alpha}$，引起黄体溶解，诱导发情；④催产素具有加压素的作用，即具有抗利尿和升高血压的功能。当然，加压素也有微弱的催产素作用。

　　神经因素和体液因素调节催产素分泌和释放。刺激阴道和乳腺，能够通过神经传导途径引起催产素的分泌和释放。例如，公羊和母羊交配时，公羊的阴茎刺激阴道，引起母羊催产素释放增多，使子宫活动增强，利于精子移行。同时，公羊通过异性刺激（触觉），引起催产素释放增加，诱导输精管及附睾的收缩，便于射出精液。雌激素对催产素受体的合成有促进作用。因此对催产素的生物学作用具有协同作用。

　　催产素常用于促进分娩、治疗胎衣不下、子宫脱出、子宫出血和子宫内容物（如恶露、子宫积脓或木乃伊等）的排出等。事先用雌激素处理，可增强子宫对催产素的敏感性。催产素用于催产时必须注意用药时期。在产道未完全扩张前大量使用催产素，容易引起子宫撕裂。催产素在羊上其一般用量为 $10 \sim 20IU$。

　　（三）褪黑激素

　　1. 来源及化学本质

　　褪黑激素（MLT）又名褪黑素或降黑素，其化学名称为 5-甲氧基-N-乙酰色胺。松果体是家畜 MLT 的主要来源。此外，家畜的小脑、视网膜、副泪腺等也可产生少量的 MLT。

2. MLT 节律性分泌及与繁殖的关系

松果体的节律性活动有三种类型。

（1）日节律　指 MLT 合成和分泌在 24h 内的周期性变化。通常，夜间暗光信号能通过一定的生理途径，促进 MLT 的合成。母羊其他生殖内分泌激素在 24h 内的变化规律与 MLT 日节律分泌有关。

（2）月节律　即 MLT 分泌在一定时期（一月以内）的周期性变化。MLT 的月节律与母羊的发情周期有关。

（3）年节律或季节性节律　即 MLT 分泌在一年内的周期性变化，通常与季节性发情家畜的生殖活动有关。如山羊的生殖活动（发情排卵）多发生于长日照与短日照交替季节。

松果体对性腺发育和生殖细胞的生成有直接影响。山羊对光照时间的变化比较敏感，如在夏季，公山羊睾丸体积缩小、性欲减弱、精液质量下降，甚至不能射精。母羊则出现季节性发情。

二、垂体分泌的生殖激素

（一）促卵泡素

1. 来源与化学本质

促卵泡素（FSH）又名卵泡刺激素，是由腺垂体的嗜碱性细胞分泌的一种糖蛋白质激素。其分子量山羊约为32 000kDa（用沉积分析法测得）。FSH 在垂体中的含量较少，提取和纯化较难，并在分离过程中较易破坏。

2. 生物学作用和在繁殖上的应用

FSH 对公羊的主要作用是促进生精上皮发育和精子的形成。FSH 可促进精细管的增长，促进生精上皮分裂，刺激精原细胞增殖，并在睾酮的协同作用下促进精子形成。

FSH 对母羊则主要是刺激卵泡生长和发育。试验证实，FSH 可提高卵泡壁细胞的摄氧量，增加蛋白质合成，并对卵泡内膜细胞分化、颗粒细胞增生和卵泡液的分泌具有促进作用。FSH 除对卵泡的生长发育有促进作用外，还可在促黄体素的协同作用下，刺激卵泡成熟、排卵。FSH 还能诱导颗粒细胞合成芳香化酶，催化睾酮转变为雌二醇，进而刺激子宫发育。

在生理条件下 FSH 与促黄体素对促卵泡发育和排卵作用有协同效应。然而在生产或临床应用中，由于正常肉用山羊体内本身含有促黄体素，FSH 制品中含有大量促黄体素，所以在使用 FSH 制剂的同时如果再加促黄体素，可能影响 FSH 的作用效果。

垂体中 FSH 与促黄体素的比率（FSH/LH），与生殖活动表现有密切关系。不同家畜垂体中 FSH/LH 比率及其绝对含量不同，可能与家畜发情周期时间的长短和排卵时间的早晚以及发情表现的强弱有关。羊的垂体中的 FSH 的含量与马、牛、猪等家畜垂体中的 FSH 含量相比，发现牛最低，马最高，山羊介于两者之间，仅为母马的1/10。这些家畜的发情持续时间以牛最短，马最长，羊介于二者之间；发生安静排卵的家畜占发情家畜比例以牛最高，马最少，羊居中。

FSH 的分泌受下丘脑 GnRH 和卵泡抑制素的直接调节，同时也受卵泡分泌的雌激素的反馈调节。GnRH 可以促进 FSH 的分泌，卵泡抑制素则可抑制 FSH 的分泌。此外，低剂量的雌激素对 FSH 的分泌具有正反馈调节作用，即可以促进 FSH 的分泌。相反，大剂量的雌激素则可抑制 FSH 的分泌。

在肉羊生产和兽医临床上，FSH 常用于诱导母羊发情和超数排卵，以及治疗卵巢机能疾病。FSH 由于半衰期短，故使用时必须多次注射才能达到预期效果。一般每日两次，连续 3~4d。如果应用缓释剂，则只需一次注射就可。至于 FSH 用量，则需根据制剂的纯度确定。因为 FSH 商品制剂检定的效价误差很大。各种商品制剂都有其使用的剂量范围，使用时应根据说明书来确定剂量。

（二）促黄体素

1. 来源与化学特性

促黄体素（LH）由腺垂体嗜碱性细胞分泌，分子结构与 FSH 类似，也是由 α 和 β 两个亚基组成的糖蛋白质激素。LH 的化学稳定性较好，在提取和纯化过程中较 FSH 稳定。羊垂体提取的 LH 生物活性比从牛和马垂体中的提取物要高。

2. 生物学作用与临床应用

LH 可促进睾丸间质细胞产生并分泌雄激素，故又名促间质细胞素（ICSH）。这对副性腺的发育和精子的成熟具有重要作用。

LH 对母羊的生理作用主要表现在：选择性诱导排卵前的卵泡生长发育，并触发排卵。促进黄体形成并分泌孕酮。刺激卵泡膜细胞分泌雄激素，扩散到卵泡液中被颗粒细胞摄取而芳构化为雌二醇。此外，卵泡膜细胞具有对 LH 专一而对 FSH 并不专一的受体，在 LH 的作用下自身也能将雄激素转变为雌激素。

在临床和生产实践中，LH 通常与 FSH 一起用于母羊的超数排卵。

（三）促乳素

1. 来源与化学特性

促乳素又名催乳素（PRL），由腺垂体嗜酸性的促乳素细胞分泌蛋白类激素，通过垂体门脉系统进入血液循环。

2. 生物学作用

（1）促乳腺发育和乳汁生成 在性成熟前，PRL 与雌激素协同作用，维持乳腺（主要是导管系统）发育。在妊娠期，PRL 与雌激素、孕激素共同作用，维持乳腺腺泡系统的发育。

（2）抑制性腺机能发育 在雌性动物上，产奶量高的动物其配种受胎率会降低，这是因为高产奶者血液中 PRL 水平较高可以抑制卵巢机能发育，影响发情周期。

（3）行为效应 动物的生殖行为可分为"性爱"与"母爱"两个时期，前者受促性腺激素控制，后者受促乳素的调控。母羊在分娩后，促性腺激素和性激素水平降低，PRL 水平升高，母爱行为增强。

三、性腺激素

由睾丸和卵巢分泌的激素，统称为性腺激素。性腺分泌的激素种类较多，根据化学本质可分为两大类：即性腺类固醇激素和性腺含氮类激素。性腺类固醇激素主要包括睾丸分泌的雄激素、卵巢分泌的雌激素和孕激素等，它们的化学本质都是甾环衍生物，故类固醇激素又被称为甾体激素。睾丸和卵巢除分泌类固醇激素外，还分泌蛋白质激素（即含氮类激素）。这些激素包括抑制素、激动素、卵泡抑素和松弛素等。

（一）雄激素

1. 来源和种类

雄激素主要由睾丸间质细胞分泌。睾丸生产的雄激素主要有睾酮和雄烯二酮。这二者之间的含量关系随年龄而发生变化。雄性动物肾上腺也可分泌雄激素，即睾酮类似物－雄酮。在睾酮与雄酮的代谢过程中，还衍生出几种生物活性比睾酮弱的雄激素，即表雄酮、去氢表雄酮、乙炔基睾酮。这些激素的分子结构基本类似。雄激素种类很多，但由于动物体内雄激素的生物活性以睾酮最高，所以通常以睾酮代表雄激素。

人工合成的雄激素类似物主要有甲基睾酮和丙酸睾酮，其生物学效价比睾酮大得多，因能直接被消化道的淋巴系统吸收，不必经过门静脉而被肝脏内的酶作用失去活性，所以可以口服。

2. 生理作用及在繁殖上的应用

雄激素对雄性动物生殖活动的主要作用表现在：雄性激素在动物幼年时期就已产生，对于维持生殖器官和副性腺以及第二性征的发育具有重要作用。在幼年时期阉割雄性动物，生殖器官趋于萎缩退化，副性器官消失。对于成年动物，雄激素可刺激精细管发育，有利于精子生成，维持雄性性欲。

雄激素对雌性动物的作用比较复杂。一方面，雄激素对雌激素有撷抗作用，可抑制雌激素引起的阴道上皮角质化。对于幼年雌性动物，雄激素可引起雌性动物雄性化，表现为阴蒂过度生长，变成阴茎状。在胚胎期给母畜应用雄激素，可使雌性胚胎失去生殖能力。另一方面，雄激素对维持雌性动物的性欲和第二性征的发育具有重要作用。此外，雄激素还通过为雌激素生物合成提供原料，提高雌激素的生物活性。

大剂量雄激素对雄性和雌性动物促性腺激素的分泌都有负反馈调节作用，可抑制促性腺激素的分泌。正常雄性动物用雄激素处理，虽在短时期内对提高性欲有利，但对提高精液品质不利，更有可能通过负反馈调节作用影响性欲。因此，临床应用雄激素时，应该慎重。

雄激素在临床上主要用于治疗公羊性欲不强（如阳萎）和性机能减退症。此外，母羊或去势公羊用雄激素处理后，可用作试情动物。常用的药物为丙酸睾酮，皮下或肌肉注射均可。建议羊的用量不要超过 0.1g。

（二）雌激素

1. 来源与种类及化学结构

雌激素主要来源于卵泡内膜细胞和卵泡颗粒细胞。此外，肾上腺皮质、胎盘和雄性动物睾丸也可分泌少量雌激素。一些植物也可产生具有雌激素生物活性的物质，即植物雌激素。

雌激素是一类化学结构类似、含 18 个碳原子的类固醇激素。动物体内的雌激素主要有雌二醇、雌酮、雌三醇、马烯雌酮、马奈雌酮等；人工合成的雌激素主要有己烯雌酚（又名乙底酚）、苯甲酸雌二醇、己雌酚、二丙酸雌二醇、二丙酸己烯雌酚、乙炔雌二醇、戊酸雌二醇、双烯雌酚等。从豆科和葛科等植物中提取、纯化的雌激素主要有染料木因、巴渥凯宁、福母乃丁（双名芒柄花素）、黄豆苷原、香豆雌酚、米雌酚、补骨脂丁等。植物雌激素分子中没有类固醇结构，但具有弱的雌激素生物活性。

2. 生理作用及在繁殖上的应用

雌激素在雌性动物各个生长发育阶段都有重要的生理作用。在胚胎期，雌激素对一些动物胚胎的子宫和阴道的充分发育具有促进作用。在初情期前，雌激素对下丘脑 GnRH 的分泌有抑制作用，对第二性征的发育有促进作用。在初情期，雌激素对下丘脑和垂体的生殖内分泌活动有促进作用。在发情周期中，雌激素对卵巢、生殖道、下丘脑及垂体的生理机能都有调节作用，表现为：刺激卵泡发育；作用于中枢神经系统，诱导发情行为。但在山羊中，雌激素的这一作用还需孕激素的参与。一些山羊第一次排卵时无发情表现，就是因为没有孕激素参与。刺激子宫和阴道上皮增生和角质化，并分泌稀薄黏液，为交配活动作准备。刺激子宫和阴道平滑肌收缩，促进精子运行，有利于精子与卵子结合。在妊娠期，雌激素刺激乳腺腺泡和管状系统发育，并对分娩启动具有一定作用。在分娩期间，雌激素与催产素有协同作用，刺激子宫平滑肌收缩，有利于分娩。在泌乳期间，雌激素与催乳素有协同作用，可以促进乳腺发育和乳汁分泌。

雌激素对雄性动物的生殖活动主要表现为抑制效应。大剂量雌激素可引起雄性胚胎雌性化，并对雄性第二性征和性行为发育有抑制作用。用大剂量雌激素处理成年雄性动物可影响雄性生殖机能，如精液品质降低、乳腺发育并出现雌性行为特征等。对一些羊，雌激素还可引起睾丸和副性器官萎缩，精子生成减少，雄性特征消失。

雌激素在临床上主要配合其他药物用于诱导发情、人工刺激泌乳、治疗胎盘滞留、人工流产等。在肉用山羊中，雌激素单独应用虽可诱导发情，但一般不排卵。因此，用雌激素催情时，必须等到下一个情期才能配种。雌激素的用量与激素的生物活性和使用目的及动物种类有关，使用时可根据厂商提供的使用说明书进行。

（三）孕激素

1. 来源与种类及化学结构

孕激素是一类分子中含 21 个碳原子的类固醇激素，在雄性和雌性动物体内均存在。它既是雄激素和雌激素生物合成的前体，又是具有独立生理功能的性腺类固醇激素。在母羊第一次出现发情特征之前孕激素主要由卵泡内膜细胞、颗粒细胞分泌。母羊第一次发情形成黄体后，孕激素主要由卵巢上的黄体分泌。在公羊中，雌激素由睾丸间质细胞和肾上腺皮质细胞分泌。另外，胎盘也能分泌孕激素。血液中的孕激素主要与球蛋白结合，游离的较少。

孕激素种类很多，动物体内以孕酮（又称黄体酮）的生物活性最高。因此，孕激素通常以孕酮为代表。除孕酮外，天然孕激素还有孕烯醇酮、孕烷二醇、脱氧皮质酮等，由于它们的生物活性不及孕酮高，却又能竞争性结合孕酮受体，所以在体内有时甚至对孕酮有撷抗作用。人工合成的孕激素有甲基乙酸孕酮（简称甲孕酮，MAP）、乙酸氯地孕酮（简称氯地孕酮，CAP）、乙酸氟孕酮（FGA）、醋甲脱氢孕酮（又名 16 次甲基甲地孕酮，MGA）、甲地孕酮（MA）、炔诺酮。

2. 生理作用与在繁殖上的应用

在生理状况下，孕激素与雌激素通过协同和撷抗两种途径调节母羊的生殖活动。孕激素的主要功能，是通过刺激子宫内膜腺体分泌和抑制子宫肌肉收缩而促进胚胎着床并维持妊娠。此外，孕激素对垂体 LH 的分泌具有反馈调节作用，高水平孕酮可以抑制发情和排卵。孕激素对公羊生殖活动的作用，主要通过生物合成雄激素和雌激素来体现。

在临床和肉用山羊繁殖实践中，孕激素主要用于治疗因黄体机能失调引起的习惯性流产、诱导发情和同期发情等。用于诱导发情和同期发情时，孕激素必须连续使用（一般于皮下埋植或用阴道海绵栓）7d 以上。在这种情况下，终止提供孕激素后，母羊即可发情排卵。孕激素用于治疗功能性流产时，使用剂量不宜过大，而且不能突然终止使用。

（四）抑制素

1. 来源及化学特性

抑制素是一类主要由雌性动物的卵巢和雄性动物的睾丸分泌的糖蛋白激素。其分子量有多种。

2. 生理作用及在繁殖上的应用

抑制素的生理作用是传递反馈信号到腺垂体，调节外周血中 FSH 的浓度，并且还能影响 FSH 对睾丸和卵巢的作用。

抑制素通过调节 FSH 的分泌和释放而参与卵泡发育、精子发生以及生殖活动的内分泌调节。在临床上，抑制素的潜在应用，是通过免疫方法中和内源性抑制素、提高内源性 FSH 水平，从而诱导母羊发情并超数排卵。目前这方面的应用正处于研究之中，并已取得了一定的成果。

（五）松驰素

1. 来源与化学结构

松驰素又称耻骨松驰素，是由 α 和 β 两个亚基通过二硫键连接而成的多肽激素，主要由妊娠黄体分泌，一些动物的胎盘和子宫也可分泌少量松驰素。羊的松驰素主要来自黄体。

2. 生理作用及繁殖上的应用

松驰素在妊娠期的主要作用是影响结缔组织，使耻骨间韧带扩张，抑制子宫肌层的自发性收缩，从而防止未成熟的胎儿流产。在分娩前，松驰素分泌增加，能使产道和子宫颈扩张与柔软，有利于分娩。此外，在雌激素的作用下，松驰素还可促进乳腺发育。

目前国外已有三种松驰素商品制剂，即 Releasin（由松驰素组成）、Cervilaxin（由宫颈松驰因子组成）和 Lutrexin（由黄体协同因子组成）。临床上可用于子宫镇痛、预防流产和早产及诱导分娩。这些商品制剂国内亦有出售，使用可以参看使用说明。

四、胎盘促性腺激素

胎盘是孕育胎儿的场所，又是一个内分泌器官，由下丘脑－垂体－性腺轴所分泌的生殖激素，胎盘均可分泌，如胎盘促性腺激素（人绒毛膜促性腺激素）、人绝经期促性腺激素、孕马血清促性腺激素等。

（一）孕马血清促性腺激素

1. 来源及化学特性

孕马血清促性腺激素（PMSG）主要由马属动物胎盘的尿囊绒毛膜细胞产生，是胚胎的代谢产物。PMSG 的化学本质与垂体促性腺激素类似，为一种含糖量很高的糖蛋白质激素。近年来已获得高纯度的 PMSG。

PMSG 的分子不稳定，高温和酸、碱条件以及蛋白质分解酶均可使其丧失生物学活性。此外，冷冻干燥和反复冻融可降低其生物学活性。

2. 生理作用及在繁殖上的应用

PMSG 的生物学效应与 FSH 类似，对雌性动物具有促进卵泡发育、排卵和黄体形成的功能；对雄性动物具有促进精细管发育和性细胞分化的作用。PMSG 对下丘脑、垂体和性腺的生殖内分泌机能具有调节作用。PMSG 发挥作用需要下丘脑和垂体的参与。

PMSG 在临床上的应用与 FSH 类似，主要用于诱导发情和超数排卵以及单胎动物生多胎，并可用于治疗卵巢静止、持久黄体等症。与 FSH 相比，由于 PMSG 的半衰期长，在体内消失的速度慢，因此一次注射与多次注射在体内的效果一致。但是，由于 PMSG 在体内残留的时间长，易引起卵巢囊肿（可达拳头般大）。囊肿卵巢分泌的类固醇激素水平异常升高，不利于胚胎发育和着床。为了克服 PMSG 的残留效应，近来趋向于在用 PMSG 诱导发情后，追加抗 PMSG 抗体，以中和体内残留的 PMSG，提高胚胎质量。

PMSG 的使用一般以肌肉注射为主。用于诱导羊发情的常用剂量为 200～400IU，用于羊睾丸机能衰退和死精症的剂量为 500～1 200IU。

（二）人绒膜促性腺激素

1. 来源及化学本质

人绒毛膜促性腺激素（hCG）主要由灵长类动物妊娠早期的胎盘绒毛膜滋养层细胞，即朗氏细胞分泌的一种糖蛋白质激素，存在于血液中并可经尿液排出体外，故又称为"孕妇尿促性腺激素"。

2. 生理作用和在繁殖上的应用

hCG 的生理功能与 LH 相似，对雌性动物具有促进卵泡成熟、排卵和形成黄体并分泌孕酮的作用；对雄性动物具有刺激精子生成、促进间质细胞发育并分泌雄激素的功能。非灵长类动物体内不含 hCG，但当用 hCG 处理时，则具有 LH 的作用。此外，hCG 还具有明显的免疫抑制作用，可防御母体对滋养层的攻击，使附植的胎儿免受排斥。

市场提供的 hCG 主要从孕妇尿和孕妇刮宫液中提取得到，与垂体促性腺激素相比，来源广，生产成本低，因此是一种相当经济的 LH 代用品。实际上，由于 hCG 还具有一定的促卵泡素的作用，其临床应用效果往往优于单纯的 LH。hCG 在动物生产和临床上主要应用于刺激母畜卵泡成熟和排卵。与 FSH 或 PMSG 结合应用，以提高同期发情和超数排卵效果。治疗排卵延迟、卵泡囊肿、孕酮水平降低所引起的习惯性流产、睾丸发育不良或阳萎等症状。羊常用的剂量为 100～500IU（即 IU）。

五、前列腺素

1. 来源及其化学特性

前列腺素（PG）几乎存在于身体各种组织和体液中。生殖系统（如精液、卵巢、睾丸、子宫内膜和子宫分泌物以及脐带和胎盘血管等）、呼吸系统、心血管系统等多种组织均可产生 PG。

2. 生理作用及在繁殖上的应用

前列腺素有以下几个生理作用：①溶解黄体的作用；②影响排卵；③对子宫和输卵管有收缩作用。

在繁殖实践上，前列腺素主要应用于以下几个方面：①调节发情，前列腺素常用于同期发情。具体见同期发情一节；②控制分娩，可以应用前列腺素使肉用山羊在一定的时间内集中分娩。这一般和同期发情配合使用。从而便于集约化生产和管理；③治疗持久黄体、卵巢囊肿、子宫积脓等繁殖疾病；④增加射精量和提高人工授精效果。

第七节　山羊免疫多胎技术

在肉羊生产中，提高母羊繁殖力实际上必须采取综合技术措施，让母羊多产羔和产好羔。这些技术覆盖遗传、繁殖管理、营养饲料和疾病控制。任何一个方面的缺失或不足都对肉羊繁殖力具有不良的影响。

尽管产羔率的遗传力较低，但是品种间确实存在较大的差异。有的品种产双羔或三羔以上的比例就是非常高。在同一品种内，母羊在第一胎时生产双羔，其在以后的胎次产双羔的概率比较大。

繁殖管理对产羔率的影响也是相当显著的。例如，实行密集产羔羊群结构是否合理，对羊的增殖有很大的影响，因此，增加适龄繁殖母羊(2~5岁)在羊群中的比例，也是提高羊繁殖力的一项重要措施。在进行肉用生产时，繁殖母羊比例可保持在60%以上。在气候和饲养管理条件较好的地区，可实行羊的密集产羔，也就是使母羊2年产3次或1年产2次羔。母羊发情持续期比较短，精心组织试情和配种，抓准发情母羊，防止漏配是提高羊繁殖力和肉羊生产效率的关键。

饲料营养对种公羊和繁殖母羊的影响极大。丰富和平衡的营养，可提高种公羊的性欲，提高精液品质，促进母羊发情和排卵数的增加。因此，加强对公、母羊饲养，特别是在当前中国农村牧区的具体条件下，加强对母羊在配种前期及配种期的饲养，实行满膘配种，是提高肉羊繁殖力的重要措施。常用的方法就是在种公羊的配种季节，每天给每只种公羊饲喂1~2枚新鲜生鸡蛋，可提高种公羊的性欲和射精量；母羊在配种前短期补饲，可提高受胎率和双羔率，羔羊的初生重也增加。

一、孕激素免疫多胎技术

许多研究表明，一些激素药物可促进母羊卵泡发育、成熟和排卵，也就是可促进母羊多产羔。目前，这些激素药物已广泛用于肉羊生产中。如中国农业科学院兰州畜牧研究所研制成功的双羔苗，在配种前给母羊在其右侧颈部皮下注射2ml，相隔21d再进行第二次相同剂量的注射，能显著地提高母羊产羔率。

二、抑制素免疫多胎技术

基因免疫（Gene immunization）是将带有目的基因的真核表达载体导入到动物活体细胞内，使其表达产物经抗原递呈激活免疫系统、诱导机体产生特异性的抗体并引起相应免疫应答技术。基因免疫又叫核酸免疫或DNA免疫，其疫苗称为基因疫苗（Gene vaccine）。基因疫苗被称为第三代疫苗，具有很大的应用前景，受到世界各国的重视。

（一）抑制素基因疫苗与常规疫苗的比较

常规疫苗包括减毒活疫苗、灭活疫苗、亚单位疫苗和重组活疫苗等。基因疫苗与传统疫苗相比，有以下几种优越性。

1. 抗原性强

基因免疫后在受体细胞内表达抗原蛋白的过程和自然感染是相似的，抗原蛋白在受体细胞内加工后以天然构象提呈给宿主的免疫识别系统，激发免疫应答，抗原性比较强。在细胞内直接表达抗原蛋白对于构象型抗原表位引发的保护性免疫尤其重要。如果抗原是在体外合成，可能使抗原在一系列的纯化和处理过程中表位改变或丢失。

基因疫苗不仅可以诱导针对保守抗体的原保护性抗体产生，而且可以同时激发机体的CTL免疫，这对于依赖细胞免疫清除病原的疾病（如病毒性疾病等）预防更加有效。基因疫苗接种后，抗原在细胞内表达与病毒自然感染过程中病毒抗原表达相似。这对于构象型抗原表位诱发的中和性抗体的产生是必要的。基因免疫能诱导体液免疫，也能诱导强烈的细胞免疫，所以免疫性强。

2. 免疫应答较持久，保护时间长

Yankuchas 等报道肌肉注射基因疫苗后 15 个月可用 PCR 检测到外源质粒 DNA 的存在。Woll 等报道注射基因疫苗后 19 个月仍可检测到外源基因相当数量的表达。外源基因及其表达产物持续存在，使机体中特异的免疫记忆细胞的记忆强化，从而使机体获得的保护性免疫较持久存在。抗原蛋白在受体细胞内表达，没有毒力回升的危险。

3. 制备简便，省时省力

传统方法制备特定的抗体，首先需要设法获得并提纯相应的抗原，然后免疫动物获得抗体（刘桂琼等，2003）。基因疫苗的制备只需对编码抗原的基因进行设计和克隆，不需在体外表达和纯化蛋白质，而且外源基因比较容易克隆和重组，数天内可扩增和纯化之，特别是对那些在流行病暴发时可快速开发新的疫苗。重组质粒的构建、扩增和纯化成本较低。质粒比较稳定，便于保存和运输。质粒 DNA 导入体内可用直接注射法或基因枪法，方便快速。

4. 改造方便

可以根据需要对目的基因进行改造，选择抗原决定簇。选择某一病原体编码保守蛋白的核酸序列作为基因疫苗，可对同一种病原的漂变型或新型产生交叉免疫，从而起到免疫保护作用。可以将多个目的基因重组于一个载体上，形成嵌合质粒，产生联合免疫。由于改造和构建基因的速度较快，所以新的基因疫苗生产可以满足实际需要。

（二）基本原理

现在基因免疫的作用机理有些限于理论推测，而且很多资料来源于基因治疗试验。基因免疫和基因治疗在作用机理上有很大的相似性。注入的外源基因被周围的组织细胞、APC细胞或其他炎症细胞摄取，在细胞内表达。表达产物作为抗原可能的呈递途径是：肌细胞直接摄入或经 T 小管和细胞膜样内陷，摄入外源基因。在外源基因携带的启动子作用下使外源基因表达。表达产物在细胞内水解酶的作用下分解成长短不一的多肽。其中的一部分被 hsp70 运到内质网，经过内质网膜上的 TAP 分子转入膜内与主要组织相容性复合物（MHC）Ⅰ类分子结合，最终在细胞膜表面被 CD_8^+ CTL 细胞识别；另一部分短肽进入溶酶体，与（MHC）Ⅱ类分子结合，运到细胞表面被 CD_4^+ T_H 细胞识别（Tang et al.，1992；Bhardwaj et al.，1993；Fynan et al.，1993；Davis et al.，1993）。这些多肽含有不同的抗原表位。它们将诱导细胞毒性 T 淋巴细胞（CTL）前体、B 细胞和特异性辅助 T 细胞，产生细胞免疫和体液免疫。同时，基因表达产物可以通过细胞分泌和细胞破裂的方式释放进入组织间，从而以天然折叠形式被 B 淋巴细胞识别。

基因免疫后，也可能使肌细胞和抗原提呈细胞均被转染，从而使 CD_4^+ 和 CD_8^+ T 细胞亚群活化，产生特异性的免疫应答。

（三）方法

1. 基因疫苗的构建方法

基因免疫首先是将目的基因与真核表达质粒载体重组。用于构建基因疫苗的质粒载体需要满足两个基本条件：①可以在原核细胞中大量复制；②多数真核表达载体是以 pBR322 或 pUC 质粒为基本骨架，带有细菌复制子和病毒的启动子，具有较强的转录激活作用。

为了提高基因表达水平，将表达质粒作适当的改造是有益的。如 Montgomery 等（1992）以 V_1 和 pUC_{19} 为基础构建的 V_1J 质粒载体，将流感病毒的 *NP* 基因插入 V_1J 中，在体内和体外均得到高效表达。Danko 等（1993）研究表明，共价闭环型质粒比线性质粒表达效率高。现在一些公司正逐步推出一些商业化的真核表达载体，表达效率较高。目前用的较多的载体是 pcDNA3.1，Han 等（2008）将双拷贝的 α（1-32）基因片段和 *HbsAg-S* 基因片段亚克隆到 pcDNA3.1（－）载体上，用此基因疫苗去免疫小鼠和绵羊，在结果中得到了很高的表达效果和免疫水平；同样 Huang 等（2008）应用 pcDNA3.1 载体构建的基因疫苗也达到了良好的免疫效果。由于基因疫苗研究和应用的需求，一些有名的生物工程公司正在开发更好的真核表达载体。

目的基因的来源现在主要有两个途径：①由 mRNA 经逆转录到 cDNA，用 PCR 的方法扩增，克隆到 T 载体或 pUC 等载体，测序正确后再亚克隆到真核表达载体。也有人经 PCR 扩增后直接克隆到真核表达载体；②化学合成基因，再克隆到载体。这对于克隆小分子基因或大基因的某个特定小片段是很有用的。当目的基因还需要进行改造才能应用时，往往合成一部分或全部基因。

现在用于基因免疫的基因往往不考虑信号肽序列（姜勋平等，1999；范涛等，1999），仍能获得较好的免疫效果。由于外源基因没有信号肽序列，其表达蛋白或多肽不能从受体细胞中定向运输出来，可能会影响抗原的即时提呈，影响免疫反应的时间。由于基因免疫的抗原递呈过程尚未完全清楚，所以是否在克隆目的基因时考虑这一因素没有定论。但在基因治疗中人们已经考虑到治疗基因的定向运送和受控表达等问题（郑仲承，2000）。也有人认为，哺乳动物不同蛋白的前导序列具有较高的同源性，如果在抗原递呈后还未去掉它，产生的抗体可能会与其他蛋白前体发生交叉反应。

2. 基因疫苗的接种方法

基因疫苗接种的主要方法是直接基因注射。此法首先由美国威斯康星大学的 Wolff 和圣地亚哥 Vical 生物技术公司的 Felgner 领导的研究小组采用。结果令人振奋，不加任何化学处理的重组质粒在小鼠骨胳肌中表达外源基因的水平较高，几乎与体外最适条件下转染成纤维细胞的水平相当。外源基因表达时间较长，至少 2 个月内稳定表达外源蛋白。质粒 DNA 也未见整合到细胞染色体上，本身也不在细胞内复制。用无针喷气注射器免疫的效果比用常规的注射器好。

基因枪法（Genegun）是目前将外源基因送入活体细胞较为有效的方法（Loehr *et al.*，2000；Waine *et al.*，1999；Fuller *et al.*，1997）。首先将重组好的质粒包裹在金属微粒外周（如金粉和钨粉等），用基因枪高速轰击细胞，将外源基因导入细胞。此法首先是在植物中应用。Tang 等（1992）将人生长激素基因（hGH）重组于巨细胞病毒启动子（CMV）下游，包被于金属粉粒外层，用基因枪直接轰击小白鼠耳部，使小白鼠产生了抗 hGH 抗体，加强免疫后可以增强免疫应答。但用注射器给小白鼠皮下接种 50μg hGH 重组表达质粒，只有极微弱的表达。用重组人 α1-抗胰蛋白酶基因经基因枪法免疫小白鼠也得到了相当好的免疫反应。Fynan 等（1993）总结已有试验结果指出，基因枪法是现已证实的诱发机体保护性免疫最有效的基因免疫接种方法。

脂质体包裹法是将重组目的基因的质粒与脂质体混合，注射到动物体内。脂质体可以与细胞膜融合，从而将包于其中的外源基因导入细胞内。这种方法效率高，对细胞没有毒害作用。也可以利用其导向特性将外源重组质粒导入特定的靶细胞，如癌细胞等。Kaneda 等（1989）用脂质体介导 pBR-SV40，Brigham 等（1989）用脂质体介导 pSV_2CAT，分别经静脉或（和）气管内注射，均得到了较为理想的免疫效果。Wang 等（1993）将 CAT 基因的重组质粒用脂质体包裹后经腹腔注射患腹水瘤的 BALB/c 小鼠，从小鼠的 RDM-4 淋巴瘤细胞中检测到了 CAT 酶活性。

接种部位对免疫效果好坏的顺序依次是肌肉内、静脉内、鼻腔内、皮内和皮下接种（Lee *et al.*，1998）。

（四）提高抑制素基因免疫效果的方法

合适的启动子、较佳的免疫途径与剂量、在接种前对动物进行预处理等，均可以提高免疫效果。如用心肌毒素、蛇毒或 J 哌卡因等作预处理，可使外源基因的表达增加几十倍。接种的剂量和次数对免疫效果的影响，不同的试验有不同的报道。一般地，随着免疫次数的增加，抗体水平和抗体谱均有所增加。然而这些改良尚不能满足将基因疫苗应用于所有领域的需要，人们正在不断地探索新的策略。下面是提高基因免疫效果的两个重要研究和探索热点。

1. 细胞因子或化学因子的协同

简单地将具有协同因子的表达质粒与抗原表达质粒混合注射即可观察到协同效应。已经被人们尝试的协同因子有：IL-2、IL-4、IL-6、IL-7、IL-12、GM-csf、B7-1、TCA3、IFN-γ、MIP1α 等。其中，IL-5、IL-12、TCA 的协同效应相似，均以增强 T_H1 型细胞免疫为主，而对体液免疫加强作用较弱。IL-12 在 T_H0 向 T_H1 的分化中起关键性作用，因而，其协同获得 T_H1 型应答也最为强烈。IL-6、IL-7 能协同抗癌，可能主要以加强细胞免疫为主。IL-4 能明显抑制基因疫苗激活的 CTL 活性，可能与其促 T_H 向 T_H0 转化功能相关。GM-csf 能明显加强体液免疫，导致抗体的升高，使 T 型应答得以加强。B7-1 作为共激活分子，对 CD_{8+} CTL 与 CD_{4+} 淋巴细胞活化均起作用，因而对细胞与体液的免疫均有加强作用。B7、IL-12 协同基因疫苗将获得更强 T_H1 样应答。IFN-γ 刺激 T_H1 型细胞免疫应答和 CTL 的增殖。MIP1α 与 CCR5 结合，补充未成熟的 DCs 到接种部位，结果能够增强细胞和体液免疫的应答。

2. 免疫佐剂

利用霍乱毒素与基因疫苗共同经鼻黏膜免疫，结果表明黏膜产生的分泌型 IgA 与 T_H2 反应均比单独使用 DNA 基因免疫强。Major 进行了另一种尝试，免疫效果较好。将编码 HCV 外壳蛋白的前 58 个氨基酸编码序列插入到 HBV 主要表面抗原的序列中，免疫小鼠后，获得很高的 HCV 抗体滴度，而用完整外壳蛋白序列构建的基因疫苗却不能引发抗体反应。这种融合效应可能与增加了 $CD^{4+}T$ 淋巴细胞识别表位有关。

近来，对核酸分子的免疫效应研究发现，质粒 DNA 能激活巨噬细胞与 NK 细胞的作用。其中起主要作用的是以 CpG 为核心的回文序列（CpG motifs），尤其是 NTCGNA 或 NACGTN 的核心回文序列效应最好。这种 DNA 分子可以激活巨噬细胞分泌 TNF-a 和 IL-12，活化 NK

细胞分泌 INF-γ。这些细胞因子可以极大地加强 T$_H$1 类免疫应答（Leutenegger *et al.*，2000；Spiegelberg *et al.*，1998）。人工合成的或细菌来源的包含未甲基化 CpG 的 DNA 片段也能激活 B 细胞增殖和分化，产生抗体。当 CpG 5' 端为两个嘌呤脱氧核苷酸，3' 端为两个嘧啶脱氧核苷酸时，能激活 95% 的脾脏 B 细胞（Krieg *et al*．，1995）。在细胞质粒中以 CpG 为核心的一些免疫激活序列对于基因疫苗免疫活性的产生是必不可少的（Sato *et al*．，1996）。

由于 CpG 佐剂没有免疫原性，不会引起自身免疫疾病，这克服了传统佐剂的一个重要缺点。所以，为了很好地激活细胞免疫，设计重组质粒时在目的基因的两侧插入一段以 CpG 为核心的回文序列值得一试。

Otero 等在 2004 年用瑞喹莫德作为佐剂用 HIV-1gag DNA 疫苗免疫小鼠，通过酶联免疫斑点试验测定产物中的 IFN-γ 含量较没有佐剂的显著增多；在加入 50nM 的瑞喹莫德疫苗免疫后的 T 细胞增殖是没有加入这种佐剂的数倍，研究证明瑞喹莫德是很有效的激活细胞免疫的佐剂。

在口服乙肝 DNA 疫苗中加入用 OPM 包被的类脂质体的佐剂能够消除胃酸对于疫苗的分解作用而显著增强免疫效果（Sanyog，2005）。

（五）抑制素基因免疫后的效果

抑制素基因免疫后可中和体内的抑制素，降低活性的抑制素水平，削弱其对 FSH 和其他激素的抑制作用，提高机体 FSH 和其他激素的水平，可以促进卵泡发育，提高成熟卵泡的数量，诱发排双卵甚至多卵，提高动物繁殖率。Han 等（2008）用抑制素免疫后的母羊的双羔率达到 39.2%，较空白对照组的双羔率显著增高 10%，揭示了抑制素 DNA 疫苗可以替代外源的促性腺激素来增加卵巢的卵泡发育和提高动物的繁殖率。

1. 抑制素基因免疫的免疫反应性

应用抑制素基因免疫母羊后，免疫后的反应性的效果是显著的。如张德坤等应用经生理盐水稀释的抑制素基因重组质粒（pCIS）免疫生产母羊，首次免疫后，母羊能够产生抗抑制素抗体，加强免疫后抗体增加显著，免疫羊的抗体阳性率可达 46.7%。

抑制素基因免疫后可以产生阳性抗体，从而可以中和体内的抑制素，进而影响下丘脑-垂体-性腺轴。免疫原、免疫剂量、免疫次数和佐剂的使用均可影响抗体阳性率，抗体检测采用酶联免疫法进行检测。

2. 抑制素基因免疫对生殖激素的影响

用抑制素基因免疫动物后，可以达到反馈性地减弱或短时间内完全解除抑制素对 FSH 的抑制作用，同时还会对孕酮、促黄体素和雌激素有一定的减弱抑制作用，因此会提高机体 FSH 等的激素水平。

张德坤等应用经生理盐水稀释的抑制素基因重组质粒（pCIS）免疫生产母羊，加强免疫后第 45d，免疫组的 FSH 水平显著高于对照组。首次免疫后第 20d 与加强免疫后第 45d 抗体阳性羊的 FSH 水平显著高于抗体阴性羊。与对照组相比，免疫组的雌激素与孕酮水平无显著变化，但是有所提高。

抑制素基因免疫能够调节母羊的 FSH，对雌激素与孕酮的水平无显著影响，但有部分的提高，所以抑制素基因免疫对生殖激素的影响主要是在 FSH 上而对其他的激素有影响但是不显著。

3. 抑制素基因免疫对卵泡发育的影响

张德坤等在抑制素基因免疫母羊后，免疫羊的双羔率达 39.2%，显著高于对照组（$P <$ 0.05），比对照组提高 29.2%。郭宪等用 pcDNA-DPPISS-DINH 和 pcDNA-DPPISS-DINH-sC3d3 免疫母羊后，双羔率分别为 12.5% 和 25.0%。抑制素基因免疫可以促进卵泡发育，提高成熟卵泡的数量，诱发排双卵，但因样本量不是很大，免疫效果还需要进一步的观察。

（六）抑制素基因免疫的安全性

抑制素基因免疫作为一种新型免疫方法，其应用前景不可估量。随着基因免疫的不断扩展，基因免疫的安全性问题也日益受到广泛的关注。安全性的主要问题包括：①抑制素基因是否会导致宿主组织的病理损伤；②是否会产生致畸和毒性作用；③能否产生免疫耐受性；④质粒能否整合到宿主染色体上且能否遗传到下一代。

1. 致癌性

质粒 DNA 是否可能整合到受体基因组中。因为外源基因的整合可能导致原癌基因激活或抑癌基因失活，也可能导致某个功能基因失活。整合有三类：随机插入、同源重组和逆转录病毒插入。后两者在质粒设计时可以避免。因而，基因免疫最可能以随机整合为主。据估计，随机整合几率为万分之一。应用 Southern 杂交发现，进入肌肉内的质粒很快被清除到检测不到的程度：用 PCR 技术跟踪，质粒在肌肉内持续存在一个月以上。如此微量的质粒存留，其整合几率微乎其微。

2. 致畸和毒副作用

抑制素基因疫苗可能对宿主产生的致畸作用主要包括对宿主后代的胚胎致畸毒性、胎儿出生前后的毒性、一般生殖毒性以及繁殖力的影响，抑制素基因疫苗是否会对宿主自身的繁殖性能产生毒副作用。已进行的试验表明，抑制素基因免疫的大鼠和小鼠发情正常，产后仔鼠无畸形，初生重与对照组无显著差异。

3. 耐受性

基因疫苗接种后表达少量蛋白，并持续较长时间。因而诱导免疫耐受的问题令人关注。在成年动物中，目前尚未观察到由于接种基因疫苗而诱发的特异性耐受。相反，有人利用转乙型肝炎病毒表面抗原（Hepatitis B Surface Antigen，HBsAg）基因小鼠进行 DNA 免疫发现，小鼠已经建立的对 HBsAg 的特异性耐受状态在接种编码 HBsAg 的质粒后被破坏，使小鼠产生抗 HBsAg 的特异性免疫。

4. 导致宿主组织的病理损伤

抑制素基因在宿主体内表达，导致宿主产生抑制素抗体并引起免疫反应。至今未从被免疫的宿主体内观察到由于基因免疫导致的宿主组织产生临床化学和血液学上的副作用，也未曾发现由于基因免疫导致宿主的任何器官损伤和系统的毒副作用。由于在免疫反应的过程中对宿主体内的组织是否没有影响以及对宿主体内各组织的作用机理尚未完全摸清，基因免疫导致宿主组织产生病变的可能性始终存在。

5. 抑制素免疫对动物繁殖力的不利影响

虽然很多试验在免疫后可提高母羊的排卵率，提高双胎或多胎率，但有研究者用抑制素 αN 端肽免疫处女羊，得出结论认为，免疫作用降低了羊的繁殖力，对抑制素免疫的作用提出了异议（Farnworth et al.，1988；Chappel et al.，1976；Marder et al.，1977）。也有研究表明，免疫能够显著破坏机体控制排卵的机制，但对繁殖力没有损害（Braun RP et al.，

1998；Braun R B *et al.*，1998；Braun RP *et al.*，1999；Davis *et al.*，1993；Danko *et al*）。还有其他科学家对此作了研究，结论也有较大差异。如果从长远一点利益看，一次免疫到底对以后母畜繁殖机能有多大影响，产仔数的增加是否影响初生重、初生仔畜的哺乳、生长及其发育，仍是个问题。

（七）质粒 DNA 在体内分布的研究方法

传统方法对组织中基因疫苗的检测缺乏针对性，导致对其代谢动力学研究滞后。随着生物技术研究的深入，很多新的科学技术被用于基因疫苗的检测，极大地促进了基因疫苗动力学的研究。目前检测组织中质粒 DNA 的主要方法有 PCR 法（包括定性 PCR 和定量 PCR）、质粒标记法（包括同位素标记法和非放射标记法）和探针标记法（包括 DNA 原位杂交和 DNA 印迹分析）（刘畅等，2007）。

1. PCR 检测法

由于外源质粒 DNA 在各组织中的分布量较少，直接从组织中提取目的片段进行检测可能出现假阴性，所以需要先扩增后检测定量极微量的外源 DNA。

（1）定性 PCR　　从完整组织中提取并纯化总基因组 DNA，然后进行特异性扩增，通过电泳等方法检测扩增产物，经溴化乙锭或银染色后结果清楚直观，灵敏性高，是目前检测痕量 DNA 最常用的方法。但该方法在操作过程中目的 DNA 容易被污染，从而造成假阳性结果。因此整个试验过程要求在各自分开、通风良好的实验室进行，其过程包括组织样本准备、PCR 试剂的配制、PCR 扩增和扩增产物分析四部分。生物评价要求每种组织至少分别取 3 个样本，目的是控制总基因组 DNA 样本中 PCR 过程中的抑制因素，且减少假阴性结果的可能。在无菌消毒的操作台上取每个样本时用消过毒的、各自分开的器械。Coelho-Castelo 等（2006）在试验中同时设有阴性、阳性两对照，阴性对照可以检测模板 DNA 和试剂有没有受到污染，阳性对照则是为了检测反应中是否存在 PCR 的抑制因素。

（2）定量 PCR　　定量和定性 PCR 主要区别在于它们的检测手段，一般的染色，电泳检测为定性检测手段。而实际上定性就是定量的一种粗略表现，只要对检测手段进行改进就可以实现精确定量。以下是几种具体的定量 PCR 方法：

竞争 PCR（Competitive PCR）是一种半定量方法，其原理是已知量的竞争模板 DNA 和未知量的目的模板 DNA 与引物同管反应，两者对相同引物进行竞争，产生同步竞争性扩增，把竞争基因初始量的对数作为横坐标，目的基因片段电泳条带密度与竞争基因片段电泳条带密度比值的对数作为纵坐标，从而得到标准曲线，即可推测目的 DNA 的量。竞争 PCR 最重要的步骤是选择和构建合适的竞争物作为内参照标准，竞争物要求具有与目的基因相同的引物识别位点，相似的或相同大小、相似的碱基排列顺序，相同的酶反应效率，且扩增产物易于分离检测。这样才能使两个扩增模板有相同的热力学特征和扩增效率，补偿干扰因素，消除管间差异和样本间差异。竞争物构建常用的方法有：靶基因扩增产物的突变；限制性片段的插入或缺失；含靶基因引物结合位点的非同源性 DNA 序列等，其中通过 PCR 方法构建的探针结合位点核苷酸直接突变构建的竞争物是目前应用最多、最方便的方法。竞争 PCR 的方法灵敏性高，一般能检测到组织中 fg 水平的质粒 DNA（Kang *et al.*，2004）。

标准型 PCR（Standard PCR）是根据参比对照 DNA 的拷贝数与 PCR 扩增产物电泳条带

呈线性关系的原理，把对照 DNA 稀释成一系列不同浓度作为参比标准，经过 PCR 扩增后测定产物含量，将这一系列不同含量数据绘制成标准曲线。利用此标准曲线可将未知样品 DNA 含量推算出来。当未知样品的 PCR 产物条带的染色强度高于参比对照时，将未知样品的 PCR 产物进行稀释，直至稀释后的 PCR 产物电泳染色结果在参比对照的范围之内。由于参比对照片段与未知样品片段分开扩增，故可能出现在反应中的影响因素不能补偿。该法和竞争 PCR 同样都是通过凝胶成像系统判断条带灰度值，从而确定目的基因含量。因此，最终结果并不是未知样品 DNA 的绝对含量。Kim 等（2003）报道试验中检测质粒的范围是 0.1~0.5pg/mg 组织。Zhang 等（2005）将已知量的质粒（1 万~100 万拷贝数）加入到 $1\mu g$ 从阴性对照组组织中提取的 DNA 中，以确保对照组扩增条件尽可能与试验组一致。

实时定量 PCR（Real Time Equantitive PCR）是在传统定量 PCR 的基础上发展起来的，而与传统定量 PCR 不同的是实时定量 PCR 利用的初始 DNA 拷贝数的对数与循环数呈线性关系。其基本原理是在 PCR 反应体系中加入荧光基团，利用荧光信号积累实时监测整个 PCR 进程，最后通过标准曲线对未知模板进行定量分析的方法。而且通过专用的全自动定量 PCR 仪，在扩增完成的同时能得到初始目的基因的含量，该法目前已得到越来越广泛的应用。实时定量 PCR 根据所使用的荧光化学可分为荧光探针和荧光染料两种，现在较常用的是 TaqMan 荧光探针技术。实时定量 PCR 简单迅速、具有高度特异性、可靠性，而且灵敏性更高，一般可检测到微克水平的质粒（Pal et al.，2006）；整个过程是闭管反应，影响因素较少，可重复性好；减少了样本间的交叉污染，防止假阳性的发生，同时也避免了有害物质对人体的影响；标准曲线的要求更为严格（Tuomela et al.，2005），为精确定量提供了较大的可信区间。但目前标准品的制备尚无统一标准，缺乏可比性，而且费用较高。

2. 质粒标记法

（1）同位素标记法（Iisotopic Labeling Method）　该方法是检测质粒分布最传统的方法，灵敏度高，已能标测到 $10^{-4}\sim10^{-18}$ 物质，其原理是先将质粒 DNA 标记示踪元素即特殊的同位素，然后检测用药后试验动物各组织中同位素的放射活性，就可以准确了解该质粒 DNA 在试验动物体内的分布状况。常用的同位素标记物有 ^{32}P、^{33}P、^{35}S、^{3}H、^{14}C 或 ^{111}In 等。同位素标记法简便易行，结果灵敏可靠，但对机体危害大，且同位素本身成本高、半衰期短、反应废弃物难以处理，使其应用受到限制（Zhang et al.，2005）。另外，同位素标记质粒 DNA 后是否会改变其生物活性及影响基因疫苗在体内的代谢行为，目前尚无定论，需进一步进行研究。现在试验中应用较多的是同位素标记液闪检测法。Nishikawa 等（2003）将质粒 DNA 上标记 ^{111}In 或 ^{32}P 静脉注射小鼠，然后取血清和各组织，加入闪烁液后经液闪仪计数，发现 3min 后肝中就可以检测到放射活性，并且至少持续 2h。

（2）非放射标记法（Non-radioactive Labeling Method）　非放射标记法是从改进同位素标记法缺点而衍生出来的，原理是将非放射性基团（生物素、地高辛、荧光素等）或将能表达绿色荧光蛋白（Green Fluorescent Protein，GFP）的基因标记到质粒 DNA 上，可以在显微镜下直接观测质粒 DNA 在组织中的分布情况。用 GFP 标记灵敏度高，荧光稳定，而且表达不受种属部位的限制。魏泉德等（2001）认为 GFP 荧光能在细胞内不断产生而不影响细胞本身的代谢和蛋白合成，因而 GFP 很适合于细胞中靶基因表达的定位分析。但 GFP 作为报告分子存在的一大问题是 GFP 在绿色荧光检测的敏感性，因此降低可检出的 GFP 表达水平尚需改进。

3. 探针标记法

DNA 原位杂交（DNA *In Situ* Hybridization）属于分子杂交中的一类，原理是应用标记探针与组织细胞中的待测核酸杂交，再利用标记物的相关检测系统，在核酸原有位置将其显现出来的一种先进的检测技术。杂交的探针必须具有高度特异性，并能够经受杂交时对样本进行的各种处理，而且标记效率将直接影响检测的灵敏度。Holzer 等（2003）选用生物素标记引物，合成 DNA 探针，将样本置于辣根过氧化物标记的链霉亲和素中孵育并检测杂交信号，其中链霉亲和素可提高探针对靶样本的检测敏感性，生物素无需放射防护，化学发光检测灵敏度高，背景干扰较小，能迅速发出强烈而特异的信号，同时减少处理过程对组织结构造成的损害。DNA 原位杂交法与其他技术联合应用可增加检测结果的可信度和准确性（Armengol *et al.*，2004）。

三、目前山羊免疫多胎技术中存在的问题

（一）双羔苗存在的不足之处

1. 调控机制尚未明确

尽管理论上免疫后机体产生或获得的抗体可中和相应的内源激素而产生生理作用，但体内激素相互联系，相互影响，至今还未从微观水平阐明激素免疫调控的机制。

2. 激素残留问题

尽管有人称双胎素免疫是一种安全的方法，不会造成激素残留，但化学合成的双胎素免疫原注射到动物体内是否会分解，解离下来的激素分子是否会残留于动物体内等有关食品安全的问题至今尚未得到证实。

3. 免疫过程还不成熟

从免疫原的制备、被动免疫时抗体的提取、免疫程序的制定、免疫剂量的把握和免疫动物的准备及处理等一整套的免疫方案远未成熟。

4. 免疫产生的副作用

双胎素激素是通过改变激素之间的相互平衡来实现其生物学效应的，所以应对由于正常内分泌平衡的改变而可能出现的一些不良反应进行充分的研究；免疫时动物会有局部组织反应，有时很剧烈甚至波及全身，还可能引起交叉反应。

（二）常规抑制素免疫的不足

抑制素缺乏种属特异性。在抑制素免疫研究中，有 3 种形式的免疫原，即天然抑制素制剂、合成抑制素肽段和重组型抑制素。用抑制素基因免疫可引起山羊双胎或多胎，提高山羊繁殖力，并持续较长时间。但是目前仍存在免疫原制备困难的问题：对于天然的免疫原有分离纯化困难的问题；人工合成或重组的抑制素免疫原，也有技术上的障碍和工作量大、成本高的难题。而且抑制素免疫过程中对配套技术和设备的要求比较高，例如免疫剂量的控制、免疫程序的设计、佐剂的选择、载体蛋白的连接等都是抑制素免疫技术应用到生产实践中的具体问题。

（三）抑制素基因免疫的不足之处

抑制素基因疫苗同传统疫苗相比有很大的优势：诱导机体产生全面的免疫应答；能够表达经修饰的天然抗原，具有与天然抗原相同的构象；可制备多价核酸疫苗；核酸疫苗既有预

防作用，也有治疗作用；生产成本低廉、稳定性好、贮运方便。

但是目前有两个主要限制性因素阻碍了 DNA 疫苗的发展：第一，安全性问题，DNA 疫苗的外源基因是否会整合进宿主细胞和 DNA 疫苗载体上的抗生素基因的存在构成了人们对 DNA 疫苗的担心；第二，免疫效果问题，其根本原因在于目前缺乏有效而简便的免疫方法。DNA 疫苗常规免疫方法主要有肌肉注射，皮内、皮下接种，这些方法存在着需特殊的设备和可能传播血源性疾病、不能同时激活黏膜及全身免疫等缺点。

（四）山羊免疫多胎技术的前景与展望

激素免疫可以使山羊性成熟提前，排卵率提高，这些正是山羊繁殖力的基础。随着免疫学的发展和免疫技术的进步，抑制素基因疫苗必将大规模用于山羊生产，比如可制成双胎或多胎疫苗以提高家畜的产仔数。因此抑制素基因疫苗应用前景是广阔的。而且抑制素基因疫苗长时期地作用于动物机体，可促使研究者进一步探究在这种特定生理条件下生殖激素的生理效应和作用机制，同时可进一步研究其对胚胎的发育及卵泡的发育是否存在不良的影响。

第八节　山羊 GnRH 免疫去势

促性腺激素释放激素（Gonadotropin Releasing Hormone，GnRH），也称促黄体激素生成激素（Luteinizing Hormone Releasing Hormone，LHRH），目前在动物中发现多种结构的 Gn-RH，将在哺乳动物中首先发现的称其为 GnRH－Ⅰ，它是由编码 GnRH－Ⅰ的基因先编码出 92 个氨基酸的前体 GnRH－Ⅰ肽链，经过一系列的剪切修饰作用得到最后的肽链结构是 pGlu—His—Trp—Ser—Tyr—Gly—Leu—Arg—Pro—Gly—NH2，是下丘脑分泌的十肽激素，作为下丘脑－垂体－性腺轴（Hypothalamus-Pituitary-Gonadal axis，HPG）的关键信号分子（information molecule）将神经、免疫和内分泌三大调节系统互相联系起来，是动物生殖过程中最重要的激素之一。GnRH－Ⅰ是由下丘脑的神经内分泌细胞分泌进入门静脉系统，随血液进入垂体，在那里刺激垂体细胞促黄体素（Luteinizing Hormone，LH）和促卵泡素（Follicle Stimulating Hormone，FSH）的合成和分泌。

核酸疫苗（Nucleic Acid Vaccine），也称基因疫苗（Genetic Vaccine），是指把外源基因克隆到真核表达载体上，将重组的质粒 DNA 直接注射到动物体内，使外源基因在活体内表达，产生的抗原激活机体的免疫系统，引发免疫反应（姜勋平等，2000；2004）。核酸疫苗包括 DNA 疫苗（DNA vaccine）和 RNA 疫苗（RNA vaccine），因其有别于弱毒疫苗、灭活疫苗（第一代疫苗）及基因重组的亚单位疫苗（第二代疫苗），而被称为第三代疫苗。目前研究的最多的是 DNA 疫苗，因它不需要任何化学载体，所以又称为裸 DNA 疫苗（naked DNA vaccine）。

一、GnRH－Ⅰ核酸疫苗的作用机理

GnRH－Ⅰ核酸疫苗其作用机理是：GnRH－Ⅰ核酸疫苗免疫动物后，外源基因在机体内表达，机体产生大量的抗 GnRH－Ⅰ的特异性抗体，与内源性的 GnRH－Ⅰ结合使其失去生物活性，从而导致 HPG 功能破坏，抑制 LH 和 FSH 的释放，起到调节生殖的作用。该技术是近年激素免疫学中有关激素免疫中和技术（Hormone Immuno Neutralization，HIN）的新技术部分，即用抗体中和体内的内源性激素。这种方法可以极为灵敏和高度特异性的影响内

分泌系统。

二、GnRH – Ⅰ核酸疫苗的功能

GnRH – Ⅰ核酸疫苗具有 GnRH – Ⅰ化学合成肽疫苗和基因工程疫苗相似的功能，总结上述两代疫苗的功能得出 GnRH – Ⅰ核酸疫苗有如下功能。

1. 调节动物生殖内分泌

GnRH – Ⅰ疫苗产生的抗体能够中和内源性 GnRH – Ⅰ，从而降低 HPG，使体内的 LH 和 FSH 合成和释放受到抑制，最终调节性腺激素的分泌与释放。Sosa 等在 2000 年利用重组的卵白蛋白（OVA）-LHRH-7 得到的 GnRH – Ⅰ疫苗并配以 Z-Max 佐剂对小母牛进行乳房注射，免疫 3 次（每次间隔 7 周）。结果是血清中的孕酮浓度（<1ng/ml）大大降低，中止了一段相当长时间的繁殖周期（第 60~238d）。在 2006 年 Earl 等用链接上 TT（破伤风类毒素）的 GnRH – Ⅰ疫苗（其中作者将 GnRH – Ⅰ肽链中的第一个氨基酸 Glu 替换为 Cys）并且配以 Quil A 皂苷佐剂两次免疫萨福克羔羊，在疫苗处理前血清中睾酮的浓度为（1.36 ± 1.51ng/ml）而在处理后的第 28d 和第 56d 的浓度分别为 [$P < 0.01$，（0.37 ± 0.48）ng/ml] 和 [$P < 0.05$，（0.52 ± 0.72）ng/ml]，相对于处理前在第 28d（$P < 0.05$）和第 56d（$P < 0.05$）浓度显著降低；在试验中的第 14~56d 没有进行疫苗处理的时段，血清中的 FSH 的浓度为（0.58~0.95ng/ml），而在第 56d 进行疫苗处理后，第 56~84d 血清中的 FSH 的浓度为（0.4~0.47ng/ml），也显著降低。Bauer 等在 2008 年用 Improvac（R）（Pfizer Animal Health，Parkville，Australia）（实质上是在 GnRH – Ⅰ肽链上链接一个糖蛋白形成的 GnRH – Ⅰ疫苗）对公猪进行两次免疫后测定到 LH 的浓度迅速降低到不可测的水平，FSH 的浓度也在 5 周后由 2.2ng/ml 降低到 0.5ng/ml，以后就维持在这个水平。

以上研究表明，GnRH – Ⅰ疫苗免疫动物后能够显著降低动物体内的 FSH 和 LH 的浓度，在雄性动物中表现为降低睾酮等雄性激素的浓度，在雌性动物体内表现为降低孕酮等雌性激素的浓度。因此，GnRH – Ⅰ疫苗能够从整体上调节动物生殖内分泌活动。

2. 抑制生殖器官

GnRH – Ⅰ疫苗产生的抗体能够调节动物生殖内分泌活动，而生殖器官是直接受到性腺激素等激素调控的，从而导致生殖器官因相应激素浓度的降低而受到抑制。Turkstra 等在 2005 年使用 GnRH – Ⅰ疫苗免疫小牧马，观察其性成熟情况，作者使用的是 Oonk 等人研制的将两个 GnRH – Ⅰ肽段串联，其中将第一个 GnRH – Ⅰ肽段的第 6 位氨基酸和第二个 GnRH – Ⅰ肽段第 6 位氨基酸分别替换为 D – 赖氨酸和半胱氨酸，再将此串联肽段与 OVA 链接形成 G6k-GnRH-tandem-dimer-OVA 融合蛋白的 GnRH – Ⅰ疫苗，然后将此疫苗配以 CoVaccineTMHT 佐剂免疫小牧马两次，其时间间隔为 6 周。检测的结果显示精细管的直径减小（$P = 0.03$）；睾丸质量减小了 23%~33%；用 Johnson 得分法评价精液品质得出精液品质显著降低。

以上研究证明 GnRH – Ⅰ疫苗有抑制生殖器官的作用，尤其是在雄性动物中它表现为减小阴囊的宽度、睾丸的大小、曲细精管等精细管的直径和降低精液的品质，这是 GnRH – Ⅰ疫苗免疫去势效果最直观的体现。

3. 中断发情周期

GnRH – Ⅰ疫苗免疫动物以后，GnRH – Ⅰ抗体在低水平时表现为动物发情周期及乏情

期均延长，而高水平时动物则表现为持续的乏情期。Imboden 等在 2006 年研究中使用 Improvac（R）（CSL Limited，Australia）—GnRH－Ⅰ疫苗，两次免疫 9 头母马，每次 2ml（含 400μgGnRH－Ⅰ疫苗），两次给药相隔 4 周。在试验中每周进行超声波检查卵巢和子宫；每月进行免疫效果检测；用公马对母马进行动情检查；检查它的发情行为并收集血液；并对血液中的孕酮、17β 雌二醇和 GnRH 抗体滴度进行检测。结果表明第一次注射疫苗免疫后的全部母马在 8 周后中止了繁殖周期（血浆孕酮浓度 <1ng/ml，卵泡直径 <3cm）和卵巢的活动受到抑制 23 周时间。5 头母马恢复繁殖周期（血浆孕酮浓度 >1ng/ml，卵泡直径 >3cm），3 头母马只恢复卵泡活性（卵泡直径 >3cm）和仅有 1 头母马在研究过程中持续乏情状态。这个研究证明针对 GnRH－Ⅰ的免疫可以成功抑制成年母马的繁殖周期，但是随着时间推移，尽管卵巢活动受到抑制，然而繁殖周期和动情行为都会高度恢复。Geary 等在 2006 年研究中使用含有 7 个 GnRH 肽段与卵白蛋白融合的蛋白质、含有 7 个 GnRH 肽段与硫氧还蛋白融合的蛋白质和这两种蛋白质混合的蛋白质分别去免疫 12 头肉用母牛，结果显示 12 头中分别有 10 头、12 头和 11 头的卵泡发生受到阻止；宰杀后的卵泡质量变轻，而且没有影响到饲料利用率和日增重率。

以上研究都表明使用 GnRH－Ⅰ疫苗免疫雌性动物都表现为卵泡直径显著减小和孕酮水平显著降低，进而中断其发情周期，但是在实验中绝大多数的发情周期中断后都能够在后期恢复，而不是终生被中断，而且在大动物上试验的效果不如小动物上试验的效果理想。

4. 改变生产性能

GnRH－Ⅰ疫苗用于动物生产中可以去除公猪中含有的膻味、改变肉质中的瘦肉率和脂肪率、增强肉质的色泽度和松软度等肉质的品质。尤其是与传统的手术去势相比有更高的瘦肉率。GnRH－Ⅰ疫苗去势后能够维持 GH 的含量，不会影响到机体的蛋白质的合成和分解代谢，从而不影响生长速度，而手术去势会较少地降低 GH 的含量，减缓动物的生长速度。但是 Dunshe 在 2001 年用 Improvac（CSL Ltd，Parkville，Victoria，Australia）免疫公猪（大白和蓝瑞斯杂交猪）两次，在脂肪中的雄烯酮和粪臭素 100% 降低到不可测量水平以下，全部没有膻味；免疫后的公猪相对于没有免疫的公猪生长速度更加迅速（第一次和第二次免疫后分别是 $P = 0.051$ 和 $P < 0.001$），作者解释为可能是性功能和攻击性活动减弱的原因，从而导致生长速度加快；相对于手术去势的公猪免疫去势的公猪的瘦肉率和饲料转化率都有所提高。

以上研究说明 GnRH－Ⅰ疫苗可以改变动物的生产性能，尤其是肉的品质，不过在促进生长速度上目前说法不一，还需作进一步的研究证实。

三、GnRH－Ⅰ核酸疫苗的应用

鉴于 GnRH－Ⅰ核酸疫苗有以上功能，因此就可以在医疗卫生、动物医学和动物生产实践上与上两代疫苗一样有以下的应用潜能。

1. 用于免疫去势

GnRH－Ⅰ疫苗最初是应用于免疫去势，而且也是应用的最多和效果最理想的。GnRH－Ⅰ疫苗有望成为一种有效替代阉割去势的方法。因为 GnRH－Ⅰ疫苗免疫会引起 LH 和 FSH 水平的下降，所以将会使性腺发生一系列的变化，最终导致生育力下降甚至丧失。Ganaie 等在 2008 年用 GnRH－BSA 链接蛋白（GnRH－Ⅰ疫苗）（Sigma Aldrich 生产）并配以弗氏佐剂去主动免疫小鼠，结果免疫的小鼠生成抗 GnRH - I 抗体，显著减少 GSI（性腺生长激素指数）的水平和精子的数量和质量，导致小鼠失去生育能力，达到免疫去势的目的。在2009 年 Janett 等用 GnRH - I 蛋白链接体（EquityTM，CSL Limited，Australia）溶于盐溶液中，而后在颈部肌肉注射免疫 5 头牧马，经过三次免疫后，牧马血清睾酮中的浓度显著降低，阴囊宽度显著变窄，精液的品质也显著降低，还有性行为也有所减弱。但是完全数据表明其中的指标在试验结束前都恢复到正常水平。用 GnRH - I 疫苗免疫去势的优点是：①安全性好；②操作简便；③动物应激小；④可以部分地保留性腺对动物生产性能的刺激作用；⑤可逆性。在宠物的饲养过程中，经常需要对去势进行有效的恢复。Jung 等在 2005 年研究中使用 GnRH - I 基因（其中应用六个 GnRH - I 基因的串联重复）与从CDV 的 F 蛋白中得到的 T 辅助细胞表位 p35 基因链接在一起，在体外表达得到的 GnRH - I 疫苗去免疫公狗。结果精子发生显著退化，此融合蛋白在睾丸中产生了很高的特异性抗 Gn-RH - I 的抗体，可以证明此融合蛋白能够应用于宠物去势。由此可见，GnRH - I 疫苗用于宠物去势的市场潜力会很大。综上研究表明 GnRH - I 疫苗免疫去势小动物的效果还是很好的，但在大动物上试验效果就有很大的降低了，这是当前急需解决的问题。

2. 用于避孕及繁殖管理

避孕一直是控制人口增长尤其是欠发达国家的人口数量的最直接最重要的方法，有效的、不影响性行为的和对人体无副作用的避孕药是人类长期追逐的目标。动物的避孕也是进行繁殖控制、生态控制和宠物的饲养管理的重要目标。其中，Bowen 等（2008）在研究中指出对男性或雄性动物的避孕是控制人口数量和动物繁殖的有效途径，其中使用激素免疫的方式是很有潜力的一种方法，因为好多激素的作用时间较短而限制了它的使用，但是 GnRH - I 疫苗的使用能够改善这一问题。Massei 等（2008）研究中使用单次剂量的 GnRH - I 疫苗GonaConTM（在一个 GnRH - I 肽链上链接上一个 KLH，并且结合 AdjuVacTM 佐剂使用）免疫野猪可以抑制野猪的繁殖性状，而且不会改变野猪的行为和生理变化，证明 GonaCon-TM 能够有效的管理控制野生动物的数量，从而人为地有效进行生态坏境的控制。因此 Gn-RH - I 疫苗是现在最有潜力的避孕和控制繁殖的药物之一。

3. 用于提高肉品品质

在提高肉品品质上，以猪为例，公猪的膻味一直是影响猪肉品质的重要因素，而在 Gn-RH - I 疫苗免疫去势后的公猪中不仅能去除膻味而且能够使用较少的饲料消耗达到同样或更重的体重、生产出更多瘦肉和较少脂肪的优质猪肉，因此使用 GnRH - I 疫苗免疫去势在提高肉品品质上有很广阔的应用前景。Banholzer 2009 年在用辉瑞公司生产的 Improvac（R）（GmbH），这个疫苗是 GmRF 类似物并且链接上一个载体蛋白，然后用它去免疫公猪。能够有效地消除公猪膻味，而且从宰杀后猪肉的各项参数、饲料转化率和肉品质量上来说都有很大的提高。使用疫苗后不管是对猪肉品质还是从动物福利和消费者兴趣上来说都有很大的改进。而且国际上对 GnRH - I 疫苗进行免疫去势的接受程度越来越高。

4. 用于治疗癌症

内分泌疗法是治疗晚期癌症的一种有效疗法。许多肿瘤是依靠激素的刺激才能增生的，因此治疗这类癌症时采用干预其中的某些激素合成和分泌的方法是成功可行的。消除体内相应激素的治疗方法迄今为止已经能够达到与外科手术、放射治疗和化疗的方法一样的效果。Junco 等（2008）研究中使用在肽链的第 6 位替换氨基酸再链接上 TT 的 T 辅助表位的

GnRH－Ⅰ疫苗——GnRHml－TT，用它去免疫由雄激素导致肿瘤生成的 R3327－H 大鼠模型，得到的结果是安全可靠的。在这些大鼠中，免疫导致 90% 试验的动物中产生高浓度的抗GnRH－Ⅰ抗体，同时睾酮浓度显著降低（$P < 0.01$），数据显示 70% 的肿瘤增长受到抑制（$P = 0.02$）和相对空白组近似三倍长的存活时间，这些数据表明 GnRHml－TT 疫苗存在治疗前列腺癌和乳腺癌还有其他激素依赖性癌症的潜能。Xu 等（2007）用 GnRH3－hinge－MVP－Hsp65 融合蛋白去免疫肿瘤小鼠模型，得到的结果表明此融合蛋白能够显著延长小鼠的存活时间和抑制肿瘤的增生。而且检测细胞的免疫应答中显示上述融合蛋白能够诱导增强淋巴增殖反应和提高 IFN－γ 的含量。这也表明 GnRH3－hinge－MVP－Hsp65 有希望发展为治疗前列腺癌的有效药物。以上研究都表明 GnRH－Ⅰ疫苗有能够治疗性腺激素依赖性癌症的潜能。

四、GnRH－Ⅰ核酸疫苗研究中存在的问题

GnRH－Ⅰ的核酸疫苗是继 GnRH－Ⅰ化学合成肽疫苗和基因工程疫苗之后的第三代疫苗，因其克服了前两种疫苗中存在的价格昂贵、提纯难度大、免疫时间短、容易恢复以及在小动物上试验较好到大动物上就表现较差等一系列的困难，所以现在对其研究的比较热。但是 GnRH－Ⅰ的核酸疫苗自身又存在很多的问题：①质粒 DNA 长时间的和外源基因在宿主细胞的表达，很可能诱发免疫耐受性、自身免疫性、过敏性及抗 DNA 抗体的产生；②载体 DNA 整合到宿主基因组内，有导致不利转化的可能，如通过癌基因的插入，导致宿主原癌基因的插入活化或宿主抑癌基因的插入去活化等。这些都是核酸疫苗发展尚待解决的问题。在 Khan 等研究中提到 GnRH－Ⅰ核酸疫苗目前存在表位抑制、表达物分泌出细胞难、不配以佐剂免疫原性较差（佐剂价格较昂贵而且普遍适用性较差）、高度异源性（即只能在一类动物上使用，在其他类动物上使用效果较差）、免疫力不强和需要经常进行给药等问题，这就表明 GnRH－Ⅰ核酸疫苗很难获得相关部门的审批而在临床和兽医临床上使用。目前对于以上 GnRH－Ⅰ核酸疫苗存在的问题产生了如下解决方案：①在一个载体上重复连接上多个 GnRH－Ⅰ基因，这样可以增强该疫苗的免疫原性；②在载体上链接上 T 细胞辅助表位，而不是像过去那样链接上表达 TT、DT、乙肝表面抗原等蛋白的基因，这样做可以减小由上述基因表达后而产生的表位抑制现象，还可以有效地将 T 细胞抗原决定簇提呈到和 MHC 结合，增强疫苗免疫后的效果；③在与 GnRH－Ⅰ基因链接上一段对酸敏感或其他特性的基因，使得表达后的蛋白容易从细胞中分泌出来，解决表达出的蛋白不易释放到胞外的问题。Khan 等研制的 GnRH－Ⅰ－helper－V5 的 DNA 疫苗溶于盐溶液中去免疫小鼠，解决了上述所说的部分问题，并且比较有效地抑制了啮齿动物的生育能力，但是效果还不是很理想，而且也只是在啮齿动物中试验得到了一定的效果。目前没有在大动物上使用效果比较良好的报道。尽管 GnRH－Ⅰ核酸疫苗有许多的优势之处，并且存在的很多问题也有部分的获得了解决，但是现在 GnRH－Ⅰ核酸疫苗还存在许多没有解决和没有发现的问题。我们有理由相信 GnRH－Ⅰ核酸疫苗在将来肯定能够得到应用，但是需要克服的问题还很多，GnRH－Ⅰ核酸疫苗方兴未艾。

第九节 人工授精

一、人工授精站的建立

在育种区域内，分布合理的一批人工授精站是必须的。人工授精站的分布要与羊群的分布相一致。这样才能方便配种工作的进行。这些人工授精站应具备的条件是：一要有专业技术人员；二要有优良品质的种公羊；三要有场地；四要购置必要的器械和药品。现在一些人工授精站由于上述条件不完全具备，所以大大影响了肉羊育种效率。现将人工授精站的基本设施简介如下，供参考。

（一）种公羊选择和调教

（1）按照育种方向，选择结实、体质匀称、生产性能高、生殖器官正常、有明显雄性特征、精液品质优良的公羊作为种公羊。

（2）查看种公羊的上代并看其后代，再加上公羊本身的性状参数看其是否可以作为主配公羊。以及事先对于种公羊的调教是人工授精站建立的必需的环节。注意人工授精的公羊必须都是一级公羊。

（3）按每只公羊配200～400只母羊计算好所需种公羊数。有条件的羊场，每只种公羊可预备1～2只后备公羊。种公羊不够的场，应于配种前一个月配齐。

（4）初配种公羊一般应加以调教。

（5）种公羊在配种前3周开始排精。第一周隔两日排精一次，第二周隔日排精一次，第三周每日排精一次，以提高种公羊的性欲和质量。

（二）必备的器材和药品

现将必备器材和药品如表3-2所示。

表3-2 人工授精药品和器材表

器材或药品名称	规　格	单位	数量
显微镜	600倍	架	1
药物天平	称量100g，感量0.1g	台	1
蒸馏器	小型	套	1
假阴道外壳	羊用	个	4
假阴道内胎	羊用	条	10
假阴道塞子	标准型带气嘴	个	8
玻璃输精器	1ml	支	10
输精器调节器	标准型	个	5
集精杯	标准型	个	10
金属开膣器	大、小两种	个	各3
温度计	100℃	支	5
室温计	普通型	支	3
载玻片	0.7mm	盒	1
盖玻片	1.5mm×1.5mm	盒	2
酒精灯	普通型	个	2
玻璃量杯	50ml，100ml	个	各1

（续表）

器材或药品名称	规　　格	单位	数量
蒸馏水瓶	5 000ml，10 000ml	个	各1
玻璃漏斗	8cm，12cm	个	各2
漏斗架	普通型	个	2
广口玻璃瓶	125ml，500ml	个	各4
细口玻璃瓶	500ml，1 000ml	个	各2
玻璃三角烧杯	500ml	个	2
烧杯	500ml	个	2
玻璃培养皿	10～20cm	套	2
带瓶陶瓷杯	250ml，500ml	个	各2～3
钢筋锅	27～29cm 带蒸笼	个	1
陶瓷盘	20cm×30cm，40cm×50cm	个	各2
长柄镊子	18cm	把	2
剪刀	直头	把	2
吸管	1ml	支	2
广口玻璃瓶	手提8磅	个	2
玻璃棒	直径0.2cm 或 0.5cm	支	各1
瓶刷	中号、小号	把	各2
擦镜纸	普通	本	2
药勺	角质	把	2
滤纸	普通型	盒	2
纱布	普通型	kg	1
药棉	脱脂棉	kg	5
试情布	普通棉布	m	2
脸盆	普通型	个	4
肥皂	普通型	条	5～10
酒精	95%，500ml	瓶	5
氯化钠	分析纯，500g	瓶	1
碳酸氢钠	分析纯，500g	瓶	5
白凡士林	1 000g 装	盒	1

（三）场地准备

每站应有采精室或采精场地、人工授精室、精液处理室和输精场地。各种场地推荐面积：采精场地12～20m²；人工授精室8～12m²；输精场地20～30m²。精液处理的温度应控制在18～25℃。此外，尚需有种公羊圈、试情公羊圈、待授精母羊圈、以及已授精母羊圈若干个。对于配种场所和放置器械、药品的房子，要进行彻底消毒。室内保持阳光充足，无异味。

（四）技术人员配置和培训

每个人工授精站至少要有2～3名技术人员，用于负责公羊调教、保健、管理以及人工授精等事宜。这些技术人员应该接受良好的专业培训，并且有定期的专项讨论和提高机会。否则，一些不良的工作方式会长期被该员工使用并误认为是正确的，一些新的技术和方法也得不到推广使用。

二、人工授精方法及步骤

（一）母羊的发情鉴定

1. 试情公羊

用试情公羊识别发情母羊的方法是最有效和实用的办法，受到普遍的应用。选择体质健壮、性欲旺盛的公羊作试情公羊，按照母羊数的 20%～30% 配备试情公羊。试情公羊要带上试情布，防止本交或无计划乱交配，影响后期的系谱记录。

试情公羊要单圈饲养，保持其良好体况，并劳逸结合。试情布每天试情后要及时清洗，以免形成硬块，擦伤阴茎。

2. 试情

只有在试情时才将试情公羊放入待试母羊群中，而不是将试情公羊长期关在一起或放牧。如发现试情公羊追逐的母羊站立不动，愿意接受爬跨，则表示该母羊正在发情。可以将该发情母羊抓出，送到授精室授精。如果母羊群体较大，人手不足，可以考虑给试情公羊安装自动打印器，被跨的母羊会被自动标记上墨记，以备管理人员识别。

如果有经验，也可以根据母羊的发情症状发现发情母羊。

（二）器材和用具的准备与消毒

1. 假阴道、采精瓶的洗涤、灭菌和消毒

采精瓶和假阴道内胎通常用 2% 的碳酸氢钠刷洗。用清水冲干净后再用蒸馏水洗两次，采精瓶置于纱布罐内保存，干后用蒸汽灭菌待用。内胎洗完后要用纱布裹好。

操作者的手和长柄镊子需先用 75% 的酒精棉消毒，内胎需用长柄镊子夹上 96% 的酒精棉球自胎的一端开始细致地一圈一圈擦至另一端进行消毒。外壳用酒精棉球消过毒后放入消过毒的盆内至酒精完全挥发干后再使用。如果这些器具有残存的酒精，对精液活力会造成不良的影响。这是要十分注意的细节。

2. 输精器材的洗涤与消毒

输精器材需先用 2% 的碳酸氢钠清洗并用清水冲洗，之后用蒸馏水冲洗数次，用毛巾包好，进行蒸汽灭菌。使用前再取出并用生理盐水抽洗数次。注意一点是在输完一只羊后，输精器的尖端要用 75% 的酒精棉球擦拭，再用灭菌器内的生理盐水棉球进行擦拭之后，才能给另一只母羊输精。开膛器的消毒通常用酒精火焰消毒。消毒之后的开膛器要置于消过毒的生理盐水中待用。

3. 其他器材的消毒

玻璃器材通常是用 2% 的碳酸氢钠溶液清洗干净，用清水冲洗之后再进行蒸汽灭菌。纱布、手巾、台布等用肥皂水洗干净清水冲洗两遍后进行蒸汽灭菌。外阴部的消毒布要用肥皂水洗干净后，用 2% 的来苏儿水消毒，之后晾干备用。

（三）药液与酒精棉球的制备

1. 75% 酒精的配制

78ml 96% 的酒精加入 22ml 的蒸馏水。也可以直接购买。

2. 0.9% 生理盐水的配制

1 000ml 的容量瓶中另入 500ml 蒸馏水，再加入 9g 氯化钠，溶解后定容至 1 000ml。配好后用滤纸滤过 2～3 次，进行蒸汽灭菌。

3. 2%碳酸氢钠的配制

将20g的碳酸氢钠加入500ml蒸馏水溶解后定容至1 000ml。

4. 酒精棉球

用脱脂棉捏成直径2~3cm的团块，加入75%的酒精浸泡即可。

（四）采精

假阴道能引起公羊射精的三个必须条件是温度、压力和润滑度。所以在准备假阴道时要注意这三个方面。通常按下面的方法和步骤准备假阴道。

第一步是假阴道润滑。假阴道润滑有两种常用的方法：第一种是凡士林润滑，将清洁玻璃棒蘸上经消毒的凡士林，涂在假阴道内壁上。除套集精杯的一端留出3~5cm外，其余部分都应均匀涂抹，使公羊射精时有润滑的感觉；第二种方法是将消毒后的集精瓶灌食盐水，插入假阴道的一端，深2~3cm，进行振荡冲洗后，将水倒出，使其内胎湿润，以代替润滑剂。

第二步是向假阴道加注热水。采精前向假阴道内加注50~55℃热水150~180ml。假阴道内的温度在采精前要用消过毒的温度计进行测量，在采精前以39~42℃为宜。

第三步是向假阴道吹气。从气嘴吹入空气，以吹至入口处呈三角形为宜。这时假阴道内的压力刚好达到引起公羊射精的压力。

通过以上三步，假阴道就可以用来采精了。采精前先要用湿毛巾将种公羊阴茎的包皮周围擦干净。采精者以右手握假阴道，蹲在发情母羊或在假台羊的右侧，集精杯一端向上，使假阴道与地面成35°~40°角。当公羊爬跨时，采精人员应用手指托住公羊的包皮，使阴茎插入假阴道内（注意不要使假阴道的边缘或手触到阴茎）。当公羊身体向前耸动后，采精人员应立即取出假阴道，使集精杯的一端向下竖起，然后取下集精杯，加盖送实验室检查。

（五）精液品质检查

1. 肉眼观察

正常的精液呈乳白色、云雾状。无味或略有腥味。凡带有腐败臭味，呈红色、褐色、绿色的精液不能用于授精。羊的射精量一般1.5ml，范围为0.5~2.5ml。

2. 显微镜检查

通常用200~400倍的显微镜，并在温度为18~25℃的室内进行。方法是用清洁的吸管或玻璃棒，蘸取精液一小滴，滴在载玻片中央，再盖上盖玻片（注意不要有气泡），然后放在显微镜下检查。检查的内容有精液量、颜色、气味、密度、活力和形态等。在繁殖实际应用中，常检查精液的密度和活力。

（1）密度检查 在视野内看见精子之间小于一个精子的距离评为"密"；精子之间的距离约相当于一个精子的长度，并能看到精子的活动，评为"中"；精子之间的空隙大，超过一个精子的长度，评为"稀"；视野中见不到精子，用"无"表示。用血球计数器检查，可以知道确切的精子数。

（2）活力检查 一般用呈直线运动的精子所占的比率表示精子活力。目前有十级制评分法和五级制评分法。两种评分法并无本质上的差别，根据本单位的习惯而定。

在十级制评分法中，100%的精子呈直线前进者，评为1.0；90%的精子呈直线前进者评为0.9，依此类推。

在五级制评分法中，100%的精子都呈前进运动（直线运动），评为5分；80%的精子呈前进运动评为4分；60%的精子呈前进运动，评为3分；40%的精子呈前进运动，评为2分；20%的精子呈前进运动，评为1分；不足最低记分等级的则记为0分。

肉羊正常的精液，精子密度为"密"，每毫升精子数在数十亿以上；若密度过稀、活力在3分以下者，不能用于输精。

（六）精液稀释

山羊精液精子密度很大。经检验合格后，在使用前还必须进行稀释才能应用、保存和运输。常用的精液稀释方法有如下几种。

1. 鲜奶稀释液

将鲜羊奶或牛奶用7层纱布过滤后，装入烧杯中置热水锅中煮沸消毒10~15min（或蒸汽灭菌30min），冷却后除去奶皮，然后稀释3~5倍，注入精液瓶内，混匀备用。这种稀释液通常可以稀释精液4~8倍。

2. 葡萄糖-卵黄稀释液

蒸馏水50ml，葡萄糖1.5g，柠檬酸钠0.7g，鲜蛋黄10ml，可以制成葡萄糖-卵黄稀释液。配制方法：将葡萄糖，柠檬酸钠放入蒸馏水中溶解后，滤过2~3遍，在水沸后蒸煮30min，取出降温至25℃，加入新鲜卵黄10ml，振荡溶解即可。

3. 氯化钠-卵黄稀释液

0.9%的氯化钠溶液（生理盐水）90ml，加新鲜蛋黄10ml，拌匀即可应用。

4. 氯化钠稀释液

用0.9%的氯化钠溶液，也可用来稀释输精，但输精按只能稀释1∶1~1∶2的比例。

（七）人工授精记录和管理系统

种公羊的采精及繁殖母羊的配种和产羔记录表样式如表3-3和表3-4模式，一些基本的记录均已包括在内，可供参考。与这种纸质表格对应的网络电子系统同时记录相同的信息。这对于使用和管理这种信息带来极大的方便。

表3-3　种公羊精液品质检查及利用记录表

品种：　　　公羊号：　　　使用单位：　　　年：

采精		采精量（ml）	原精液				稀释液种类	稀释精液		授精量（ml）	授精母羊只数	备注
时间	次数		密度	活力	色泽	气味		倍数	活力			

表 3 - 4　母羊配种繁殖记录

场别：

| 编号 | 配种前体重 | 第一情期 | | 第二情期 | | 第三情期 | | 预计分娩日期 | 实际分娩日期 | 产　羔 | | | | | | 父号 |
		种公羊号	日期	种公羊号	日期	种公羊号	日期			羔羊号	性别	羔羊号	性别	羔羊号	性别	

（八）精液运送

大多数的输精点本身并不饲养种公羊，所需的精液每天定时由输精终点站运送。送往输精点的精液，其密度评价不能低于 4 级，经检验合格的精液应迅速包装发送。如果是近程的输送，并且用于立即输精的，不需特殊保温装置。

输送精液，利用广口保温瓶输送。用双层集精瓶采取的精液不必倒出，盖上盖装入广口保温瓶，瓶底及四周垫以棉花，以防碰碎。用实验室灭菌的试管作为容器输送精液时，一定要装好封严，装入广口保温瓶内。双层集精瓶或小试管的外面应贴上标签，注明公羊号、采精时间、精液量以及等级。运送中要尽量缩短途中时间，并要防止产生剧烈的振动。

远程长时间运送精液的方法是：先将广口保温瓶用冷水浸一下，填装半瓶冰块，温度保持在 0 ~ 5℃。为了防止温度突然下降和冰水混合物浸入容器内，可将容器放入垫棉花的大试管里，或者将装满精液的小试管用灭菌的玻璃纸包以棉花塞严，再用玻璃纸包扎管口后，包以纱布置于胶皮内胎中，直接放入广口瓶内。由于精子对于温度的变化非常敏感，所以对于精液的降温和升温都必须做缓慢的处理。精液送到取出后，置于 18 ~ 25℃室温下缓慢升温，经检查合格后即可用于授精。

（九）输精

输精前把发情母羊固定在输精架内或由助手两腿夹住母羊头部，两手提起母羊后肢，面朝有阳光的方向。用纱布或毛巾将母羊的外阴擦净。预先用输精器吸入原精液（或稀释好的精液）0.1ml（稀释好的为 0.2ml），注意不要吸入气泡。将消过毒的开腔器顺阴门裂方向合并插入阴道，旋转 45°角后再打开开腔器。检查阴道及子宫颈口是否正常。如果正常，把输精器插入子宫颈口内 0.5 ~ 1cm 处推入精液。输精结束后，缓慢抽出输精器，最后抽出开腔器。

注意点是：原精液的授精量，每只母羊为 0.05 ~ 0.10ml，稀释后的精液为 0.10 ~ 0.20ml，注入子宫颈内。要求授入足量的精液，保证直线运动的精子数在 7 000 万以上。

为提高母羊的受胎率，一般给发情母羊输精 2 次，即在第一次输精后 8 ~ 12h 再输一次。在实际生产中，通常每天早晚各对母羊群进行一次发情鉴定，上午发情下午输精，下午发情第 2d 早晨输精。授精母羊要做好标记和记录，便于识别和管理。

人工授精的目的在于扩大和提高优良种公畜的利用率，从而能够进行品种改良工作，所以，各项记录工作显得尤为重要。在人工授精中，做好种公羊的精液品质检查记录和母羊的配种繁殖记录工作，可以为我们总结经验，摸索规律，检验品种改良和育种的成果。而对于准确记录的定期统计和分析，也可以对我们的日常工作起到十分重要的指导作用。

此外，良种公羊的精液必须以一定的方式送至输精站，才能保持较高的活力，提高受胎率。

三、冷冻精液利用

（一）冻前采精

采精的方法用假阴道按常规方法进行。采精频度，一般采用连采 2d，休息 1d 的方法。在采精的当日，可能连采 2 次，间隔 10~15min。原精活率要求在 0.7 以上。

（二）稀释

1. 冷冻精液稀释保护液的配制

（1）用于颗粒精液的配方

Ⅰ液：10g 乳糖加双蒸水 80ml，鲜脱脂牛奶 20ml，卵黄 20ml。

Ⅱ液：取Ⅰ液 45ml 加入葡萄糖 3g，甘油 5ml。

（2）安瓿精液配方

配方一：

Ⅰ液：取葡萄糖 3g，柠檬酸钠 3g，加入双蒸水至 100ml。取此溶液 80ml，加入卵黄 20ml。

Ⅱ液：取Ⅰ液 44ml，加甘油 6ml。

配方二：

Ⅰ液：11g 乳糖加入双蒸水溶解至 100ml，取溶液 80ml，加卵黄 20ml。

Ⅱ液：取葡萄糖和柠檬酸钠各 3g，加双蒸水溶解至 50ml，再加鲜的脱脂牛奶 50ml。取其溶液 88ml，加入甘油 12ml。

（3）细管精液的配方

取安瓿精液配方一中的Ⅰ液 94ml，加甘油 6ml，再加硒 60μg。以上各液每 100ml 加入青霉素 10 万 IU，链霉素 100mg。所有的稀释液（除卵黄外），需有水浴中煮沸消毒，甘油单独水浴煮沸消毒。稀释液现用现配。

2. 稀释比例和稀释方法

精液采出后应尽快地稀释，如使用多只公羊的混合精液或采精时间过长时，需对先采得的精液进行预稀释（先加少量的稀释液）。每次稀释的时候，精液和稀释液的温度都要相同。

精液与稀释液的最终稀释比例，颗粒精液为 1:1，细管精液为 1:3，安瓿精液配方一的最终稀释比例为 1:3，配方二的最终稀释比例为 1:2。

稀释方法：颗粒及安瓿精液均采用两次稀释法，细管精液采用一次稀释法。

两次稀释法：先用不含甘油的Ⅰ液将精液稀释至最终稀释浓度的一半，而后包 8 层纱布置之于 3~4℃ 的冰箱或广口保温瓶内降温平衡。颗粒精液平衡时间为 1~2h，安瓿精液和细管精液为 3~4h。平衡后，再用与Ⅰ液等量的含有甘油的Ⅱ液作第二次稀释。

一次稀释法：按稀释比例要求，一次稀释并分装和封口，裹8层纱布放于3～4℃冰箱中降温平衡3h。

（三）细管和安瓿的分装

首先需在玻璃安瓿或塑料细管上加印精液编号以及冻精日期等标记。

对于安瓿精液，经两次稀释后，立即在3～4℃下进行分装，分装量通常为1ml，并用火焰封口。

细管精液的封装有专用的细管冷冻精液分装机，自动化程度很高，而且各种操作都是在低温下进行，是最理想的方法。此外，也可以用人工方法来分装，即：用5ml的注射器在室温下手工将精液分装于0.25ml的细管内，并随即用塑料珠或聚乙烯醇封口。手工分装时，细管分装不宜过满，封口后中间应保留一定的间隙，以防冷冻时细管爆裂。

（四）冷冻

1. 安瓿精液的冷冻方法

配方一稀释精液的冷冻　用直径25cm、深20cm的铝筒，周围加5cm厚的保温材料，以及固定在特制木箱里的液氮槽和一个直径18cm，深3～4cm带网眼的漂浮器，制成简易冷冻器。冷冻时向氮槽里注入约1L液氮，将约定40支安瓿精液平放入漂浮器，置于距液氮面2cm处，停留7min后浸入液氮中。

配方二稀释精液的冷冻　将封好的安瓿40～50支平放入简易快速冷冻器的吊篮中，并挂在冻结器的指架上，用平均20cm/min的速度将吊篮从冻结器的上口降至液氮面3cm处，停留3min，再慢慢将吊篮浸入液氮中。然后将安瓿装入纱网，于液氮中贮存。

2. 颗粒精液的冷冻方法

（1）干冰法　用特制的扎孔器或普通的玻璃棒，在预先摊平、压实的干冰上戳上整齐排列的直径0.1cm、深2～2.5cm的圆光小洞，再用滴管吸取稀释混合均匀的精液，按0.1ml的容量将其滴入洞中，经过4～5min后即可捡取，存于液氮之中。

（2）液氮法　先将液氮注入12磅广口保温瓶内，随后放置漂浮冷冻器（用塑料及120目铜钞自制而成直径15cm，高3cm），铜网面保持低于保温瓶口2～3cm，以低温温度计测试温度，随时调节漂浮冷冻器铜网与液氮面的距离（约3cm），确保铜网的温度在－80℃左右。用滴管吸取精液，按每粒0.1ml滴冻。加盖停止4min后浸入液氮，用小勺收取。精液分批冷冻。第二批滴冻前需用干纱布将铜网面擦干净。

（3）细管精液的冷冻方法　细管精液用简易冷冻器冷冻，每次平放细管50～60支，置于距液氮面2.5cm处，停留5min后浸入液氮中。

（五）解冻

1. 颗粒精液的解冻

据所需精液的多少，取一定量的高压灭菌的小试管，将冻精颗粒放入灭菌的小试管中，每管一粒，迅速放入70～80℃的水浴中融化至还有绿豆大小时，取出置于手心中轻轻摇动，借助于手温使全部融化即可。

2. 安瓿精液的解冻

（1）配方一稀释精液的解冻方法　将安瓿置于60℃的水浴中摇动14s，取出至融化后即可用于输精。

（2）配方二稀释精液的解冻方法　将安瓿置于75℃水浴中摇动8s，取出后放入

20℃水中至全部融化即可用于输精。

3. 细管精液的解冻

将装有冻精的细管置于 20℃ 的水浴中轻摇 8s，取出等待全部融化后即可用于输精。

（六）输精

1. 颗粒精液的输精

解冻后精子的活率不得低于 0.3，输精量为 0.2ml，每一次输精时输入的活精子数不得少于 0.9 亿。通常采用每日一次试情，三次输精法，即当日发情的母羊于早、晚用 XK－2 型输精器各输精一次，翌日早晨再输一次。

2. 安瓿精液的输精

用配方一稀释的冷冻精液输精，解冻后精子的活率要求在 0.35 以上，输精量为 0.3ml，每一输精量中活精子数目不得少于 0.8 亿。采用一次试情，两次输精（早、晚间隔 7~8h），直至发情终止。

用配方二稀释的冷冻精液输精，解冻后精子的活率必须在 0.35 以上，输精量为 0.2ml，每一输精量中活精子数目至少为 0.8 亿。采用一次试情，两次输精法。

3. 细管精液的输精

细管精液输精，解冻后精子的活率不得低于 0.35，输精量通常为一管（0.25ml），每一输精量中活精子的数目不能少于 0.7 亿。输精也采用每日一次试情，两次输精（即早、晚间隔 7~8h）法，直至发情结束。

第十节　胚胎移植的基本原则

胚胎移植的生理基础是，母羊发情后生殖器官孕向发育，无论配种与否都将为妊娠作准备；同时，早期胚胎处于游离状态，加之受体对胚胎没有排斥作用，可使移植的胚胎继续发育。在进行胚胎移植时，以下的原则是必须遵循的。

一、生殖内环境一致性

胚胎移植前后供体和受体的生殖内环境应该是相同或相近的，具体包括以下 3 个方面：

（一）供体和受体在种属上必须一致

供体和受体二者属同一物种，但这并不排斥种属不同但在进化史上血缘关系较近、生理和解剖特点相似个体之间胚胎移植成功的可能性。一般来说，在分类学上亲缘关系较远的物种，由于胚胎的组织结构、胚胎发育所需条件以及发育进程差异较大，移植的胚胎绝大多数情况下不能存活或只能存活很短时间。例如，将绵羊、猪、牛的早期胚胎移植到兔的输卵管内，仅可存活几天。可以利用这种方法临时保存一下胚胎。

（二）供体和受体母羊在生理上必须同期化

即受体母羊在发情的时间上同供体母羊发情的时间一致。一般相差不超过 24h，否则移植成功率显著下降。一旦胚胎的发育与受体生理状况的变化不一致或因某种原因导致受体生理状况发生紊乱，结果将导致胚胎死亡。

（三）供体胚胎收集的部位和受体胚胎移植部位应一致

即从供体输卵管内收集到的胚胎应该移植到受体的输卵管内，从供体子宫内收集到的胚胎应该移植到受体的子宫内。

胚胎移植之所以要遵循上述同一性原则，是因为发育中的胚胎对于母体子宫环境的变化十分敏感。子宫在卵巢类固醇激素作用下，处于时刻变化的动态之中。在一般情况下，受精和黄体形成几乎是在排卵后相同时间开始的，受精后胚胎和子宫内膜的发育也是同步的。胚胎在生殖道内的位置随胚胎的发育而移动，胚胎发育的各个阶段需要相应的特异性生理环境和生存条件。生殖道的不同部位（输卵管和子宫）具有不同的生理生化特点，与胚胎的发育需求相一致。了解上述胚胎发育与母体生理变化的原理，就不难理解受体母羊与供体母羊生理状况同期化的重要性。

二、收集胚胎和移植的时间适宜

胚胎的收集和移植的时间必须在黄体期的早期以及胚胎附植之前进行。因此，胚胎的收集时间最长不能超过发情配种后第7d，最好是在发情配种后第3～4d进行。

三、胚胎发育正常

在收集和移植胚胎时，应尽量不使其受到物理、化学和生物方面的影响。同时，胚胎移植前需进行鉴定，确定其发育正常者才能进行移植。

第十一节　胚胎移植准备工作

一、检胚设备

检胚吸管多是自制的。用长8cm左右，外径4～6mm的壁厚质硬无气泡的玻璃管，把玻管在酒精喷灯上转动加热，待玻管软化呈暗红色时，迅速从火焰上取下，两手和玻璃管保持直线均匀用力拉长。使中间拉长部分的外径达到1.0～1.5cm，从中间割断，将断端在火焰上烧光，尖端内径250～500μm即符合要求。

吸管拉好后，将尖端向上，竖放在洗液中浸泡一昼夜，取出后先用常水冲洗，再用蒸馏水将吸管内外冲洗干净、烘干、包好，临用前再进行干烤灭菌，用时给吸管粗端接一段内装玻璃珠的乳胶管或橡皮吸球，即可以用来进行输卵管移卵。但多数操作者实际上在检胚时不用橡皮吸球，而是直接用嘴来吸，相当利索。

（1）回收管：带硅胶管的16号针头（钝形）。

（2）肠钳（套乳胶管）。

（3）注射器20ml或30ml。

（4）集卵杯。

（5）体视显微镜。

（6）培养皿（35mm×15mm），（90mm×15mm）。

（7）巴氏吸管。

二、移植设备

（1）微量注射器、12号针头。

（2）移植管：内径 200～300μm 玻璃吸管，自制。子宫内移植时，需先用一针头在子宫壁上扎一个小洞，然后插入移卵管。也有采用套管移植的方法，即取 12 号针头一根，将与注射器连接的接头去除。同时将其尖端磨平，变成一个金属导管，接上一段细的硅胶管与吸管相连，也可用于移植操作。

（3）内窥镜。

三、手术器械和设备

（1）毛剪，外科剪（圆头、尖头）。

（2）活动刀柄、刀片、外科刀。

（3）止血钳（弯头、直头）、创巾夹、持针器、手术镊（带齿、不带齿）、缝合针（圆刃针、三棱针）、缝合线（丝线、肠线）、创巾若干。

（4）手术保定架。

（5）蒸馏水装置一套，离子交换器一台。

（6）烘箱一台。

（7）高压消毒锅一台。

（8）滤器若干，0.22μm 滤膜。

（9）0.25ml 塑料吸管。

（10）pH 计一台。

以上有些设备是普通实验室设备，不是胚胎移植独有，不必单独准备的。

四、药品及试剂

①FSH 和 LHRH～A3，PMSG 等超排激素；②速眠新、陆醒灵；③抗生素及其他消毒液、纱布、药棉等。

五、冲卵液和保存液的制作

冲卵液有很多种，目前常用的是杜氏磷酸盐缓冲液（PBS）以及 199 培养液。这些全合成的培养液不但用于冲洗收集胚胎，还可用于体外培养、冷冻保存、解冻胚胎等处理程序。

杜氏磷酸盐缓冲液是比较理想而通用的冲卵液和保存液，室内和野外均可使用，配制比较方便。杜氏磷酸盐缓冲液和 199 培养液或其他培养液有成品出售。

改良杜氏磷酸盐缓冲液（DPBS）配制成分见表 3-5。配制方法是：在容量瓶内依次加入下列试剂，氯化钠、氯化钾、磷酸二氢钠、磷酸二氢钾、牛血清白蛋白、葡萄糖、丙酮酸钠，青链霉素，再加入 700ml 三蒸水配成 I 液；称取无水氯化钙溶于 100ml 三蒸水中配成 II 液；再称取氯化镁溶于三蒸水中配成 III 液。最后将这三种溶液混合，用碳酸氢钠或盐酸调 pH 值至 7.2 之后定容为 1 000ml。最后用 G6 滤器抽滤灭菌。

以上操作过程要严格遵守无菌操作的规程。密封后该液可在 4℃保存 3～4 个月，不可在低温冰箱中保存。

表 3 – 5　冲卵液（DPBS）的配制

药品	含量	含量
NaCl	136.87mmol/L	8.00g/L
KCl	2.68mmol/L	0.20g/L
CaCl$_2$	20.90mmol/L	0.10g/L
KH$_2$PO$_4$	1.47mmol/L	0.20g/L
MgCl$_2$ · 6H$_2$O	0.49mmol/L	0.10g/L
Na$_2$HPO$_4$	8.09mmol/L	1.15g/L
丙酮酸钠	0.33mmol/L	0.036g/L
葡萄糖	5.50mmol/L	1.00g/L
牛血清白蛋白		3.00g/L
青霉素		100μ/ml
链霉素		100μ/ml
双蒸水		加至 1 000ml

在无条件配制 DPBS 且胚胎在体外保存时间又非常短的时候，也可以采用生理盐水作为冲卵液，但只有在保存时间很短时才能用此法。

六、场所和人员准备

手术室要清扫洁净消毒。金属器械用化学消毒法消毒，即在 0.1% 新洁尔灭溶液内加 0.5% 亚硝酸钠浸泡 30min 或用纯来苏儿液浸泡 1h。玻璃器皿和敷料、创布等物品以及其他用具必须进行高压灭菌。

施术人员首先要将指甲剪短，并锉光滑，除去各个部位的油污再用氨水 – 新洁尔灭浸泡消毒，也可以用肥皂水 – 酒精法消毒。

1. 供体羊的选择和超排前准备

进行胚胎移植的供体母羊应具有优良的遗传特性和较高的育种价值。在育种中，可以用后裔测定、同胞测定等方法鉴定出优秀的母羊。这些选择出的供体母羊必须是健康的。要经过血检，证明布氏杆菌病、结核、副结核、蓝舌病、肉用山羊黏膜综合征、钩端螺旋体病、传染性鼻气管炎等均为阴性。供体母羊生殖系统机能应正常。因此，对供体羊的生殖系统要进行彻底检查，如生殖器官发育是否正常，有无卵巢囊肿、卵巢炎和子宫炎等疾病，有无难产史和屡配不孕史。如有上述情况者不能用作供体。此外，膘情要适中，过肥或过瘦都会降低受精率。

2. 受体母羊的选择与同期发情前的准备

（1）受体羊应是价格便宜的青年母羊，最好是本地品种，数量比较多，体型比较大。每头供体羊需准备数头受体羊。

（2）受体羊应具有良好的繁殖性能，无生殖器官疾患。子宫和卵巢幼稚病、卵巢囊肿等不能作受体。

（3）受体羊要具有良好的健康状态。检疫和疫苗接种与供体羊相同。

（4）受体羊要隔离饲养，以便防止流产或其他意外事故。

3. 受体母羊的同期化处理

在大批量的移植过程之前，应对供体和受体进行发情同期化处理，以提高胚胎移植的成功率。在集约化程度较高的羊场，通过同期化处理，可以使母羊的配种、移胚、妊娠、分娩等过程相对集中，便于合理组织大规模的畜牧业生产和科学化的饲养管理，节省人力、物力和费用，同时由于同期化过程能诱导乏情母羊发情，因此还可以提高繁殖率。

（1）常用的同期发情药物　　根据其性质可分为 3 类：

①抑制卵泡发育和发情的药物，如孕酮、甲孕酮、甲地孕酮、氟孕酮、18-甲基炔诺酮等；

②使黄体提早消退、导致母羊发情、缩短发情周期的药物，如前列腺素（PGF）；

③促进卵泡生长发育和成熟排卵的药物，如孕马血清促性腺激素（PMSG）、促卵泡素（FSH）、人绒毛膜促性腺激素（hCG）、促黄体素（LH）。这些药物的生理作用见生殖激素一章。

（2）同期发情处理　　在同期发情的不同阶段，生殖器管的内分泌环境、生化和组织学特性，对不同发育阶段的胚胎有不同的影响。所以胚胎从供体羊的哪一部位取出的，就应移植到受体羊的相应部位，才有利于其继续发育。

鲜胚移植时，要对受体进行同期发情处理。山羊供体和受体的发情同步误差允许有 1d 的差异，但以同一天的成功率较高。供体在发情后的 4 ~ 5d 回收的胚胎，移植于比供体发情早 1d 的输卵管，妊娠率为 50%；而移植到同日或晚一日发情的受体，妊娠率分别为 69% 和 67%。2 ~ 4 个细胞的胚胎，即使输入到完全同期的受体输卵管内，其妊娠率也只有 25% 左右。

受体的发情处理要和供体的超排处理同时进行。由于山羊的发情持续期在个体之间差别很大，所以以发情终止时间来计算同期化程度比较合理。因为对山羊来说，无论其发情持续时间多久，其排卵时间一般是在发情终止前 4 ~ 6h 或在发情终止后。同期发情可以根据实际情况，选用如下药物和处理方法：阴道栓塞法，孕酮能够抑制腺垂体释放促卵泡素。肌肉注射用量为每天 10 ~ 20mg。经阴道海绵栓给予孕酮或其类似物 50 ~ 60mg，处理 12 ~ 18d 即可以抑制卵泡发育。撤除阴道海绵栓后，孕酮的抑制作用消失，卵巢上即有卵泡开始发育，从而使受体羊发情。通常地，母羊会在停止注射或撤除海绵栓后 2 ~ 3d 内发情。受体的撤栓时间应比供体提前 1d。

这是肉用山羊常使用的一种方法。用海绵或泡沫塑料做成长、宽和厚度均为 2 ~ 3cm 的方块（海绵直径和厚度可根据肉用山羊的个体大小来定），太小易滑脱，太大易引起母羊努责而被挤出来。海绵拴上细线，线的一端引垂阴门之外，便于结束时拉出。用灭菌后的海绵浸激素制剂溶液，用长柄钳和开膣器将其塞入阴道深处放置。

这种方法在发情季节内较有效。有部分母羊虽然发情，但卵泡上无卵泡发育成熟，更不形成黄体。在发情季节来临之前或是为了提高排卵的效率，孕激素处理结束的前 1d，给予小剂量的促性腺激素是非常必要的。

孕激素处理法的优点是费用低，缺点是处理持续时间长，受体妊娠率低。

（1）口服法　　每天将孕酮、甲孕酮、甲地孕酮、氟孕酮、18-甲基炔诺酮等中的一种按一定量的药物均匀地拌入饲料中，持续 12 ~ 14d。甲孕酮每天用量与海绵法相同。使用此种方法应注意，药物拌得要均匀，采食量要一致，少则不起作用，多则有不良影响。

（2）注射法　　$PGF_{2\alpha}$ 或其类似物有溶解黄体的作用，黄体溶解后，卵巢上就会有卵泡发育继而发情。一般说来，$PGF_{2\alpha}$诱导同期发情，卵巢上需有黄体存在，且处于发育的中后期。在母羊排卵后的 1～5d，由于黄体上尚未形成 $PGF_{2\alpha}$ 受体，故对其处理不起反应。

在繁殖季节，如不能确定受体的发情周期，可采用两次注射法。受体羊第一次注射后，凡卵巢上有功能黄体的个体即可在注射后发情，选出发情个体作为受体。其余的羊间隔 10～12d 再行第二次注射。一般母羊在 $PGF_{2\alpha}$ 注射（1～2mg）后发情率可达 100%。使用 $PGF_{2\alpha}$ 诱导同期发情，可在供体开始超排处理的第 2d 给受体注射。利用这种方法处理方便可靠，但费用较高。

每天按一定量皮下或肌肉注射药物，持续一定天数后也能取得同样效果。有人将一次剂量分两次注射，间隔 3～4h，可提高同期发情效果。

第十二节　供体羊超数排卵与受精

一、供体母羊的超数排卵

在母羊发情周期某一时期，以外源促性腺激素对母羊进行处理，促使肉用山羊卵巢上多个卵泡同时发育，并且排出多个具有受精能力的卵子，这一技术称为超数排卵，简称"超排"。

肉用山羊，特别是肉用绵羊，在自然状态下以单胎为多，双胎率及多胎率随品种的不同而有很大的差异；同时供体羊通常都是通过选择的优良品种或生产性能好的个体，因此通过超数排卵，充分发挥其繁殖潜力，使其在生殖年龄尽可能多的留一些后代，从而更好地发挥其优良的生产性能，生产实践意义很大。

（1）超排常用药物　促性腺激素常用孕马血清促性腺激素（FMSG）和促卵泡素（FSH）。辅助激素常用促黄体素（LH）、人绒毛膜促性腺激素（HCG）和促性腺激素释放激素（GnRH）。

（2）超排处理方法

方法一：在发情周期第 16～18d，一次肌肉注射或皮下注射 PMSG 750～1 500IU；或每天注射两次 FSH，连用 3～4d，出现发情后或配种当日再肌注 hCG 500～700IU。效果还可以。

方法二：在发情周期的中期，即在注射 PMSG 之后，隔日注射 $PGF_{2\alpha}$ 或其类似物。如采用 FSH，用量为 20～30mg（或总剂量 130～180IU），分 3d 6～8 次注射。第五次同时注射 $PGF_{2\alpha}$。

用 PMSG 处理羊仅需注射一次，比较方便，但由于其半衰期太长，因而使发情期延长，使用 PMSG 抗血清可以消除半衰期长的副作用，但其剂量仍较难掌握。目前多采用 FSH 进行超排，连续注射 3～5d，每天两次。剂量均等递减，效果较好。

（3）影响超排效果的因素　超数排卵是胚胎移植技术的重要环节。超排处理得当，可以充分发掘优良母畜的繁殖潜力，获得更多的优秀后代，加速良种繁育。

影响山羊超数排卵效果的因素很多，主要可以概括为 3 类：首先是供体方面的因素，主要包括供体羊的品种、个体遗传差异、年龄、生理和营养状况等；其次是药物方面的因素，主要指超排的处理时间、激素的种类、制造公司、生产批次、投药间隔以及药剂的保存方法和处理程序、激素制剂中的 FSH/LH 比例、剂量等；最后是环境方面的因素，包括季节、天气、光照等因素。

①供体因素：个体差异是影响供体超排效果的主要因素之一。一般繁殖力高的品种对促性腺激素的反应比繁殖力低的品种好，成年羊比幼龄羊反应好，营养状况好的羊比营养差的反应好。

遗传的差异也可导致不同物种或品种超排获得的卵子或胚胎数的差异。不同品种的个体对同一药物的敏感性存在着差异，同一品种的不同个体对同一药物的敏感性也不同。

洪琼花等（2004）研究表明经产母羊排出的卵子质量要好于育成母羊，但两者的同期发情率、获胚平均数差异不显著。张锁林等（2001）认为在性周期的第 9～10d 对波尔山羊进行超排，效果最好。而代相鹏等（2003）在进行波尔山羊胚胎移植时发现，在性周期的 12～14d 超排比 12d 以前超排获得的胚胎质量好。

供体膘情和体况对超排效果具有显著的影响。上等膘情的供体羊和下等膘情的供体羊只均获胚数、只均可用胚数和可用胚率均显著低于中等膘情的供体羊（$P < 0.05$），而上等膘情的供体羊和下等膘情的供体羊间各指标差异均不显著（$P > 0.05$）（表 3-6）。

表 3-6　膘情对超排效果的影响

膘情	试验羊数（只）	获胚数（枚）	只均获胚数（枚）	可用胚数（枚）	只均可用胚数（枚）	可用胚率（%）
上等	5	68	13.60[a]	61	12.20[a]	89.17[a]
中等	13	203	15.62[b]	192	14.77[b]	94.58[b]
下等	5	64	12.80[a]	57	11.40[a]	89.06[a]

注：同列数据标不同字母表示差异显著（$P < 0.05$），相同字母表示差异不显著（$P > 0.05$），吴细波（2007）。

②环境因素：季节、天气、环境状况的变化也是影响超排效果的重要因素。即使在同一季节，气候条件及营养状况下也有很大的差别，如遇天气突然变化，降温或连阴、雨雪，都会造成供体发情迟缓、不发情或排卵障碍。这可能与光照改变、气温降低和供体采食受到影响有关。山羊是季节性的繁殖动物，且繁殖旺季出现在秋季。季节对山羊的超排反应是有影响的，尽管用孕酮处理可消除季节对超排反应的影响，但大量的试验证明，仍以繁殖季节的超排反应较好。超排宜在凉爽的春秋时节进行，炎热和寒冷都会对超排产生不利影响。超排处理时的天气状况也影响超排效果，阴雨或大风天气都不利于超排。

代相鹏等（2003）研究表明如果超排时处于阴雨雪天气，但结束时天气转好，则对供受体发情没有明显影响。俞颂东等（2002）在生产实际中发现高温的夏季波尔山羊超排时排卵率仅为春秋季的 70%～80%，可用胚为 40%～50%。

洪琼花等（2004）试验表明春、秋两季波尔山羊超排效果差异不显著。生活环境的改变，包括转圈、换饲养员、饲料改变、圈舍周围施工、机器轰鸣、人员骚动等各种引起供体产生应激的因素，都会对动物发情和超排效果产生不利影响。

③药物因素：激素药物的种类是影响超排效果的一个方面，用 FSH 进行超排处理排卵率、受精率、优质胚产量上要优于 PMSG。桑润滋等（2003）、杨昇等（2005）对激素的最佳剂量进行了研究，但由于激素的生产厂家、生产批号不同，供体的状况

也有差别，因此不能得到统一的标准。激素制剂中 FSH/LH 的比例在刺激卵巢反应中起着重要作用。山羊开始超排处理的时间一般在黄体中期效果较好，可以得到较好的排卵率。

超数排卵的效果与超排药物的选择有直接关系，无论黄体的数量质量、超排发情时间是否集中，排卵胚胎回收数量及胚胎可用程度等都与药物成分和纯度有关。应用同一种超排程序，不同的个体之间超排结果差异较大，除了个体本身的因素外，激素的应用也起着很大的作用。黄俊成等（1998）认为，在一定的剂量范围内，外源 FSH 可促进卵巢中卵泡的发育、成熟，但到达一定剂量后，超排效果并不随外源 FSH 量的增加而增加，因此，在取得同样超排效果的前提下，以用最小 FSH 剂量为好，以节约成本。激素剂量过大，卵巢上发育的卵泡数和排卵数量过多，会导致卵巢体积的异常增大和卵子接受过程的机械障碍，经输卵管伞接受到的卵子数量却有限。剂量不足，则达不到预期的超排效果。

激素注射途径的不同也影响着供体的超排反应。在羊上，肌注 LH 或 hCG 时，促排反应慢且排卵同期化较差，而静脉注射时，激素作用快，羊排卵同期化好，而且静注比肌注激素用量要少。俞颂东等（2002）报道激素肌注部位选在臀部的效果明显好于颈部。关于在羊的超数排卵处理中是否应该配合使用 LH 或其类似物协助排卵反应的进行，至今尚无统一的结论。王光亚等（1993）认为，在牛和羊，超排后如能表现发情，内源 LH 足以诱导大多数卵泡排卵，增加外源性 LH 似乎不能提高排卵效果。不适当的注射 LH 还有可能促使非成熟卵泡排卵，而使卵子失去受精能力，甚至导致排卵障碍和卵巢囊肿。余文莉等（1997）在对绒山羊进行超排时，每只山羊应用 FSH 150 IU 配合 LH 130 IU 进行肌注，超排效果较好且卵巢很少出现大卵泡。杨永林等（1997）认为，在羊超排处理中，发情前或发情时注射 LHRH ~ A3 或 LH 可补充内源 LH 的不足，血液中 FSH 和 LH 的协同作用增加，超排效果较好。

吴细波等（2007）用如下 4 种不同处理方法对供体羊进行超排：对照组，采用 CIDR + FSH + PG 法；P4 组，CIDR + FSH + PG 法基础上，供体采胚前 3d 注射 P4 10mg/只，2 次/d；LHRH ~ A3 组，CIDR + FSH + PG 法基础上，供体发情后注射 LHRH ~ A3 25μg/只；P4 + LHRH ~ A3 组，CIDR + FSH + PG 法基础上，供体发情后注射 LHRH ~ A3 25μg/只，采胚前 3d 注射 P4 10mg/只，2 次/d（表 3 – 7）。

表 3 – 7　不同处理方法对超排效果的影响

处理方法	试验羊数（只）	获胚数（枚）	只均获胚数（枚）	可用胚数（枚）	只均可用胚数（枚）	可用胚率（%）
对照	8	102	12.75[a]	90	11.25[a]	88.24[a]
P4	6	82	13.67[ab]	77	12.83[ab]	93.90[b]
LHRH ~ A3	6	84	14.00[ab]	75	12.50[ab]	89.29[a]
P4 + LHRH ~ A3	8	125	15.63[b]	118	14.75[b]	94.40[b]

注：同列数据标不同字母表示差异显著（$P < 0.05$），相同字母表示差异不显著（$P > 0.05$）。吴细波（2007）。

试验结果表明：对于只均获胚数（15.63VS12.75）及只均可用胚数（14.75VS11.25），P4 + LHRH ~ A3 组均显著高于对照组（$P < 0.05$），其他各组间差异不显著（$P > 0.05$）；对丁可用胚率，P_4 组（93.90% VS88.24%）和 P_4 + LHRH ~ A_3 组（94.40% VS88.24%）均显著高于对照组（$P < 0.05$），其他各组差异不显著（$P > 0.05$）。

二、超排羊配种

超排母羊的排卵持续期可达 10h 左右，且精子和卵子的运行也发生某种程度的变化，因此要严密观察供体的发情表现。当观察到超排供体母羊接受爬跨时，即可进行人工授精。人工授精的剂量应较大，间隔 6 ~ 12h 后进行第二次人工授精。如配种三次以上仍表现发情并接受交配的母羊，多为卵泡囊肿的表现，这类羊通常不容易回收胚胎；对少数超排后发情不明显的母羊应特别注意配种。通常上午发现发情可进行第一次输精，也可以下午输精，视具体情况而定。

如果是自然交配，则公羊应该控制好，只有配种时才将公羊放入母羊群，不要将公羊一直放在母羊群中。

三、乌骨山羊超排程序

乌骨山羊是华中农业大学在湖北、湖南等地发现的新种质资源，种群数量不超过 300 头。市场特别欢迎乌骨山羊，售价超过普通山羊 2 ~ 10 倍。本项目通过 MOET 快速扩繁和推广，使种群数量扩大到 3 000 头。按照表 3 - 9 的操作程序执行，取得了较好的效果（表 3 - 8）。

表 3 - 8　2010 乌骨山羊胚胎移植时间安排

日期	供体	受体
Day 1	埋置 CIDR	埋置 CIDR
Day 9	换 CIDR	
Day 15	上、下午 7：00，FSH 1.2ml	
Day 16	上、下午 7：00，FSH 1ml	
Day 17	上、下午 7：00，FSH 1ml	
Day 18	上午 7：00，FSH 1ml 撤栓 下午 7：00，FSH	PMSG 250IU 撤栓
Day 19	试情、配种	试情
Day 20	配种	试情
Day 21		
Day 22		
Day 23		
Day 24		
Day 25	空腹	空腹
Day 26	冲胚	移植

供体和受体比例 1：8 比较合适。超排后胚胎移植剩余胚胎可以采用常规冷冻保存。

第十三节　胚胎收集和操作

一、胚胎收集

鲜胚在移植时，胚胎回收时间以 3~7d 内都可以，以 7d 为宜。若进行胚胎冷冻保存或胚胎分割移植为目的时，胚胎的回收时间可以适当延长，但不要超过配种后 7d。

供体羊术前准备

在胚胎回收手术前一日或当日，有条件时可进行腹腔镜检查，观察卵巢的反应情况，以确定是否适宜于用手术法进行采卵。对于卵巢发育良好、适宜于手术的供体，应在术前一日停止饲喂草料而只给少量饮水，否则由于腹压过大，会造成手术的困难和供体生殖器官的损伤。饲喂干草的母羊，饥饿时间不得少于 24h，饲喂青草或在草地上放牧的羊，停饲时间可以减少至 18h。

最好在术前一日术部剃毛，常有许多剃断的毛黏附于皮肤，很难清除干净，手术中易带入创口造成污染。如果有必要在术前剃毛，用干剃法或者湿剃法效果都可以。干剃法是把滑石粉涂于要剃毛的部位，再用剃刀剃毛，然后用干毛刷将断毛刷除干净。湿剃法就是用湿毛巾将术部打湿，用剃刀剃毛。注意用刀方法，不要将皮肤割破。

手术前的麻醉可用局部浸润或硬膜外麻醉。硬膜外麻醉需在手术台绑定以前进行，用 9 号针头（体型较大的羊针头号可再大一些）垂直刺向百会穴（位于脊椎中线和髂结节尖端连线的交叉点上，即最后腰椎与荐椎的椎间孔），针刺入的深度为 3~5cm，当刺穿弓间韧带时，会感到一种刺穿窗户纸的感觉，且阻力骤减。接上吸有 20% 盐酸普鲁卡因的注射器，如推送药液时感觉阻力很小，轻按时即可将药液注入，说明部位正确。如有阻力，说明针头位置不在硬膜外腔，需调整针头的位置。通常根据羊的大小，药液剂量选在 6~8ml 的范围内。注射后 10s 即出现站立不稳的现象。麻醉持续时间可达 2h 以上。

亦可将静松灵和阿托品给合使用。每头羊颈部皮下一次肌注 2ml 静松灵，再注射 0.5ml 阿托品，5~10min 可产生麻醉效果。

术部皮肤一般在腹中线，乳房前 3~5cm 处先用 2%~4% 的碘酒消毒，晾干后再用 75% 的酒精棉球涂擦脱碘。

手术开始，按层次分离组织，用外科刀一次切开皮肤，成一直线切口，切口长 4~6cm。肌肉用钝性分离的方法沿肌纤维走向分层切开，最后切开腹膜。切开过程中注意及时止血。全部分开，腹内脏器暴露后，最好再铺上一块消过毒的清洁创布。

术者将食指及中指由切口伸入腹腔，在与盆腔与腹腔交界的前后位置触摸子宫角，子宫壁由于有较发达的肌肉层。故质地较硬，其手感与周围的肠道及脂肪组织很容易区分。摸到子宫角后，就用二指夹持，因势利导牵引至创口表面，先循一侧的子宫角至该侧的输卵管，在输卵管末端转弯处，找到该侧的卵巢，不直接用手去捏卵巢，也不要去触摸充血状态的卵泡，更不要去用力牵拉卵巢，以免引起卵巢出血，甚至被拉断的事故。

观察卵巢表面的排卵点和卵泡发育情况并做记录，如果卵巢上没有排卵点，该侧就不必冲洗。若卵巢上有排卵点表明有卵排出，即可开始采卵。采卵的方法，通常有冲洗输卵管法和冲洗子宫法，现分述如下。

（一）冲洗输卵管法

先将冲输卵管的一端由输卵管伞的喇叭口插入 2～3cm 深（用钝圆的夹子或用丝线打一活结扣固定或助手用拇指和食指固定），冲卵管的另一端下接集卵皿。用注射器吸取 37℃的冲卵液 2～4ml。在子宫角与输卵管相接的输卵管一侧，将针头沿着输卵管方向插入。控紧针头，为防止冲卵液倒流，然后推压注射器，使冲卵液经输卵管流至集卵皿。冲卵操作要注意下述几点。

（1）针头从子宫角进入输卵管时必须仔细。要看清输卵管的走向，留心输卵管与周围系膜的区别，只有针头在输卵管内进退通畅时，才能冲卵。如果将冲卵液误注入系膜囊内，就会引起组织膨胀或冲卵液外流，使冲卵失败。

（2）冲洗时要注意将输卵管、特别是针头插入的部位应尽量撑直，并保持在一个平面上。

（3）推注冲卵液的力量和速度要持续适中，过慢或停顿，卵子容易滞留在输卵管弯曲和皱襞内，影响取卵率。若用力过大，可能造成输卵管壁的损伤，可使固定不牢的冲卵管脱落和冲卵液倒流。

（4）冲卵时要避免针头刺破输卵管附近的血管，把血带入冲卵液，给检胚造成困难。

（5）集卵皿在冲卵时所放的位置要尽可能的比输卵管端的水平面低。同时，要使集卵皿中不要起气泡。

冲洗输卵管法的优点，是卵的回收率较高，用的冲卵液较少。因此检查卵也不费时间。缺点是组织薄嫩的输卵管（特别是伞部）容易造成手术后粘连，甚至影响繁殖能力。

（二）冲洗子宫法

在子宫角的顶端靠近输卵管的部位用针头刺破子宫壁上的浆膜，然后由此将冲卵管导管插入子宫角腔，并使之固定，导管下接集卵杯。在子宫角与子宫体相邻的远端用同样的方法，即先刺破子宫浆膜，再将装有 10～20ml 冲卵液的并连接有钝性针头的注射器插入，用力捏紧针头后方的子宫角，迅速推注冲卵液，使之经过子宫角流入集卵管。集卵杯的位置同上。冲洗子宫法卵子回收率要比冲洗输卵管法低。也无法回收输卵管内的受精卵。所需冲卵液比较多。检查卵前需要先使集卵管静置一段时间，等卵沉降至底部后，再将上层的冲卵液小心移去，才能检查下层冲卵液，所以花费时间比较多。

（三）输卵管、子宫分别冲洗法

这种冲洗的目的在于期望最大限度地回收受精卵，可以有两种操作方法。一是先后将上述两种方法各行一次。另一种是先固定子宫角的远端，而由输卵管伞部向子宫方向注入一定量的冲卵液，使输入管内的卵被带入子宫内，然后再用冲洗子宫法回收。在一侧冲洗完毕后，再依同样的方法冲洗另一侧。

整个操作过程中，要尽量避免出血现象和创伤，防止造成手术后生殖器粘连之类的繁殖障碍，这对供体羊说来是甚为重要的。生殖器官裸露于创口外的时间要尽量缩短。因此，要求冲卵动作熟练，配合默契。并要注意器官在裸露期间内防止干燥，用喷壶每 20s 喷一次生理盐水，避免用纱布与棉花之类的物品去接触它。

冲卵结束后，不要在器官上散布含有盐酸普鲁卡因的油剂青霉素，因为普鲁卡因对组织有麻痹作用，它对器官活动的抑制作用容易招致粘连的发生。为防止粘连，操作过程中，最好用 37℃的灭菌生理盐水散布于器官上。一些品质优良的供体羊可考虑散布低浓度的肝素钠稀释液。

生殖器全部冲洗完毕、复位后，即行缝合。腹膜和腹壁肌肉可用肠线作螺旋状连续缝合。腹底壁的肌肉层宜行锁扣状的连续缝合，丝线和肠线均可。皮肤一律用丝线作间断性的结节缝合。皮肤缝合前，可撒一些磺胺粉等消炎防腐药。缝合完毕，在伤口周围涂以碘酒，最后用酒精作消毒。

二、胚胎检查和评定

（一）胚胎检查

回收到的冲洗液盛于玻璃器皿中，37℃静置10min，待胚胎沉降到器皿底部，移去上层液就可以开始检胚，检查胚胎发育情况和数量多少。在性周期第七日回收的山羊胚胎约140μm大小。因回收液中往往带有黏液，甚至有血液凝块，常把卵裹在里面，由于不容易识别而被漏检；血液中的红细胞将胚胎藏住而不容易看到，可用解剖针或加热拉长的玻璃小细管拨开或翻动以帮助查找。

检胚室的温度保持在25～26℃，对胚胎有好处。温度波动过大对于胚胎不利。所以，空调要早一点打开，门窗开后要快速关上。尽量让检胚室的温度比较稳定。

检胚杯要求透明光滑，底部呈圆凹面，这样胚胎可滚动到杯的底部中央，便于尽快地将卵检出。

在实体视显微镜下看到胚胎后，用吸胚管把胚胎移入含有新鲜PBS的小培养皿中。待全部胚胎捡出后，将捡出胚胎移入新鲜的PBS中洗涤2～3次，以除去附着于胚胎上的污染物。洗涤时每次更换液体，用吸胚管吸取转移胚胎，要尽量减少吸入前一容器内的液体，以防止将污染物带入新的液体中。胚胎净化后，放入含有新鲜的并加有小牛血清的PBS中培养直到移植。在移植前如果贮存时间超过2h，应每隔2h更换一次新鲜的培养液。

经鉴定认为可用的胚胎，可短期保存在新鲜的培养液中等待移植。在25～26℃的条件下，胚胎在PBS中保存4～5h对移植结果没有不良影响。要想保存更长的时间，就要对胚胎进行降温处理。胚胎在液体培养基中，逐渐降温至接近0℃时，虽然细胞成分特别是酶活性不太稳定，但仍可保存1d以上。

（二）胚胎鉴定

胚胎鉴定的目的是选出发育正常的胚胎进行移植，这样可以提高移植胚胎的成活率。鉴定胚胎可以从如下几个方面着手：①形态；②匀称性；③胚内细胞大小；④胞内胞质的结构及颜色；⑤胞内是否有空泡；⑥细胞有无脱出；⑦透明带的完整性；⑧胚内有无细胞碎片。

正常的胚胎，发育阶段要与回收时应达到的胚龄一致，胚内细胞结构紧凑，胚胎呈球形。胚内细胞间的界限清晰可见，细胞大小均匀，排列规则。颜色一致，既不太亮也不太暗。细胞质中含有一些均匀分布的小泡，没有细颗粒。有较小的卵黄周隙，直径规则。透明带无皱纹和萎缩，泡内没有碎片。检胚时要用拨卵针拨动受精卵，从不同的侧面观察，才能了解确切的细胞数和胞内结构。

未受精卵无卵周隙，透明带内为一个大细胞，细胞内有比较多的颗粒或小泡；桑椹胚可见卵周隙，透明带内为一细胞团，将入射光角度调节适当时，可见胚内细胞间的分界；变性胚的特点是卵周隙很大，内细胞团细胞松散，细胞大小不一或为很小的一团，细胞界限不清晰。

处于第一次卵裂后期的受精卵其特点是透明带内有一个纺锤状细胞。胞内两端可见呈带状排列的较暗的杆状物（染色体）；山羊 8 细胞以前的单个卵裂球，具有发育为正常羔羊的潜力，早期胚胎的一个或几个卵裂球受损，并不影响其后的存活力。

回收到的冲洗液盛于玻璃器皿中，37℃静置 10min，待胚胎沉降到器皿底部，移去上层液就可以开始检胚，检查胚胎发育情况和数量多少。在性周期第七日回收的山羊的胚胎约 140μm 大小。

三、胚胎冷冻保存

胚胎冷冻保存就是对胚胎采取特殊的保护措施和降温程序，使之在 –196℃下代谢停止而进行保存，同时升温后其代谢又得以恢复，这样可以将胚胎进行长期保存。英国学者 Whittingham（1971）最早发明胚胎冷冻保存技术的慢速冷冻法，并用该方法成功地保存了小鼠胚胎，标志着胚胎冷冻保存技术基本成熟。1985 年，Rall 等（1985）开发了玻璃化冷冻法，成为该技术发展的又一里程碑。自 1972 年来，世界各地已有牛（Wilmut *et al.*，1973）、大鼠（Whittingham *et al.*，1975）、兔（Whittingham *et al.*，1976）、绵羊（Willadsen *et al.*，1976）、山羊（Bilton *et al.*，1976）、马（Yamamoto *et al.*，1982）等动物的胚胎或卵子冷冻获得成功。

肉用山羊的胚胎保存分为短期保存和冷冻保存。使用新鲜胚胎，从冲卵到移植只要在一个小时或几个小时内就可完成，这段时间保存在室温（25～26℃）环境里受胎率没有多大影响。鲜胚的移植受胎率目前可以达到 60%～90%，而冻胚在一般情况下，可以达到的最高妊娠率为 50%，但一般低于这个比率。1992 年，国内有人报道将胚胎冷冻后并解冻移植，获得了 60.5%的妊娠率和 39.7%的产羔率。冷冻保存是今后的方向，如同冻精一样，冻胚可以长期保存，应用价值很大。胚胎冷冻以 7～8d 的受精卵为好。

胚胎冷冻的用途及潜在优越性在于：①可减少同期发情受体的需要量；②贮存肉用山羊非配种季节的胚胎在最适宜时间移植；③可在世界范围内运输优良的肉用山羊种质；④可以通过运输胚胎代替运输活羊以降低成本；⑤可以建立种质库；⑥有利于保种。胚胎冷冻保存能使胚胎移植在任何时间、任何地点进行，有利于胚胎移植技术在生产中的应用。该技术可以实现快速而廉价的胚胎远距离运输，以代替活畜的引种，减少疾病传播，促进国际间良种动物的交流。胚胎冷冻研究在程序上经历了由繁到简的过程，主要表现在所需设备的简化，冷冻时间的缩短，而冷冻方法经历了慢速冷冻，常规快速冷冻和超快速冷冻三个阶段。

目前对肉用山羊胚胎冷冻保存试验虽有多种经过改进的方法，但基本程序如下：添加低温保护剂并进行平衡；将胚胎装进细管里，放进降温器里，诱发结晶；慢速降温；投入液氮（–196℃）中保存；升温解冻；稀释脱除胚胎里冷冻保存剂。现行肉用山羊胚胎冷冻法主要有以下两种：

（一）快速冷冻法

快速冷冻法是目前最成熟的方法。与一步法相比，虽然操作繁琐，且需要专门的冷冻仪器，但胚胎冷冻解冻后移植成活率高，为目前生产中最常用的方法。其操作步骤为：

（1）胚胎的收集　　收集方法同前述，并将采得的胚胎在含有 20% 小牛血清的 PBS 中洗涤两次。

（2）加入冷冻液　　洗涤后的胚胎在室温条件下加入含有 1.5mol/L 甘油或 DMSO 的冷

冻液中平衡 20min。

（3）装管和标记　　胚胎经冻前处理后即可以装管。一般用 0.25ml 的精液冷冻细管，将细管有棉塞的一端插入装管器，将无塞端伸入保护液中吸一段保护液（Ⅰ段）后吸一小段气泡，再在显微镜下仔细观察并吸取含有胚胎的保护液（Ⅱ段），然后再吸一个小气泡，再吸一段保护液（Ⅲ段）。把无棉塞的一端用聚乙烯醇塑料沫填塞，然后向棉塞中滴入保护液和解冻液。冷冻后液体冻结时两端即被封。

（4）冷冻和诱发结晶　　快速冷冻时，要先做一个对照管，对照管按胚胎管的第Ⅰ、第Ⅱ段装入保护液。把冷冻仪的温度传感电极插入Ⅱ段液体中上部，放入冷冻器内，如果使用 RPE 冷冻仪，可以调节冷冻室和液氮面的距离，使冷冻室温度降至 0℃并稳定 10min 后，将装有胚胎的细管放入冷冻室，平衡 10min，然后调节冷冻室外至液氮面的距离，以 1℃/min 降至 –5 ～ –7℃，此时诱发结晶（可以由室外温度开始以同样的速度降至 –5 ～ –7℃）。诱发结晶时，把试管用镊子提起，用预先在液氮中冷却的大镊子夹住含胚胎段的上端，3 ～ 5s 即可以看到保护液变为白色晶体，然后再把细管放回冷冻室。全部细管诱发结晶完成后，在此温度下平衡 10min。在此期间，可见温度仍在下降，在 –9 ～ –10℃时温度突然上升至 –5 ～ –6℃，接着缓慢下降。这种现象是因为对照管未诱发结晶，保护液在自然结晶时放出的热所致。10min 后，温度可能降至 –12℃左右，此时重新调节冷冻仪至液氮面的距离，以 0.3℃/min 的速率降至 –30 ～ –40℃后再投入液氮保存。

（5）解冻和脱除保护剂　　试验证明，冷冻胚胎的快速解冻优于慢速解冻，快速解冻时，使胚胎在 30 ～ 40s 内由 –196℃上升至 30 ～ 35℃，瞬间通过危险温区来不及形成冰晶，因而不会对胚胎造成大的破坏。

解冻的方法是：预先准备 30 ～ 35℃的温水，然后将装有胚胎的细管由液氮中取出，立即投入温水中，并轻轻摆动，1min 后取出，即完成解冻过程。

胚胎在解冻后，必须尽快脱除保护剂，使胚胎复水，移植后才能继续发育。目前多用蔗糖液一步或两步法脱除胚胎里的保护剂。用 PBS 配制成 0.2 ～ 0.5M 的蔗糖溶液，胚胎解冻后，在室温下放入这种液体中保持 10min，在显微镜下观察，胚胎扩张至接近冻前状态，即认为保护剂已被脱除，然后移入 PBS 中准备检查和移植。

（二）一步冷冻法

一步冷冻法以添加 20%犊牛血清的 PBS 液为基础液，配制 10%的甘油、20%的 1，2 – 丙二醇的混合Ⅰ液和 25%的甘油、25%的 1，2 – 丙二醇的混合Ⅱ液作为玻璃化液，胚胎先在室温移入Ⅰ液中平衡 10min，再移入Ⅱ液中。取 0.25ml 的冷冻细管一支，两端分别装入含有 1mol/L 蔗糖的 PBS 稀释液，中间装入Ⅱ液，然后将Ⅰ液中的胚胎直接移入到Ⅱ液中；封口，标记。同时从液氮罐中提出充满液氮的提斗，将细管垂直缓慢地插入液氮中。解冻时，将含有胚胎的细管从液氮中取出，立即缓慢插入预先准备好的 20℃的水浴中，数秒钟后用绵球将细管外的水擦干，剪去两端，将其中的液体一起吹入培养皿，再移入含有 20%小牛血清的 PBS 液中，反复冲洗 3 遍。此法移植时操作简便，受胎率可达 50%以上。

冷冻胚胎在解冻后移植前要经过活力鉴定和培养鉴定后方可进行移植。

（三）玻璃化冷冻法

Rall 等（1985）首次报道了用玻璃化方法来冷冻保存小鼠胚胎。这种方法不仅大大简化了冷冻过程，而且减少了由于细胞冰晶形成所引起的一系列物理及化学损伤。玻璃化冷冻液属于高浓度溶液，常温下对胚胎细胞的毒性较大，所以需要尽量降低玻璃化溶液的毒性。

目前，玻璃化冷冻技术已日趋成熟，常用的冷冻方法是细管法。细管法冷冻液含量较多，降温速度相对较慢（2 000℃/min）。Kasai 等（1990）采用细管一步法，以 EFS 为玻璃化液冷冻保存小鼠桑椹胚，存活率达到 97% ~98%。

Vajta 等（1998）发明了 OPS（Open Pulled Straw）法，该法对牛卵母细胞冷冻后，体外受精获得了 25% 的囊胚率，是当时世界上报道的牛卵母细胞冷冻的最好结果。OPS 法冷冻液的含量只有 1μl，冷冻速度提高到 20 000℃ /min，是细管法的 10 倍。OPS 由 0.25ml 细管加热变软后拉制而成，其内径为 0.8mm、管壁厚度为 0.07mm。冷冻时，将 OPS 的细小端浸入含有胚胎的冷冻液小滴，利用虹吸效应将胚胎以及冷冻液装入 OPS，然后直接投入液氮保存。解冻时，只要将 OPS 细端浸入一定温度解冻液，1 ~2s 冷冻液融化后，解冻液进入 OPS 细端，将胚胎由 OPS 细管中吹出。

（四）影响胚胎冷冻效果的因素

1. 保护液和冷冻方法

玻璃化液是一种含有高浓度抗冻剂的溶液，会对胚胎产生毒性作用。最早用于胚胎保存的玻璃化液以二甲基亚砜、乙酰胺、丙二醇、聚乙二醇等作为保护剂，这些溶液毒性很大，且平衡过程又很复杂，需要时间也长。试验发现乙二醇是可透过性保护剂中毒性最小的一种。目前，冷冻保护液多采用乙二醇作保护剂，且选用多种保护液组合而成的玻璃化液（Kasai et al.，1990），对玻璃化液的研究趋向于向其中添加各种物质，如糖类、抗冻蛋白、透明质酸、松弛素、盐等，以提高冷冻效果。

吴细波（2007）采用细管玻璃化冷冻方法和 OPS 玻璃化冷冻方法对马头山羊超数排卵获得的胚胎进行冷冻。一个月后，将胚胎解冻后进行体外发育培养。试验结果表明：细管玻璃化冷冻和 OPS 玻璃化冷冻的胚胎，解冻后胚胎形态正常率（84.09% VS81.08%）、囊胚发育率（63.51% VS60.00%）与细管玻璃化冷冻效果基本相同（$P > 0.05$）（表 3 –9）。

表 3 –9   不同冷冻方法对胚胎冷冻后发育效果的影响

冷冻方法	冷冻液	冷冻胚胎数（枚）	回收胚胎数（%）	形态正常胚胎数（%）	囊胚发育数（%）
细管玻璃化	EFS40	93	88（94.62）	74（84.09）[a]	47（63.51）[a]
OPS	EFS40	41	37（90.24）	30（81.08）[a]	18（60.00）[a]

注：同列数据标不同字母表示差异显著（$P < 0.05$），相同字母表示差异不显著（$P > 0.05$）。吴细波（2007）。

2. 环境温度与平衡时间

玻璃化冷冻前胚胎在玻璃化液的平衡过程中，对环境温度变化很敏感。温度高时，平衡时间短成活率高。温度低时，冷冻液毒性降低，胚胎能耐受较长平衡时间，但乙二醇渗透性降低，需平衡较长时间。乙二醇的渗透量与环境温度和平衡时间有关。室温高，细胞膜通透性好，乙二醇进入细胞速度则快，所需平衡时间则短。

3. 解冻方法

在解冻过程中脱除保护剂是必要的，因为冷冻保护剂对胚胎有一定的毒性，而在常温下毒性更大。但将含有较高浓度保护剂的细胞移入等渗培养液中，由于细胞内外存在较高的渗透压差，大量水分子进入细胞而使其膨胀或崩解。

吴细波（2007）对马头山羊超排获得的胚胎经细管玻璃化冷冻后，分别采用25℃和37℃水浴进行解冻，胚胎解冻后进行体外发育培养试验，结果表明：37℃水浴解冻后的胚胎发育效果略好于25℃水浴解冻，但解冻后胚胎的形态正常率（83.78% VS81.48%）和囊胚发育率（64.52% VS59.09%）没有差异（$P > 0.05$）（表3-10）。

表3-10 解冻时不同水浴温度对胚胎冷冻后发育效果的影响

冷冻方法	水浴温度	冷冻胚胎数（枚）	回收胚胎数（%）	形态正常胚胎数（%）	囊胚发育数（%）
细管玻璃化（EFS40）	25℃	29	27（93.10）	22（81.48）[a]	13（59.09）[a]
细管玻璃化（EFS40）	37℃	39	37（94.87）	31（83.78）[a]	20（64.52）[a]

注：同列数据标不同字母表示差异显著（$P < 0.05$），相同字母表示差异不显著（$P > 0.05$）。吴细波（2007）。

4. 动物种类与胚胎发育阶段

不同种动物或同种动物的不同发育时期的胎胚是影响玻璃化冷冻效果的一个重要因素。玻璃化冷冻时要根据胚胎品种和发育情况来决定适宜的冷冻液以及处理时间和方法。

（五）影响冷冻胚胎移植妊娠率的因素

胚胎着床涉及到胚胎和受体子宫之间的相互作用，是一种高度进化和完善的生理过程。胚胎的质量、受体的生理状况、子宫内环境、母畜的健康状况、年龄以及胚胎与子宫生理状态的同步程度等诸多因素都影响着冻胚移植妊娠率。

冷冻胚胎与冻精不同，冻精有足够数量的精子，而且解冻后精子活力很容易判断，但胚胎质量的判断就比较困难，因此，冻胚解冻后必须进行质量鉴定，凡透明带破裂、细胞团分离、颜色发黑的胚胎为不可用胚胎，要淘汰。

正确的操作是保证胚胎能继续发育的必要条件，胚胎解冻过程直接影响胚胎的复苏率，解冻温度要严格控制。严格按操作程序进行保护液脱除，保存在细管中的冻胚处于高浓度保护液中呈高渗萎缩状态，必须按一定梯度进行脱除冷冻保护剂，否则急剧的渗透压变化会导致胚胎细胞死亡。解冻后的胚胎应保持恒温，在移入受体前不能受冷热及强光刺激，要封闭保存。不同发育阶段的胚胎移植到子宫的位置不一样。

移植后的胚胎要在其体内完成着床及生长发育直至产出体外，因此，受体的选择及饲养管理对于提高胚胎移植妊娠率及产羔（羔）率起着至关重要的作用。受体的遗传型，受体的营养状况，受体的健康状况，受体的生理状况，卵巢黄体状况，发情周期的同步化等因素是胚胎移植中受体受孕率高低的关键。胚胎发育阶段与受体子宫内环境的生理和生化状态的准确同步，有利于移植胚胎的附植。

四、胚胎分割

早期胚胎的每一个卵裂球都有独立发育成个体的全能性，所以可以通过对胚胎进行分割，人工制造同卵双生或同卵多生。它极大地扩大了胚胎的来源。

20世纪30年代，Pinrus等首次证明兔2细胞胚的单个卵裂球在体内可发育成体积较小的胚泡。之后，Tarkowski等人的试验胚胎学研究成果进一步证明哺乳动物2细胞胚的每一个卵裂球都具有发育成正常胎儿的全能性。20世纪70年代以来，随着胚胎培养和移植技术的发展和完善，哺乳动物胚胎分割取得了突破性进展。Mullen等于1970年分割2细胞期鼠胚，通过体外培养及移植等程序，获得了小鼠同卵双生后代。我国从20世纪80年代初开始这方面的研究工作，之后相继获得小鼠、山羊的同卵双生后代，还获得了四分胚的牛犊。胚胎分割主要有显微操作仪分割法和手工分割法两种。

（一）显微操作仪分割法

显微操作仪的左侧有固定吸管可固定胚胎，在右侧将切割刀（针）的切割部位放在胚胎的正上方，并垂直施加压力，当触到平皿底时，稍加来回抽动，即可将胚胎的内细胞团从中央等分切开，也可只在透明带上作一切口，切割并吸出半个胚胎。此法成功率高，但仪器设备要求较高。

（二）手工分割法

此法先需自制切割刀片。市售刮胡刀刀片的刀口部分折成30°角后，用砂轮将其尖端背侧磨薄，用医用止血钳夹住刀片即可以进行操作。切割时需先用0.1%～0.2%的链霉蛋白酶软化透明带，在实体显微镜下，用自制的切割刀直接等分切割胚胎。通常是将胚胎置于微滴中进行切割，这样可以有效地防止胚胎在切割时滑动。切开后要及时加入液体。这种方法比较简单，但对操作的经验方面要求较高。

以上两种方法获得的半胚可以分别装入空透明带中，或者直接进行移植。必须注意的是，若分割胚为囊胚，则必须沿着等分内细胞团的方向分割胚胎。

试验证明，分割后的半胚在冷冻后再解冻并进行移植，仍然具有发育成新个体的能力。这样获得的后代在育种上称为异龄双生后代，具有重要的利用价值。所以将胚胎移植技术与胚胎冷冻技术结合起来，不仅可以获得大量的胚胎，而且使胚胎移植能随时随地进行，极大地促进胚胎移植技术的推广。

第十四节　胚胎移植操作

一、移植适宜时间

移植胚胎给受体，胚胎的发育必须和子宫的发育相一致。既要考虑供体和受体发情的同期化，又要考虑子宫发育与胚胎的关系。而子宫的发育有经验者多根据黄体的表型特征来鉴定。实际上，由于供体羊提供的是超排卵，其单个卵子排出的时间往往有差异，因此，不能只考虑发情同期化。在移植前，要对受体肉用山羊仔细进行检查，如果黄体发育到所要求的程度，即使与发情后的天数不吻合也可以移植，反之，就不能移植。

二、移植时受体处理

受体羊在移胚前应证实卵巢上有发育良好的黄体。有条件时可进行腹腔镜检察，确定黄体的数量、质量以及所处的位置，移植时不必再拉出卵巢进行检查。受体羊在术前应饥饿20h左右，并于手术前一日剃毛。

三、移植操作

移植分为输卵管移植和子宫移植两种。由输卵管获得的胚胎，应由伞部移入输卵管中；经子宫获得的胚胎，应当移植到子宫角前1/3处。

吸胚胎时，先用吸管吸入一段培养液，再吸一个小气泡，然后吸取胚胎，胚胎吸取后，再吸一个小气泡，最后吸一段培养液。这样可以防止在移动吸管时丢失胚胎。

输卵管法移植前要注意到输卵管前近伞部处往往因输卵管系膜的牵连，形成弯曲，不利于输卵。因此术者应使伞部的输卵管处于较直的状态，以便于移卵者能见到牵出的输卵管部分处于输管系膜的正上面，并能见到喇叭口的一侧。此时，移卵者将移卵管前端插入输卵管，然后缓缓加大移卵管内的压力，把带有胚胎的保存液输入输卵管内。如果原先移卵管内液体过多，则多量的液体进入输卵管时会引起倒流，卵子容易流失。移卵后要保持输卵内的指压，抽出移卵管。若在输卵管内放松指压，移卵管内的负压就会将输卵管内的胚胎再吸出来。输卵后还要再镜检移卵管，观察是否还有胚胎的存在，若没有，说明已移入，及时将器官复位，并做腹壁缝合。

子宫移卵时，可以使用自制的移卵管。移卵时，将要移的胚胎吸入移卵管后，直接用钝性导管插入母羊的子宫角腔，当移卵管进入子宫腔内时，会有插空的手感。此时，稍向移卵管内加压，若移卵管已插入子宫腔，移卵管内的液体会发生移动。若不能移动，需调整钝性导管或移卵管的方向或深浅度，再行加压，直至顺利挤入液体为止。

第十五节　胚胎移植后母羊的饲养管理

一、母羊术后护理

经过胚胎移植手术后，无论是供体羊还是受体羊都要接受3~5d的特别护理。将术后母羊单独组群，防止其他羊只的干扰和剧烈运动。给予优质的青绿饲料和精料，给予充分的清洁饮水。在此护理期间不放牧，只是在羊舍运动场让其自由活动。

二、妊娠诊断

山羊的妊娠期平均为150d（范围146~160d）。我们非常关心胚胎移植是否成功，及时、准确的妊娠诊断可及早发现空怀母羊，可采取补配措施，并对怀孕母羊加强饲养管理，避免流产，这是提高羊受胎率和繁殖率的有效措施。妊娠诊断的方法如下：

（一）外部观察法

母羊妊娠后，表现为周期性发情停止，食欲成倍增加，膘情逐渐变好，毛色光润，性情逐渐变温顺，行动谨慎安稳等；到妊娠3~4个月，腹围增大，妊娠后期腹壁右侧较左侧更为突出，乳房胀大。单纯依靠母羊妊娠后的表现进行诊断的准确性有限，需要结合另外两种方法来做出诊断。养羊也经常使用试请公羊对配种后的母羊进行试请，若配种后1~2个情期不发情，则可判定母羊妊娠。

（二）超声波诊断法

这种方法是通过用超声波的物理特性，通过探测羊的胎动、心跳及子宫动脉的血流来判断母羊是否妊娠。目前国内外开发出多款B型超声波诊断仪，其诊断准确率较高，可对羊的皮下脂肪厚度和背最长肌的直径进行活体检测。国外有研究表明，在配种后 20d 就可用 B 超进行直肠检测。

（三）孕酮测定法

怀孕后的母羊血液中的孕酮含量会有所增加，生产实践中常以配种后 20~25d 母羊血液内的实测孕酮含量为判断依据。

具体判断指标如下：山羊每 1ml 血液中孕酮含量大于 3ng 判为妊娠阳性。

母羊预产期的推算方法是：配种月份加 5，配种日期减 2 或减 4。如果妊娠期包含 2 月份，预产日期应减 2，其他月份减 4。例如：一只母羊在 2009 年 11 月 3 日配种，该羊的产羔日期为 2010 年 4 月 1 日。在这个预产期到来之前，应该充分做好接产的准备，以迎接胚胎移植的羔羊的出生。这是我们非常期盼的时刻。

第四章　肉羊生产管理系统

畜牧生产对计算机管理系统的需求已经有很多年了。这不仅仅是出于单个牧场对提高管理效率的考虑，也是因为生产单位间通常具有较大的空间距离，传输和使用生产资料有时显得迫切和重要。为此，国内先后在猪、牛、羊、鸡等各种主要畜禽方面均已开发出生产管理系统并在一些牧场使用。例如，南京农业大学于2003年研制了现代肉羊生产管理软件，功能模块包括：饲料配方、遗传分析、羊场管理和疾病诊断等，形成了完整的肉羊生产管理系统（姜勋平等，2001；罗俊峰等，2002；潘效干等，2002）。同年，杨丽芬研制了肉羊育种管理信息系统（BMIS），BMIS是以客户机/服务器（C/S，Client/Server）方式创建的以数据库为基础的育种信息分析管理系统，功能与南京农业大学的系统相近。

最初的这些系统都是单机版的，小巧玲珑，使用相当方便。由于需要的转变，这些单机版的不足也逐渐显示出来，主要体现在远距离数据传输显得特别不方便；同时，这些软件本身也缺乏持续的更新。为此，生产单位对需要基于网络的管理系统的需求就更加迫切。在这种强烈需求的驱动下，本系统的设计就是构架在网络技术的基础上，实现了数据共享和交流，可以支持多用户同时访问和跨用户平台运行。采用设置登录权限来加强系统安全性和数据可靠性，为使用者提供了强有力的后台保证，可方便实现数据的管理和更改。生产管理系统与疾病辅助诊断系统是具有独立性又可联系在一起的两个模块，以网络平台为依托、结合操作系统和支持软件，将它们整合到肉羊产业技术平台。该平台具有良好的后续扩充性，不断增加新的功能，覆盖肉羊生产的各个方面，为广大用户提供全面的肉羊生产服务，促进肉羊产业化的进程。

第一节　肉羊生产管理系统的构建和特点

一、系统的功能模块

肉羊生产管理系统的功能有：数据录入、数据查询与删改、销售管理、药品与免疫信息管理、生产报表分析图及系统管理。其功能模块结构如图4-1所示。当然，这些功能模块在生产中可能还不够用，需要逐步的增加。可以根据需要扩展是一个系统具有吸引力之所在。同时，一个系统也只有经过长期的使用并不断地更新，才会是一个受欢迎的好系统。

二、数据库的建立

通过数据库的标准化与系统化，准确及时地收集生产场的信息，为生产者决策提供重要的依据。结合肉羊生产场对生产信息的需求，经过领域专家的讨论分析，建立了生产管理系统的数据库基本框架，如图4-2所示。

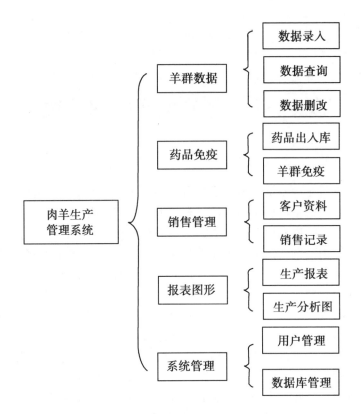

图4-1　肉羊生产管理系统的功能框架

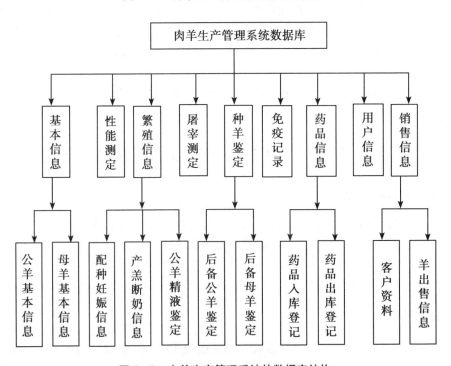

图4-2　肉羊生产管理系统的数据库结构

三、肉羊生产管理系统的特点

（一）快捷的数据录入

系统通过设定数据的默认值、合成数据的自动输入、匹配数据及显示输入、智能化记忆输入、快捷代码输入等方式加快输入速度。

（二）强大的查询功能

系统中的基本查询、精确查询、高级查询、模糊查询（首端匹配、末端匹配、任意匹配或全部匹配等方式）与个体数据即点即查是本系统的又一特色，几乎所有的性能或性状信息都是可利用的查询条件，尽可能满足用户的查询需求。

（三）自定义数据录入字段

系统拥有自定义字段功能，用户可利用这一功能根据本场灵活掌握。例如，对本场而言那些不具有广泛性的项目，可通过自定义方式将其排除，使屏幕上只显示用户所希望显示的项目。

（四）加强安全设置

系统采用了使用权限分层设置来加强系统安全性和数据可靠性工作。不同的权限看到的资讯是不一样的，可以操作的内容也是不同的。权限级别越高，操作和审阅的内容就越多。

第二节　肉羊生产管理系统的使用

一、注册登入肉羊生产管理系统

在浏览器中输入网址 http://jxp.hzau.edu.cn/sheep，可打开肉羊产业技术体系首页，点击页面右侧的"肉羊管理系统"链接，即可进入系统登录界面。初次使用者可新注册一个用户名并以此用户名登入系统。

二、用户信息与数据库的管理

在后台管理员可以对系统的注册会员资料进行管理，例如，删除账号、添加新账号、修改账号资料等，并对系统数据库进行还原或备份。

三、数据的录入、删改与查询

（一）个体数据录入

依据不同的生产阶段，数据录入可划分为：①个体基本信息登记。如个体号、出生时间、断奶时间与转舍记录等；② 个体的繁殖生产成绩登记。又分为配种、妊娠、产羔、哺乳四个阶段；③ 生长性能测定登记；④ 外貌体测评分登记；⑤ 屠宰肉质测定登记；⑥ 精液品质鉴定登记。

除了肉羊的个体信息录入外，还有药品的出入库信息、个体与群体的免疫信息、羊的销售信息等的录入。

系统默认情况下为用户提供了多个信息收集项，但根据实际情况，对有些本场不需要的项目可通过筛选方式将其排除，为数据录入工作带来便捷。

（二）数据的查询

系统通过数据录入的功能收集到了信息后，可通过多种方式提供给用户查询。

（1）基本查询　　用户只需根据页面的提示选择筛选字段，即可根据该筛选字段实现查询。

（2）高级查询　　在系统的高级查询界面上，勾选"两级查询"，出现二级查询框，再勾选"三级查询"框，出现第三级查询框，这样多重组合，可最大限度地缩小查询范围，更准确地获得个体的信息。

（3）通过个体号查询　　在查询个体信息的时候，不需要一定输入个体号的完整形式，只需输入首字母或数字，也可实现查询。例如，当使用者对羊的完整耳号不能确定的情况下，可在耳号搜索栏中输入耳号中包含的数字或者字母，点击"搜索"，即出现下方的下拉框，列出所有包含该数字或字母的耳号，在其中选中需要查询的个体号。

（三）数据的删除与修改

在系统左侧的导航中选择"个体基本信息修改"，在出现的界面中用新的信息代替旧的，完成后点击"确定"，即可实现修改。在查询出的数据列表中，点击其删除操作标识，系统会弹出对话框询问是否确定删除该条记录，点击"确定"即可实现删除。

四、生产报表与分析图

通过数据录入收集到的肉羊生产单位内原始数据，经过系统自动分析整理，输出多种生产报表和分析图。这种系统图表可以更直观和快捷地查看羊场生产情况，以便供生产者参考和做出生产安排。目前本系统可以产生 12 种生产报表，它们分别是：公羊报表、繁殖公羊离场报表、能繁母羊报表、母羊报表、妊娠母羊报表等。如果需要，你还可以自定义生成你自己需要的生产报表。显然，每个场的管理风格不一样，自定义报表功能是最好的选择，不可能有一套报表让所有单位都喜欢。这也是本系统的吸引力所在。

（一）种群中公羊报表

主要功能：该报表显示羊场内每头公羊的基本信息，即显示每头公羊的品种、父母亲耳号、位置（场号、舍号）、出生日期、来源、是否在本场等，以方便管理人员及时了解本场的种公羊信息。报表式样如图 4 – 3 所示。如果需要，可以方便的打印或通过邮件等发布。

种群中公羊表

2010年8月11日

耳号	品种	父耳号	母耳号	场号	舍号	出生日期	来源	状态	备注
12	D	325	256	1	2	20080101	本场	在场	健康存活
13	D	325	256	1	2	20080101	本场	在场	健康存活
14	D	325	256	1	2	20080101	本场	在场	健康存活
15	D	325	256	1	2	20080101	本场	在场	健康存活
16	D	325	256	1	2	20080101	本场	在场	健康存活

共20条记录

第一页|上一页|下一页|尾页

打印　　　另存为　　　打印预览

图 4 – 3　种群中公羊报表

（二）能繁母羊报表

主要功能：该报表显示种群中处于可繁殖状态母羊的基本信息，个体基本信息包括品种、父母亲耳号、出生日期、来源等，并自动统计数量。报表式样如图 4 – 4 所示。

种群中繁殖母羊表

2010年8月10日

母羊耳号	品种	父耳号	母耳号	出生日期	来源	备注
06022	D	024	9054	20080101	本场	无
06026	D	024	9048	20080101	本场	无
06080	Y	024	9057	20080101	本场	无
0654	D	024	9048	20080101	本场	无
123	L	12	23	20080327	本场	健康
47289	D	024	9049	20080101	本场	无
49401	D	024	9058	20080101	本场	无
54005	D	024	9051	20080101	本场	无
60143	D	024	9054	20080101	本场	无

共41条记录

[打印]　　[另存为]　　[打印预览]

图 4-4　种群中繁殖母羊报表

（三）种群中母羊报表

主要功能：该报表显示现阶段羊场的所有母羊的基本信息，包括能繁母羊、育成羊和母羔，并统计母羊的数量。报表式样如图 4-5 所示。

种群中母羊表

2010年8月10日

耳号	品种	父耳号	母耳号	场号	舍号	出生日期	来源	状态	备注
1233	L	12	232	2	2	20080327	本场	自留	健康
1234	L	12	23	2	2	20080327	本场	自留	健康
1235	L	12	236	2	2	20080327	本场	自留	健康
1236	L	12	239	2	2	20080327	本场	自留	健康

共20条记录

第一页|上一页|下一页|尾页

[打印]　　[另存为]　　[打印预览]

图 4-5　种群中母羊报表

（四）配种明细报表

主要功能：在表单中选定时间，该报表显示查询时间内所有配种母羊的信息，包括品种、与配公羊/配种时间、受胎状况等。报表式样如图 4-6 所示。该表对于管理妊娠母羊相当有用。

配种明细报表

查询 从 [2009] 年 [12] 月 [01] 日 到 - [2010] 年 [08] 月 [11] 日　[查询]

查询时间：20091201 - 20100811

耳号	品种	公羊1/时间	公羊2/时间	公羊3/时间	公羊4/时间	是否受胎
D980	D	D367/20090701	-----	-----	-----	是
L111	L	L212/20090801	-----	-----	-----	是
D509	D	D09/20090801	-----	-----	-----	是
L230	L	L87/20091003	-----	-----	-----	是

共4条纪录

[打印]　　[另存为]　　[打印预览]

图 4-6　配种明细报表

（五）断奶到配种间隔天数

主要功能：该报表统计从查询日起往前断奶后尚未配种的母羊清单，包括母羊耳号、品种、断奶时间、空怀天数、场号和舍号。此表对繁殖管理比较重要，可以方便的找出空怀母羊（图4-7）。

断奶尚未配种母羊报表

查询时间：20100810 之前

母羊耳号	品　种	断奶时间	空怀天数	场号	舍号
0654	D	20100701	41	wwy	02
06022	D	20100805	5	wwy	02
06080	Y	20100708	33	wwy	01
49401	D	20100707	34	wwy	02

共 4 条纪录

[打印]　　[另存为]　　[打印预览]

图 4-7　断奶尚未配种母羊报表

（六）断奶到配种间隔天数报表

主要功能：该报表主要显示和统计在某段时间内每头母羊从断奶到配种中间间隔了多少天。报表式样如图4-8所示。

查询 从 2008 年 01 月 01 日 到 - 2010 年 08 月 11 日　　[查询]

断奶到配种间隔天数表

查询时间：20080101 - 20100811

耳号	品种	产子数	断奶日期	断奶日龄	断奶窝重	配种日期	断奶到配种间隔（天）	胎次
L230	L	2	20100523	106	68	20100810	79	1
L111	L	1	20100401	89	32	20100807	128	1
D980	D	1	20100303	88	32	20100806	156	1

共3条记录

[打印]　　[另存为]　　[打印预览]

图 4-8　断奶到配种间隔天数报表

（七）预计分娩时间报表

主要功能：该报表显示和统计在某段时间内进行配种的母羊，将会在哪天进行分娩的预计时间。报表式样如图4-9所示。

（八）每日分娩次数报表

主要功能：该报表显示在某段时间内进行分娩的分娩信息，并对每日的分娩次数和产羔数进行统计。报表式样如图4-10所示。

（九）妊娠检查统计报表

主要功能：显示和统计在某段时间内进行妊娠检查的结果，以便管理人员管理。报表式样如图4-11所示。

查询 从 2008 ∨ 年 08 ∨ 月 01 ∨ 日 到 2010 ∨ 年 12 ∨ 月 04 ∨ 日   查询

预计分娩时间表

查询时间：20080801 - 20101204

母羊耳号	公羊耳号	配种时间	预产时间	返情次数	场号
D980	D367	20090701	20091128	0	1
D509	D09	20090801	20091229	0	1
L111	L212	20090801	20091229	0	1
L230	L87	20091003	20100302	0	1
Y821	Y330	20100220	20100720	0	1

共5条记录

打印   另存为   打印预览

图 4 - 9　预计分娩时间报表

查询 从 2010 ∨ 年 01 ∨ 月 01 ∨ 日 到 - 2010 ∨ 年 08 ∨ 月 11 ∨ 日   查询

每日分娩次数统计表

查询时间：20100101 - 20100811

母羊耳号	胎次	产羔时间	分娩舍	活羔数	死胎数	窝重	断奶时间
L111	1	20100102	1	1	0	3.6	20100401
L230	1	20100206	1	2	0	7	20100523
Y821	1	20100723	1	2	0	3.2	20080101

每日总计	- -	产羔日期有	每天	产羔(总)数	- - -	- - -	- - -	每日共	分娩(次)
		20100102							1
		20100206							1
		20100723							1

打印   另存为   打印预览

图 4 - 10　每日分娩次数统计报表

妊娠检查统计报表

查询 从 2008 ∨ 年 08 ∨ 月 01 ∨ 日 到 - 2010 ∨ 年 08 ∨ 月 11 ∨ 日   查询

查询时间：20080801 - 20100811

配种日期	检查日期	母羊耳号	品种	胎次	检查结果	舍号	场号
20090701	20090723	D980	D	1	妊娠	21	1
20090801	20090822	L111	L	1	妊娠	19	1
20090801	20090823	D509	D	1	妊娠	23	1
20091003	20091028	L230	L	1	妊娠	43	1

共9条纪录

打印   另存为   打印预览

图 4 - 11　妊娠检查统计报表

（十）每日配种使用报表

主要功能：该报表主要显示在某一周内每头公羊配种使用的次数。报表式样如图4-12所示。

每日配种使用报表

查询 从 [2010 ▼] 年 [08 ▼] 月 [07 ▼] 日 到 [2010年08月13日] [查询]

查询时间：20100807 - 20100813

耳 号	品种	20100807	20100808	20100809	20100810	20100811	20100812	20100813	总计
L111	L	1	0	0	0	0	0	0	1
D509	D	0	1	0	0	0	0	0	1
L230	L	0	0	0	1	0	0	0	1

共3条纪录

[打印]　　[另存为]　　[打印预览]

图4-12　每日配种使用报表

（十一）预计配种时间报表

主要功能：该报表主要显示在某段时间内配种母羊断奶后进行再配种的母羊有哪些，以及它再次配种的时间。报表式样如图4-13所示。

查询 从 [2010 ▼] 年 [08 ▼] 月 [05 ▼] 日 到 - [2010 ▼] 年 [08 ▼] 月 [11 ▼] 日 [查询]

预计配种时间表

分娩日期	再配种日期	再配种的母羊
20100703	20100805	无
20100704	20100806	无
20100705	20100807	无
20100706	20100808	无
20100707	20100809	无
20100708	20100810	无

[打印]　　[另存为]　　[打印预览]

图4-13　预计配种时间表

（十二）公羊产羔报表

主要功能：该报表主要显示和统计在某段时间内每头公羊所配种产下的羔羊的整体平均水平情况，报表式样如图4-14所示。

公羊产羔统计报表

查询 从 [2009]年 [02]月 [01]日 到 - [2010]年 [08]月 [11]日 [查询]

查询时间: 20090201 - 20100811

耳号	品 种	产羔胎数	平均活羔	出生死亡率	平均出生重	断奶活羔数
D367	D	1	1	0%	3.1	1
L212	Y	1	1	0%	3.6	1
L87	L	1	2	0%	3.5	2
总 计:	1窝/公羊	3	1.3	0%	3.4	1.33

共3条纪录

[打印] [另存为] [打印预览]

图 4 - 14　公羊产羔统计报表

（十三）胎次分布报表

主要功能：该报表显示和统计在某段时间内"配种情况"、"分娩情况"、"断奶情况"、"数量"的总体分布情况。报表式样如图 4 - 15 所示。

查询 从 [2010]年 [07]月 [13]日 到 - [2010]年 [08]月 [13]日 [查询]

胎次分布表

查询时间: 20100713 - 20100813

	⟨ -	- -	- -	- -	- -	-胎 次-	- -	- -	- -	- ⟩	全部羊群
	0	1	2	3	4	5	6	7	8	9	10	
配种情况											
交配总次数	1	4	..	..	..	..	..	..	..	..	5
配种率	20	80	..	..	..	..	..	..	..	..	100.0
返情率	..	..	..	..	..	..	..	..	..	..	0.0
多次配种率	..	..	..	..	..	..	..	..	..	..	0.0
断奶到第1次配种间隔	..	..	..	..	..	..	..	..	..	..	
分娩情况											
分娩母羊数量	..	1	..	..	..	..	..	..	..	..	1
分娩率	..	100	..	..	..	..	..	..	..	..	100.0
总产活羔数	..	2	..	..	..	..	..	..	..	..	2
平均窝总产羔数	..	2	..	..	..	..	..	..	..	..	2
平均窝产活羔数	..	2	..	..	..	..	..	..	..	..	2
平均死胎数	..	..	..	..	..	..	..	..	..	..	
死胎率	..	..	..	..	..	..	..	..	..	..	..
平均窝初重	..	3.2	..	..	..	..	..	..	..	..	3.2
分娩率	..	100	..	..	..	..	..	..	..	..	100
两次分娩间隔	..	..	..	..	..	..	..	..	..	..	0
断奶情况											
断奶窝数	..	..	..	..	..	..	..	..	..	..	0
断奶比例	..	..	..	..	..	..	..	..	..	..	0
断奶羔羊总数	..	..	..	..	..	..	..	..	..	..	0
平均母羊断奶羔羊数	..	..	..	..	..	..	..	..	..	..	0
断奶前死亡率	..	..	..	..	..	..	..	..	..	..	0
寄养羔羊数量	..	..	..	..	..	..	..	..	..	..	
平均断奶重	..	..	..	..	..	..	..	..	..	..	0
平均断奶日龄	..	..	..	..	..	..	..	..	..	..	0
数量											
母羊最终存栏	1	5	..	..	..	..	..	..	..	..	6
母羊存栏比例	16.7	83.3	..	..	..	..	..	..	..	..	100.0
淘汰母羊/小母羊	..	..	..	..	..	..	..	..	..	..	0
死亡母羊/小母羊	..	..	..	..	..	..	..	..	..	..	0

[打印] [另存为] [打印预览]

图 4 - 15　胎次分布报表

　　当罗列了以上报表后，我们觉得这些报表只是复杂的生产需要的一部分。要满足生产的实际需要，系统本身提供自定义报表是非常好的一种功能。没有这个功能，我们可能会生成很多不受欢迎的报表。

第五章　基于网络的肉羊远程辅助诊断技术

辅助诊断系统属于专家系统应用的一个分支。从技术上看，辅助诊断系统是一个模拟医生对疾病进行求解或者决策的计算机程序系统。它应用人工智能技术及计算机技术，根据本领域专家提供的知识和经验，进行推理和判断，模拟专家的决策过程，以解决需要专家处理的复杂问题。在系统运行时，知识推理由程序自动完成，用户通过人机交互界面可获得对疾病案例的求解。

我国对远程辅助诊断技术的研发较国外晚很多，应用面也很有限。经过本领域专家近三十年的努力，已经在理论研究和实践应用中取得了很大的进展，在农业的田间管理、动植物病虫害诊断方面开发出的专家系统已经取得了较明显的经济效益。

目前的疾病远程辅助诊断系统主要有网络版和单机版两种表现形式。单机版主机是指只能在单台 PC 机上运行的专家系统，产品以光盘等形式发行（何叶龙等，2002）。网络版是指那些基于 Internet 技术或网络平台开发的专家系统，其更新和维护只要在服务器端进行即可，高效率，低成本。虽然单机版的系统出生较早，但网络版的疾病辅助诊断专家系统的研制与普及是必然的趋势，发展相当快。

第一节　专家系统的基本结构和算法

由于每个专家系统所需要完成的任务和特点不同，其系统结构也不尽相同。其基本的组成部分有：知识库、推理机、解释机、综合数据库、知识库管理系统和人机接口。

一、知识库

知识库是针对领域问题求解的需要，在计算机中存储领域专家提供的专门知识，这些知识包括与领域相关的书本知识、常识性知识、事实数据、专家在实践考察中积累的经验。知识库使得专家系统具有智能性，它所包含的知识的数量和质量，是专家系统解决问题能力的基础。建立知识库，需要解决知识的获取和表达问题，知识获取涉及如何从专家那里获得知识；知识表示涉及使用某种计算机能理解的方式存储知识。

二、推理机

推理机是知识规则应用于问题求解的载体，通过接收用户输入的信息，进行知识规则的匹配和推理，然后输出问题求解的结果。

三、解释机

解释机能跟踪并记录推理的过程，向用户解释专家系统的行为，包括解释推理结论的正确性以及推理过程，把解答输出给用户。

四、综合数据库

综合数据库又称为全局数据库或总数据库，它用于存储领域或问题的初始数据库和推理过程中得到的中间数据（信息）。

五、知识库管理系统

知识库管理系统是知识库的支撑软件，它可向用户解释系统的行为，如回答用户为什么之类的问题，推理结束后向用户解释推理的结果如何得来。

六、人机接口

又称界面，是用户与专家系统进行交流的部分，通过人机接口，使用户与专家系统进行交流。用户输入数据和信息，了解推理过程及推理结果；专家系统则通过人机界面显示结果与信息。用户与系统交流的媒介，可以是文字、声音、图像、图形、动画等。友好的人机界面，可使用户能够愉快地接收专家系统传递的信息。

理想的专家系统，除了包括以上基本结构外，还应具备自主学习模块。理想专家系统的结构如图 5 - 1 所示。

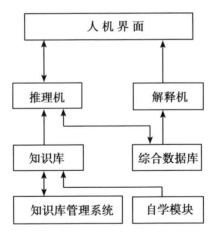

图 5 - 1　理想专家系统结构图

七、专家系统的推理方式及分类

（1）若从推出的结论来划分，可分为：演绎推理、归纳推理和默认推理。

（2）若按推理所用知识的确定性来划分，可分为：确定性推理与不确定性推理。

（3）若按推理中是否运用与推理有关的启发性知识来划分，可分为：启发式推理与非启发式推理。

八、推理的方向

推理的方向分为正向推理、反向推理、混合推理及双向推理。

（一）正向推理

正向推理即对规则库进行逐条搜索，看是否每一条规则的前提条件在事实库中存在。若在事实库中的前提条件中各个子项并非全部存在，则放弃该条规则；若事实库中全部存在，则执行该规则，把结论放入事实库中。反复循环执行该过程，推出目标，并存入事实库中为止。这种方式是一个典型的由条件推出结论的过程。在疾病诊断系统中，基本过程是：系统根据用户选择的症状，搜索知识库，和知识库中规则的前提条件进行匹配，若完全匹配成功，则推理结束，系统将推理结果提供给用户。

（二）反向推理

反向推理是以目标为出发点，在知识库中寻找以此目标为结论的规则，并对规则的前提进行判断，其特点是目标明确，推理速度较快。在疾病诊断系统中应用反向推理，首先假设一个结论，然后用假设结论与系统规则库中的规则进行匹配，如果这样的规则存在，则系统求证规则的前提条件，如果前提条件也被证实，则推理完成。

（三）混合推理

将正向推理与反向推理结合起来，取长补短，这种既有正向又有反向的推理称为混合推理。混合推理适用于下述几种情况：已知的事实不充分；由于正向推理推出的结论可信度不高；希望得到更多的结论。

（四）双向推理

即自顶向下、又自底向上作双向推理，直至某个中间界面上两方向结果相符，成功结束。这种推理方式较正向或反向推理所形成的推理网络效率更高。

九、脚本语言

诊断系统的远程使用是通过动态网页来实现的。目前国内动态网页实现技术以 PHP、ASP 与 JSP 的应用较为广泛。这 3 种脚本语言都是开源免费的，而且容易学习和使用。

（一）PHP

PHP 是一种 HTML 内嵌式编程语言，它混合了 C、Java、Perl 以及 PHP 自创新的语法，它易学易用，可以快速地执行动态网页。用 PHP 制作的动态页面与其他的编程语言相比，执行效率比完全生成 HTML 标记的 CGI 要高许多；PHP 还可以执行编译后代码，编译可以达到加密和优化代码运行，使代码运行更快。

（二）ASP

ASP 是微软公司开发的一种应用程序，它可以与数据库以及其他程序进行交互，是一种简单、方便的编程工具。ASP 网页可以包含 HTML 标记、普通文本、脚本命令以及 COM 组件等。利用 ASP 可以向网页中添加交互式内容（如在线表单），也可以创建使用 HTML 网页作为用户界面的 Web 应用程序。

（三）JSP

JSP 是由 Sun Microsystems 公司倡导、许多公司参与一起建立的一种动态网页技术标准。JSP 页面由 HTML 代码和嵌入其中的 Java 代码所组成。服务器在页面被客户端请求以后对这些 Java 代码进行处理，然后将生成的 HTML 页面返回给客户端的浏览器。SP 具备简单易用、完全面向对象、具有平台无关性且安全可靠、主要面向因特网的特点。

用 JSP 开发的 Web 应用是跨平台的，既能在 Linux 下运行，也能在其他操作系统上运行。正是由于为了跨平台的功能，为了极度的伸缩能力，所以极大的增加了产品的复杂性。Java 的运行速度需要内存的保障，从另一方面，它还需要硬盘空间来储存一系列的 Java 文件和 class 文件，以及对应的版本文件。

在实际的疾病辅助诊断系统开发过程中，可根据实际情况选用适合的开发语言与平台。

第二节　肉羊疾病远程辅助诊断系统构建

肉羊疾病远程辅助诊断系统的开发步骤包括初始知识库的设计、原型机的开发与试验、知识库的改进与归纳这三个阶段。

一、初始知识库的设计

知识库设计之初，实际的进展可以概况为以下 5 个阶段，每个阶段都有自己的特点。

1. 问题识别阶段

在问题识别阶段，知识工程师和专家将确定问题的主要特点，包括：确定人员与任务，选定参加系统开发的人员与各自负责的职责；问题识别，描述问题的特征及相应的知识结构，明确问题类型和范围；确定求解目标。

2. 概念化阶段

这阶段的主要任务是揭示描述问题所需的关键概念、关系和控制机制，子任务、策略和有关问题求解的约束。需考虑的问题包括：数据之间的关系、求解过程中有哪些约束条件、如果将问题划分为子问题、哪些信息需要由用户提供。

3. 形式化阶段

这一阶段是把概念化阶段概括出来的关键概念、子问题和信息流特征形式化地表示出来。具体采用形式要根据求解问题的性质而定，在这阶段知识工程师起着极其重要的作用。

4. 形式规则化阶段

也是系统的实现阶段，在这一阶段确定了知识表示形式和问题的求解策略，也选定了构造工具或系统框架把形式化了的知识变换为由编程语言表示的可供计算机执行的语句和程序，即实现知识库、推理机、人机接口和解释机。

5. 规则合法化阶段

即确认规则化了的知识的合理性，检验规则的有效性。

二、原型机（Prototype）的开发与试验阶段

在选定知识表达方法之后，即可着手建立整个系统所需要的试验子集，它包括整个模型的典型知识，而且只涉及与试验有关的足够简单的任务和推理过程。在这个阶段实际上是流程清理阶段，任务简单是比较合适的。当解决了一个最简单的任务后，这个最初的原型加上更多的细分任务就是最后的目标。

三、知识库的改进与归纳阶段

通过实际运行来发现不足，反复地对知识库及推理规则进行改进试验，归纳出更完善的结果，使系统在一定范围内达到人类专家水平。可影响系统功能的因素包括：数据获取与结论表示方法存在缺陷；推理规则有错误、不一致或不完备。

这种设计与建立步骤如图 5-2 所示。

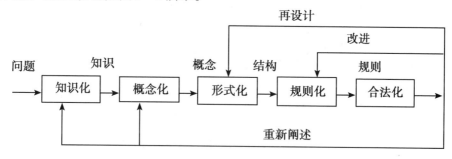

图 5-2 建立专家系统的步骤

四、算法及数据库构造

（一）资料收集整理与数据库建立

羊病知识的来源主要是已出版的图书与专家交谈获得的经验性知识，以及网络资料来源。将所有 131 种疾病分为十类：传染性疾病、繁殖疾病、羔羊疾病、寄生虫病、内科疾病、乳腺疾病、眼部疾病与皮肤病、营养代谢病、肢蹄与外科病、中毒性疾病。所有疾病又按临床症状详细分为许多疾病组。

数据库是疾病诊断实现功能的基础，它存储着推理过程中需要使用的一般信息和事实，包括基本概念、规则及其他相关信息。合理地设计存储知识的数据库结构，可以利于知识的存储、检索和修改，从而不断完善系统的功能。

肉羊疾病远程辅助诊断系统数据库中的表有：诊断过程记录、疾病所属分类、疾病所属组、症状名、诊断规则、诊断结果、疾病治疗方案。数据库的结构如图 5-3 所示。

其中，用于存储疾病所属分类、疾病所属组、诊断规则、诊断结果的表的关键字段如表 5-1 至表 5-4 所示。

表 5-1 疾病所属分类

字段名	含义
BOLD_ ID	疾病组编号
BOLD_ TYPE	类型
NAME	疾病组中文名
OFCLASS	所属疾病大类

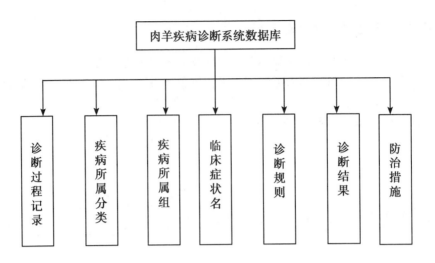

图5-3 肉羊疾病诊断系统数据库结构

表5-2 疾病所属组

字段名	含义
BOLD_ ID	疾病名编号
BOLD_ TYPE	类型
NAME	疾病中文名
BELONGTO	所属疾病组

表5-3 诊断规则

字段名	含义
BOLD_ ID	疾病组编号
BOLD_ TYPE	类型
CY_ VALUE	疾病界定值
BASEVALUE	初始值

表5-4 防治措施

字段名	含义
BOLD_ ID	疾病名编号
BOLD_ TYPE	类型
NAME	疾病中文名
DESCRIPT_ CONTENT	防治措施

（二）确定肉羊疾病的知识表示模型

该系统的知识表示模型为：

$$IF\ E_1(\omega_1)\ AND\ E2(\omega_2)\ \cdots\cdots En(\omega_n)\ THEN\ H(\lambda)$$

其中，E为规则前提条件，在此具体指症状，是多个症状的组合；ω为各个子条件，即症状的值，该值是由系统设定的；H为疾病名；λ为阈值，只有当各子条件的值的总和大于或等于阈值时，相应的规则才能被应用。

（三）系统的推理过程

本系统采用正向推理方法，即从初始数据出发，使用规则，朝目标方向前进的推理过程。现以"瘤胃积食"的诊断为例来说明这个过程：

IF 拱背羊叫或发病快（6）

AND 废食（10）

AND 腹胀在下腹部（15）

AND 瘤胃坚硬或中毒（15）

AND 结膜发绀

THEN 瘤胃积食（40）

在该病例中，在选定的疾病组"腹痛"下，选择了5项症状，即"拱背羊叫或发病快"、"废食"、"腹胀在下腹部"、"瘤胃坚硬或中毒"和"结膜发绀"这5项症状。在规则库设计中，它们属于疾病"瘤胃积食"的症状，它们的初始值总和为52，设定大于阈值40，则系统给出推断该疾病可能是"瘤胃积食"，并提示是否观察到了以下症状："呼吸促迫"、"脉搏加快"和"体温正常"。

其诊断过程中用到的信息在数据库中的传递流程如下：

（1）当选择了某项症状，如"拱背羊叫或发病快"，程序即在 Diagonoseitem 表中搜索到该条症状，记录下其该项目名对应的 BOLD_ ID＝1132。

（2）与 Diagonoseitem 表中字段 BOLD_ ID＝1132 相对应，Diavalue 表中，该条记录对应的字段 Belongtodisease＝4573，其初始值 Orgdiagvalue＝6。

（3）与 Diagvalue 表中字段 Belongtodisease＝4573 相对应，Disesegroupitem 表中该条记录相对应的最有可能的疾病 Maptodisease＝36，满足使用该条规则的阈值 CY_ VALUE＝40。当勾选了其他几项症状，也同样符合此类规则时，则多项症状的初始值之和超过了系统设定的阈值，该诊断过程完成，系统输出诊断结果。

用图形来表示，如图5-4所示。

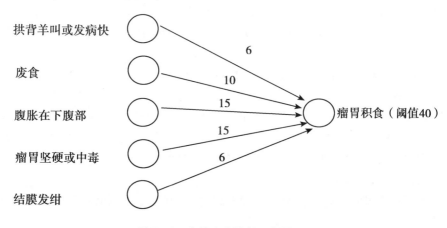

图 5-4　肉羊疾病诊断示意图

第三节 诊断系统使用和功能

目前，我们已经基本完成了肉羊辅助诊断系统，并开放系统对外服务。该服务受到肉羊产业技术体系和有关肉羊养殖单位欢迎。实际上，还需要一个英文版的系统。

一、诊断系统使用方法

肉羊远程辅助诊断系统服务器存放在华中农业大学。已经开通免费服务两年，受到肉羊产业界用户欢迎。该登录系统使用方法如下：

（一）诊断系统登入

在浏览器中输入网址 http：//jxp. hzau. edu. cn/sheep/，可打开肉羊产业技术体系首页，点击页面右侧的"远程辅助诊断"链接，即可进入诊断系统主界面。

（二）症状选择

使用者将观察到的临床症状，选择所属的疾病组，根据所选疾病组的不同，系统会列出该组下的供选症状，使用者勾选自己观察到的症状，然后点击"开始诊断"按钮进行诊断，根据提供的信息，系统做出不同的回答。当使用者提供信息不足时，系统会提示信息不足，无法诊断；当使用者提供信息足够，系统会给出最可能符合要求的疾病诊疗信息供使用者参考，并提示是否观察到了该病可能有的其他症状。

（三）辅助诊断结果查看

点击该疾病名称，则可看见该疾病的详细介绍，包括病原、致病原因、临床症状、诊断要点和防治措施。

（四）疾病资料管理

本系统提供一个编辑器，具备全面的文档编辑功能，可对字体与格式等进行个性化的排版，使系统的疾病资料不断补充完善，同时内容的显示也更加美观。具有权限的管理员进入后台可浏览所有疾病，修改更新疾病数据。对每个疾病的内容进行修改和增删，如果该病有新的研究发现、新的诊疗案例、影音资料等，都可以随时补充到数据库中。这是网络平台比纸质书更方便的可以扩充更新的优点。只要管理者愿意，这个系统就可以无限的扩展，将内容做到应有尽有。

现在以疾病"瘤胃积食"为例说明疾病资料的管理，其诊断过程如下：

（1）在疾病诊断的主界面的"选择可能的疾病分组"下选择"腹痛"。

（2）根据所选的疾病组，在"选择症状"下列出属于该病组的症状，用户根据观察得到的情况勾选疾病项。例如，用户勾选了"拱背羊叫或发病快"、"废食"、"腹胀在下腹部"、"瘤胃坚硬或中毒"和"结膜发绀"这五项症状。

（3）点击"开始诊断"。

（4）诊断结果显示可能的疾病是"瘤胃积食"，并且给予提示，请观察是否发生以下症状：呼吸促迫、结膜发绀、体温正常。

（5）点击诊断结果"瘤胃积食"，可打开新窗口，显示该疾病的详情，包括疾病定义、致病原因、诊断要点与防治措施。用户可对该病有更详细的了解。

疾病资料数据库的维护过程如下：

（1）在疾病诊断主界面上点击"后台管理"，即可在新窗口中打开后台管理的界面。

（2）在管理界面输入密码后可记入肉羊资料管理界面，该界面列出了所有的疾病，如在疾病"瘤胃积食"上点击即可打开新窗口浏览该疾病详情；点击"修改"后，出现编辑器，在该编辑器中，可对疾病的内容与格式等进行修改，可添加文本、链接、图片、动画与视频等文件。这样本系统就是一个可以无限成长的系统，随着运行时间的增长而成长。

二、肉羊远程辅助诊断系统涉及的主要疾病

本系统目前可以诊断101种羊病。本书只列出相应疾病最主要的特征性关键词和诊疗知识，以方便读者查询和比对。更多的疾病描述、诊断案例、疾病图片、视频、当前流行状况等资讯，将在网站相应的IP中详细列出。这对于研究或生产都相当有利，同时方便作者更新和增加相应的图片、文字和病例等更多信息。这种纸质书与网站系统的有机结合，可以非常有效地让此内容快速更新和生长。

（1）亚硝酸盐中毒

【关键词】："兴奋不安或不安"、"轻度腹胀"、"先似健康由兴奋至目呆滞几分钟后死亡"、"腹泻或腹痛"、"昏迷而死"、"全身颤抖或颤抖"、"沉郁或垂耳闭目低头"、"脉搏加快"、"体温正常或降低"、"呼吸困难"、"口吐白沫"、"喂烂草或烂菜发病"、"结膜黑紫色或皮肤苍白发青"、"口渴或多尿"、"血呈酱油色或巧克力色不易凝固"、"化验：检毒（＋）"、"耳鼻末梢冷"。

更多详情请看：

http：//jxp. hzau. edu. cn/sheep/index. php？option＝com_ content&task＝view&id＝284

（2）慢性氟中毒

【关键词】："呻吟或羊叫"、"跛行"、"羊未老先衰"、"群发病或地方流行"、"跪地爬行或关节脆发响声"、"肢无力"、"下颌骨或肋骨变粗"、"波齿状或齿过度磨灭或氟斑牙"、"化验：水或骨等含氟高"。

更多详情请看：

http：//jxp. hzau. edu. cn/sheep/index. php？option＝com_ content&task＝view&id＝281

（3）有机氯中毒

【关键词】："脉细快"、"口流白沫"、"呼吸困难且加快"、"瞳孔散大"、"肌肉抽搐或震颤"、"腹泻或粪稀如水"、"牙关紧闭或磨牙"、"吞咽障碍"、"结膜发绀"、"眼睑闪动或眼球颤动或失明"、"四肢麻痹"、"运动失调或蹒跚"、"对刺激过敏"、"胀腹或瘤胃变大"、"呼吸或心脏麻痹而死"。

更多详情请看：

http：//jxp. hzau. edu. cn/sheep/index. php？option＝com_ content&task＝view&id＝285

（4）有机磷中毒

【关键词】："体温升高"、"脉快而细"、"肢端发凉"、"腹痛"、"口流白沫"、"呼吸困难、加快"、"肌肉震颤或痉挛"、"腹泻且粪稀如水"、"吃了有机磷农药污染的草料"、"大便有血或呕吐"、"眼球突出或瞳孔缩小或黏膜发白"、"有神经症状或尿失禁"、"流产或阴门流水"、"精神：兴奋不安到昏睡到窒息死"、"化验：血胆碱脂酸酶活性低"。

更多详情请看：

http：//jxp. hzau. edu. cn/sheep/index. php？option = com_ content&task = view&id = 286

（5）氢氰酸中毒

【关键词】："胀腹或瘤胃变大"、"吃了青苗且吃后 20min 发病"、"体温升高"、"腹痛"、"脉细快"、"体温降低"、"口流白沫"、"呼吸困难且加快"、"血液鲜红"、"瞳孔散大"、"步不稳倒地或后肢麻痹"、"肌肉抽搐或震颤"、"兴奋到沉郁到昏迷死"。

更多详情请看：

http：//jxp. hzau. edu. cn/sheep/index. php？option = com_ content&task = view&id = 282

（6）蓖麻中毒

【关键词】："呻吟或羊叫"、"腹痛"、"脉细快"、"呼吸困难且加快"、"瞳孔散大"、"肌肉抽搐或震颤"、"流产或阴户流水"、"精神沉郁或目光呆滞"、"腹泻或粪稀如水"、"粪恶臭"、"头侧弯"、"呼吸或心脏麻痹而死"、"化验：采胃物检蓖麻毒素（＋）"、"病 1～2d 内死亡"。

更多详情请看：

http：//jxp. hzau. edu. cn/sheep/index. php？option = com_ content&task = view&id = 280

（7）肉毒中毒

【关键词】："兴奋不安或不安"、"流清涕"、"呼吸麻痹"、"步态僵硬"、"运步共济失调"、"运动神经麻痹或脑麻痹"、"行走时头侧弯或点头运动"、"检验：化毒（＋）"。

更多详情请看：

http：//jxp. hzau. edu. cn/sheep/index. php？option = com_ content&task = view&id = 283

（8）急性乳房炎

【关键词】："1～2d 乳腺突然红肿热痛或脓肿有波动"、"泌乳骤减或骤停"、"乳汁稀或红染且含血液"、"患侧后肢跛行"、"体温稍升"。

更多详情请看：

http：//jxp. hzau. edu. cn/sheep/index. php？option = com_ content&task = view&id = 262

（9）乳房创伤

【关键词】："钉或铁丝等损伤乳房"、"伤部流血流奶"、"伤后乳房化脓"、"乳房有瘘管"。

更多详情请看：

http：//jxp. hzau. edu. cn/sheep/index. php？option = com_ content&task = view&id = 261

（10）乳头管闭锁

【关键词】："乳头有管"、"曾患过乳房炎或挤奶不当或创伤"、"触乳头基部有坚硬肿"、"乳头硬厚"、"乳池无波动感"、"挤奶流速慢或困难或呈线状流出"。

更多详情请看：

http：//jxp. hzau. edu. cn/sheep/index. php？option = com_ content&task = view&id = 263

（11）跳跃病

【关键词】："精神萎缩"、"失调"、"减食"、"羊身上有蜱"、"散在发病"、"体温41～42℃"、"阵发性麻痹"、"阵发性痉挛"、"化验：检病毒（＋）"。

更多详情请看：

http：//jxp. hzau. edu. cn/sheep/index. php？option = com_ content&task = view&id = 167

（12）蓝舌病

【关键词】："流诞"、"口臭"、"吞咽困难"、"呼吸困难"、"鼻涕带血或鼻黏膜出血或溃烂"、"蹄炎蹄痛且跛行"、"便秘或腹泻且粪带血"、"病程 6～14d 且症愈羊瘦弱脱毛"。

更多详情请看：

http：//jxp. hzau. edu. cn/sheep/index. php? option = com_ content&task = view&id = 160

（13）羊黑疫

【关键词】："咳嗽"、"2～4 岁肥羊发病"、"病急突死"、"废食或拒食"、"体温升高"、"反刍停止"、"精神委靡"、"昏睡状卧地而死"、"剖检：肝坏死"、"化验：检菌或检毒（+）"。

更多详情请看：

http：//jxp. hzau. edu. cn/sheep/index. php? option = com_ content&task = view&id = 176

（14）绵羊肺腺瘤

【关键词】："体温正常"、"3～5 岁绵羊发病"、"呼吸困难促迫"、"湿咳"、"鼻塞或流鼻涕"、"听肺有罗音"、"化验：镜检鼻涕含增生上皮细胞"、"化验：血清反应（+）"。

更多详情请看：

http：//jxp. hzau. edu. cn/sheep/index. php? option = com_ content&task = view&id = 163

（15）羊链球菌病

【关键词】："咳嗽"、"呼吸促迫"、"拒食"、"急性：呼吸异常困难"、"淋巴结肿"、"眼屎或结膜充血"、"关节炎"、"流诞"、"急性：呼吸异常困难"、"剖检：胆囊大"、"化验：检菌（+）"。

更多详情请看：

http：//jxp. hzau. edu. cn/sheep/index. php? option = com_ content&task = view&id = 302

（16）羊钩端螺旋体病

【关键词】："口唇鼻黏膜结节或流脓或糜烂或痂块"、"饮食停止不反刍或消瘦"、"腹泻且短期发热 40～41℃"、"粪带血或孕后流产"、"尿红或黏膜黄染"、"化验：菌（+），血清反应（+）"。

更多详情请看：

http：//jxp. hzau. edu. cn/sheep/index. php? option = com_ content&task = view&id = 175

（17）羊破伤风

【关键词】："有受伤史"、"牙关紧闭"、"起卧困难"、"全身肌肉强直"、"腹痛"、"流诞"。

更多详情请看：

http：//jxp. hzau. edu. cn/sheep/index. php? option = com_ content&task = view&id = 185

（18）山羊伪结核

【关键词】："有食欲且时好时坏"、"经伤感染"、"病随年龄增加而增加"、"恶病"、"头颈淋巴结"、"咳嗽且呼吸加快"、"剖检：肺肝脾肾子宫有脓肿"、"化验：检菌（+）"。

更多详情请看：

http：//jxp. hzau. edu. cn/sheep/index. php? option = com_ content&task = view&id = 166

（19）羊副结核

【关键词】："精神不振或行动无力"、"流行性发病"、"有食欲"、"体温稍升"、"眼球凹陷或脱水或皮肤弹性差"、"脱毛"、"病程缓慢"、"泻粪恶臭"、"流行性发病"、"体温稍升"、"化验：变态反应（＋）"。

更多详情请看：

http：//jxp. hzau. edu. cn/sheep/index. php？option＝com＿ content&task＝view&id＝174

（20）羊口蹄疫

【关键词】："跛行"、"口唇鼻黏膜结节"、"蹄皮水疱或脓疱或溃疡或坏死"、"乳房有脓疱或烂斑"、"流涎"、"口黏膜现水疱"、"化验：血清反应"。

更多详情请看：

http：//jxp. hzau. edu. cn/sheep/index. php？option＝com＿ content&task＝view&id＝179

（21）羊土拉氏杆菌病

【关键词】："步幅小"、"步态不稳"、"肌肉僵硬"、"精神萎缩"、"不安"、"后肢瘫软"、"流产死胎"、"羔羊腹泻或睡下不久后死"、"化验：检菌（＋）"、"体表淋巴结肿大"。

更多详情请看：

http：//jxp. hzau. edu. cn/sheep/index. php？option＝com＿ content&task＝view&id＝189

（22）羊坏死杆菌病

【关键词】："跛行"、"蹄皮溃烂或流脓或肿胀或发红"、"口唇鼻黏膜结节"、"化验：检菌（＋）"。

更多详情请看：

http：//jxp. hzau. edu. cn/sheep/index. php？option＝com＿ content&task＝view&id＝177

（23）羊快疫

【关键词】："运步共济失调"、"6～18个月龄羊散发"、"磨牙"、"腹泻或腹痛"、"不愿走或抽搐"、"昏迷而死"、"化验：检菌（＋）"、"剖检：肝坏死"。

更多详情请看：

http：//jxp. hzau. edu. cn/sheep/index. php？option＝com＿ content&task＝view&id＝180

（24）气肿疽

【关键词】："沉郁"、"肌肉丰满处热痛肿胀"、"流涎成泡沫状"、"跛行或步态僵硬"、"体温41～42℃"、"靠近肿胀处的淋巴结肿胀"、"肿部皮肤发黑且有捻发音"、"剖检：脾不肿且血不呈煤焦油状"、"化验：检菌（＋）"。

更多详情请看：

http：//jxp. hzau. edu. cn/sheep/index. php？option＝com＿ content&task＝view&id＝186

（25）羊沙门氏菌病

【关键词】："有先兆：阴唇稍红或肿"、"壮龄比老龄易感"、"流行期仅10～15d且怀孕后期流产死胎"、"体温升高"、"流产前腹泻"、"剖检：子宫内有胎盘或坏死或急性炎症"、"胎儿脾肿大有黄色病灶或出血或胎盘水肿"、"化验：血清反应（＋）"。

更多详情请看：

http：//jxp. hzau. edu. cn/sheep/index. php？option＝com＿ content&task＝view&id＝187

（26）羊李氏杆菌病

【关键词】："散在发病"、"牙关紧闭"、"弓角反张"、"沉郁"、"转圈或头弯行走"、"眼球突出且向一侧斜视"、"结膜红或角膜浑浊"、"流产死胎"、"失调或不随意运动或步伐不稳"、"磨牙或空嚼"、"反刍减少"。

更多详情请看：

http：//jxp. hzau. edu. cn/sheep/index. php？ option = com_ content&task = view&id = 182

（27）羊巴氏杆菌病

【关键词】："同群羔羊有突然死的"、"踟蹰或颤抖"、"腹泻血水"、"呼吸促迫且咳嗽"、"流鼻涕含黏液或脓液"、"躯体下部水肿"、"跛行或角膜炎或腹痛"、"患羊温度41℃以上"、"化验：检菌（＋）"。

更多详情请看：

http：//jxp. hzau. edu. cn/sheep/index. php？ option = com_ content&task = view&id = 162

（28）羊放线菌病

【关键词】："消瘦或瘦弱"、"皮肤或黏膜曾受损感染"、"采食不便"、"咀嚼困难"、"下颌骨大或局部增生"、"骨肿发展极缓慢"、"肿胀局部有化脓或硬结"、"呼吸困难"、"流涎"、"化验：采脓检菌（＋）"。

更多详情请看：

http：//jxp. hzau. edu. cn/sheep/index. php？ option = com_ content&task = view&id = 158

（29）羊炭疽

【关键词】："温度大于42℃"、"不安或眩晕或走路摇晃"、"粪中混血"、"呼吸加快困难且心跳加快"、"结膜发绀"、"血不易凝固"、"全身战栗或痉挛"、"尿中混血"、"先似健康后目光呆滞，然后头向后仰呈游泳状，几分钟后死亡"、"化验：血清反应（＋）"。

更多详情请看：

http：//jxp. hzau. edu. cn/sheep/index. php？ option = com_ content&task = view&id = 188

（30）羊狂犬病

【关键词】："散在发病"、"狂躁不安"、"磨牙或空嚼"、"减食"、"反刍减少"、"攻击人畜"、"性欲亢进"、"神经症状或意识扰乱"、"流涎"、"化验：变态反应（＋）"。

更多详情请看：

http：//jxp. hzau. edu. cn/sheep/index. php？ option = com_ content&task = view&id = 181

（31）羊猝狙

【关键词】："兴奋不安或不安"、"潮湿是发病诱因"、"死前卧地"、"放牧时掉群"、"1～2岁羊冬春流行性死亡"、"发病后数小时死亡"、"化验：检菌（＋）"。

更多详情请看：

http：//jxp. hzau. edu. cn/sheep/index. php？ option = com_ content&task = view&id = 172

（32）羊痘

【关键词】："体温升高"、"流行广或发病羊多"、"体温41～42℃"、"食欲下降"、"精神不振"、"流泪或脓性眼屎"、"结膜红或黏膜卡他性或脓性炎"、"无毛或少毛皮肤有痘或水泡或丘疹或结节"、"痘凹陷或皮有脓疱"、"化脓期间体温再升高"、"化验：血清反应（＋）"。

更多详情请看：

http：//jxp. hzau. edu. cn/sheep/index. php? option = com_ content&task = view&id = 173

（33）羊肠毒血症

【关键词】："腹痛或腹泻"、"抽搐或不愿走或共济失调"、"昏迷致死"、"绵羊多发"、"食入多量蛋白"、"体温不高有颤抖"、"独自奔跑或头后仰"、"流涎带沫"、"2～12 月龄膘情好的羊春夏之交散在死亡"、"临死时肠鸣或排水样粪"。

更多详情请看：

http：//jxp. hzau. edu. cn/sheep/index. php? option = com_ content&task = view&id = 169

（34）梅迪-维斯纳病

【关键词】："失调"、"2～4 岁绵羊发病"、"散在发病"、"唇颤"、"头偏向一侧"、"病势缓慢恶化"、"对称型麻痹"、"截瘫"、"化验：分离病原（＋）"、"呼吸困难促迫"、"干咳"、"间质性肺炎明显"、"放牧时掉群"。

更多详情请看：

http：//jxp. hzau. edu. cn/sheep/index. php? option = com_ content&task = view&id = 161

（35）羊传染性脓疱病

【关键词】："跛行"、"蹄皮溃烂或流脓或肿胀或发红"、"口唇鼻黏膜结节"、"3～6 月龄羊发病"、"机体衰弱"、"咀嚼或吞咽困难"、"蹄皮水疱或脓疱或溃疡或坏死"、"外阴有脓性物或溃疡"、"乳房有脓疱或烂斑"、"化验：检菌（＋）"。

更多详情请看：

http：//jxp. hzau. edu. cn/sheep/index. php? option = com_ content&task = view&id = 171

（36）中暑

【关键词】："日晒或闷热天气时发病"、"走路摇摆或失调或全身颤抖"、"精神不安或沉郁"、"呼吸困难加快且脉搏快"、"结膜发绀"、"温度 43℃全身出汗"、"颈静脉怒张"、"畏光或凝视或眼球突出"、"有神经症状或意识障碍"。

更多详情请看：

http：//jxp. hzau. edu. cn/sheep/index. php? option = com_ content&task = view&id = 260

（37）便秘

【关键词】："腹痛"、"腹胀"、"沉郁"、"体温正常"、"呻吟"、"口干"、"舌有黄苔"、"喜饮"、"精神不振"、"粪干稀交替"。

更多详情请看：

http：//jxp. hzau. edu. cn/sheep/index. php? option = com_ content&task = view&id = 242

（38）创伤性网胃腹膜炎

【关键词】："沉郁"、"体温正常"、"呻吟"、"粪干或排粪少"、"倦怠无力"、"间歇性腹胀"、"反刍慢或停止"、"行动小心且有疼痛"、"肌肉颤抖"、"不愿拐弯或下坡"。

更多详情请看：

http：//jxp. hzau. edu. cn/sheep/index. php? option = com_ content&task = view&id = 243

（39）前胃弛缓

【关键词】："TPR 无异常"、"精神不振"、"粪稍干或干稀交替"、"拒食"、"倦怠无力或喜卧"、"左侧腹胀且瘤胃不坚实"、"减食且散在发病"、"被毛粗乱"、"常先发生其他病"、"体温正常"。

更多详情请看：

http：//jxp. hzau. edu. cn/sheep/index. php？ option ＝com＿ content&task ＝view&id ＝249

（40）口炎

【关键词】："流诞"、"口臭"、"口黏膜红肿热痛或溃烂"、"有食欲或废食"、"全身症状轻"、"仅口黏膜有病"。

更多详情请看：

http：//jxp. hzau. edu. cn/sheep/index. php？ option ＝com＿ content&task ＝view&id ＝245

（41）喉炎

【关键词】："病重者沉郁"、"鼻涕少或无"、"触诊喉部敏感"、"听喉有罗音"、"伸颈摇头"、"干咳或短咳或痛咳"、"混合性呼吸困难"、"听肺有肺音"。

更多详情请看：

http：//jxp. hzau. edu. cn/sheep/index. php？ option ＝com＿ content&task ＝view&id ＝244

（42）吸入性肺炎

【关键词】："呼吸促迫"、"听胸有浊音"、"沉郁"、"鼻涕浆性或黏性"、"灰白泡沫鼻涕落地如花点状"、"肺内有异物"、"呼吸困难或气喘"、"低头咳嗽且咳七八声"、"化验：白细胞增加（＋）"。

更多详情请看：

http：//jxp. hzau. edu. cn/sheep/index. php？ option ＝com＿ content&task ＝view&id ＝253

（43）小叶性肺炎

【关键词】："呼吸困难"、"心跳加快"、"走路摇晃或失调"、"鼻涕黏性"、"体温大于41℃"、"全身症状重剧"、"干咳或湿咳"、"X线检查下肺前下方有阴影"。

更多详情请看：

http：//jxp. hzau. edu. cn/sheep/index. php？ option ＝com＿ content&task ＝view&id ＝254

（44）尿结石

【关键词】："尿混血"、"尿闭"、"化验：接尿镜观见脓细胞"。

更多详情请看：

http：//jxp. hzau. edu. cn/sheep/index. php？ option ＝com＿ content&task ＝view&id ＝248

（45）心肌炎

【关键词】："颌下或体表水肿"、"心跳节律不齐"、"心跳次数比脉搏次数多"、"运动时呼吸促迫"、"脉快而弱或心跳弱一、二心音均弱"、"静脉怒张"、"第一心音弱或强或不清"、"结膜发绀或沉郁或食欲或反刍减或无"。

更多详情请看：

http：//jxp. hzau. edu. cn/sheep/index. php？ option ＝com＿ content&task ＝view&id ＝255

（46）瓣胃阻塞

【关键词】："倦怠无力"、"呼吸促迫"、"脉增数"、"嗳气停止"、"粪干或不排粪"、"沉郁"、"呻吟"、"口干"、"黄舌苔"、"拱背、伸腰、望腹"、"喜饮"。

更多详情请看：

http：//jxp. hzau. edu. cn/sheep/index. php？ option ＝com＿ content&task ＝view&id ＝240

（47）瘤胃积食

【关键词】："拱背羊叫或发病快"、"废食"、"腹胀在下腹部"、"瘤胃坚硬或中毒"、"呼吸促迫"、"脉搏加快"、"结膜发绀"、"体温正常"。

更多详情请看：

http：//jxp. hzau. edu. cn/sheep/index. php？ option = com_ content&task = view&id = 146

（48）瘤胃臌气

【关键词】："脉增数"、"结膜发绀"、"嗳气停止"、"呼吸困难"、"步态不稳"、"瘤胃蠕动音弱"、"腹痛"、"触腹紧张性增加"。

更多详情请看：

http：//jxp. hzau. edu. cn/sheep/index. php？ option = com_ content&task = view&id = 246

（49）食道梗塞

【关键词】："流诞"、"呼吸困难"、"骚动不安"、"吃了大块食物后发病"、"从鼻孔往外逆水"、"胸部食管疼痛"、"咳嗽"、"胃管探诊受阻"。

更多详情请看：

http：//jxp. hzau. edu. cn/sheep/index. php？ option = com_ content&task = view&id = 251

（50）羊支气管炎

【关键词】："减食"、"呼吸促迫"、"鼻涕浆性或黏性"、"食欲正常或反刍正常"、"干咳或短咳或痛咳"、"病程较长"、"气管敏感"、"听气管有罗音"。

更多详情请看：

http：//jxp. hzau. edu. cn/sheep/index. php？ option = com_ content&task = view&id = 148

（51）羊胃肠炎

【关键词】："眼球凹陷或脱水或皮肤弹性低"、"温度升高"、"口干发臭且有黄白舌苔"、"腹痛"、"泻粪稀如水"、"尿少色浓"、"脉细快"、"呻吟或羊叫"。

更多详情请看：

http：//jxp. hzau. edu. cn/sheep/index. php？ option = com_ content&task = view&id = 257

（52）肾炎

【关键词】："腹胀"、"体温正常"、"后肢叉开"、"尿少或无"、"尿暗黄或混血"、"尿蛋白增加"、"常昏迷而死"。

更多详情请看：

http：//jxp. hzau. edu. cn/sheep/index. php？ option = com_ content&task = view&id = 250

（53）胃肠卡他

【关键词】："个别羊发生或散在发生"、"黏膜发白或贫血"、"减食"、"便秘腹泻交替"、"被毛粗乱无光"、"口干或湿"、"舌苔有或无"、"嚼的慢"、"粪稍干"、"嗳气"、"TPR 无异常或全身症状轻"、"化验：血检正常（＋）"。

更多详情请看：

http：//jxp. hzau. edu. cn/sheep/index. php？ option = com_ content&task = view&id = 252

（54）鼻炎

【关键词】："个别羊发病"、"体温稍升"、"呼吸困难"、"咳嗽"、"鼻痒"、"有鼻音但无呼吸异常"。

更多详情请看：

http：//jxp. hzau. edu. cn/sheep/index. php? option = com_ content&task = view&id = 241

（55）伤口蛆

【关键词】："肯定皮肤有伤口且化脓"、"似痒"、"一般发痒"、"烦躁或采食或瘙痒不安"、"伤口有蛆"。

更多详情请看：

http：//jxp. hzau. edu. cn/sheep/index. php? option = com_ content&task = view&id = 228

（56）梨形虫病。

【关键词】："呼吸加快"、"精神委顿"、"结膜充血或潮红"、"消瘦或减食或沉郁"、"黏膜苍白或贫血"、"四肢僵硬"、"羊可大批死亡"、"黏膜黄疸"、"脉搏快或不齐"、"呼吸促迫"、"腹泻与便秘"、"步态或肌肉僵硬"、"体表淋巴结肿"、"化验：红细胞200万～400万或血红蛋白（＋）"、"采血检虫（＋）或淋巴结石榴体（＋）"。

更多详情请看：

http：//jxp. hzau. edu. cn/sheep/index. php? option = com_ content&task = view&id = 225

（57）棘球蚴病

【关键词】："脱毛或大片脱毛"、"吸气性呼吸困难"、"咳嗽"、"有腹水或死亡多"、"咳后常卧地"、"剖检：在各脏器均可发现该虫"、"化验：COSINI 变态反应（＋）"。

更多详情请看：

http：//jxp. hzau. edu. cn/sheep/index. php? option = com_ content&task = view&id = 224

（58）吸虫病

【关键词】："腹泻"、"黏膜苍白或贫血"、"颌下水肿"、"衰竭死亡"、"便秘腹泻交替"、"被毛粗乱无光"、"异嗜"、"放牧地潮湿"、"运动慢或掉群"、"肝区显痛"、"化验：水洗沉淀检查粪中卵有吸虫卵（＋）"、"检剖：见吸虫体"。

更多详情请看：

http：//jxp. hzau. edu. cn/sheep/index. php? option = com_ content&task = view&id = 230

（59）绦虫病

【关键词】："黏膜苍白或贫血"、"颌下水肿"、"沉郁"、"减食"、"饮欲增加"、"衰竭死亡"、"常作咀嚼动作"、"腹痛或腹胀"、"便秘腹泻交替"、"喜卧难起"、"肌肉抽搐"、"转圈或有神经反应"、"对外界无反应"、"被毛粗乱无光"、"粪中发现熟面条状或大米饭粒状物"、"肛门挂虫体"、"化验：涤虫卵或虫（＋）"、"红细胞小于600万"。

更多详情请看：

http：//jxp. hzau. edu. cn/sheep/index. php? option = com_ content&task = view&id = 226

（60）羊毛虱

【关键词】："黏膜苍白或贫血"、"瘙痒"、"烦躁不安"、"被毛间有虱"。

更多详情请看：

http：//jxp. hzau. edu. cn/sheep/index. php? option = com_ content&task = view&id = 233

（61）羊蜱病

【关键词】："体表有蜱"、"烦躁或采食或瘙痒不安"、"一般发痒"。

更多详情请看：

http：//jxp. hzau. edu. cn/sheep/index. php？ option＝com＿ content&task＝view&id＝234

（62）羊螨虫病

【关键词】："冷季发病"、"烦躁或采食或骚痒不安"、"剧痒或大片脱毛"、"消瘦或瘦弱"、"皮肤有丘疹或水疱或结痂"、"化验：刮病健交界处皮肤检螨（＋）"。

更多详情请看：

http：//jxp. hzau. edu. cn/sheep/index. php？ option＝com＿ content&task＝view&id＝232

（63）线虫病

【关键词】："腹泻"、"消化紊乱"、"呼吸加快或脉搏加快"、"黏膜苍白或贫血"、"颌下或体表水肿"、"减食"、"化验：在粪中发现线虫或检卵（＋）"、"春乏死亡或衰竭死亡或被毛粗乱"、"喜卧难起"、"运动缓慢或掉群"。

更多详情请看：

http：//jxp. hzau. edu. cn/sheep/index. php？ option＝com＿ content&task＝view&id＝236

（64）羊鼻蝇蛆病

【关键词】："不安"、"转圈或有神经症状"、"呼吸困难"、"喷嚏或鼻炎或鼻痒"、"流泪或眼睑水肿"、"共济失调"、"吸气性呼吸困难"、"鼻涕呈浆、黏、脓、血性或鼻痂"、"从鼻孔掉蝇蛆（桑葚大）"。

更多详情请看：

http：//jxp. hzau. edu. cn/sheep/index. php？ option＝com＿ content&task＝view&id＝229

（65）脑多头蚴病

【关键词】："转圈或头弯行走"、"失调或不随意运动或步伐不稳"、"减食"、"后肢麻痹"、"平衡失调或抽搐"、"脉加快"、"呼吸加快"、"兴奋不安"、"对刺激易惊恐"、"肌肉痉挛"、"化验：变态反应（＋）"、"剖检：在脑见包虫"。

更多详情请看：

http：//jxp. hzau. edu. cn/sheep/index. php？ option＝com＿ content&task＝view&id＝227

（66）角膜炎

【关键词】："眼结膜红肿"、"羞明或怕光"、"角膜有损伤或溃疡"、"角膜有云翳"、"易失明"、"有脓性眼屎"、"角膜浑浊"、"弱视"、"眼睑闭合或肿胀"。

更多详情请看：

http：//jxp. hzau. edu. cn/sheep/index. php？ option＝com＿ content&task＝view&id＝264

（67）结膜炎

【关键词】："流泪或有黏性眼屎"、"眼结膜红肿"、"羞明或怕光"、"有脓性眼屎"、"弱视"、"眼睑闭合或肿胀"。

更多详情请看：

http：//jxp. hzau. edu. cn/sheep/index. php？ option＝com＿ content&task＝view&id＝265

（68）包皮炎

【关键词】："患侧后肢外展或不敢迈步或步行困难"、"包皮肿厚或坏死或溃疡"、"排尿困难"、"去势感染或包皮坏死"、"嘴啃包皮"。

更多详情请看：

http：//jxp. hzau. edu. cn/sheep/index. php？ option＝com＿ content&task＝view&id＝191

（69）卵巢囊肿

【关键词】："减食且消瘦"、"阴门常附黏液"、"发情期延长或发情周期变短常爬羊"、"病久可继发阴道炎或子宫炎"、"长期不发情或发情周期延长或无性欲"。

更多详情请看：

http：//jxp. hzau. edu. cn/sheep/index. php？option = com_ content&task = view&id = 193

（70）子宫脱

【关键词】："拱腰或努责作排尿状"、"阴检：宫口充血或肿胀或开张或附渗出物"、"阴门外悬吊污秽物（水肿或出血或化脓或坏死）"、"悬吊物有海绵状子叶或站立时不见囊状物"、"分娩数小时内发病"、"沉郁且减食且不安"、"排尿难或尿闭"。

更多详情请看：

http：//jxp. hzau. edu. cn/sheep/index. php？option = com_ content&task = view&id = 200

（71）饲养性流产

【关键词】："草少、质差或枯草或维生素 A 不足且不补饲至羊弱"、"采食（霜冻草或露水或发霉草或药污染草）"、"饮冷水或雪水过多"、"驱赶急或运途远或寒冷刺激"、"拥挤或互撞或跌碰砸打"、"孕后 2～4 个月流产"、"孕羊或胎儿无明显症状和病变"、"母羊阴道排红褐或黄褐臭液或减食"、"体温升高"。

更多详情请看：

http：//jxp. hzau. edu. cn/sheep/index. php？option = com_ content&task = view&id = 192

（72）生产瘫痪

【关键词】："精神不安或迟钝或昏睡或沉郁"、"肌肉轻颤或步不稳或站立困难或卧地不起"、"四肢麻痹"、"废食且反刍停止且瘤胃轻胀"、"排尿或排尿停止"、"体温正常或降低到 36～37℃"、"心跳弱或呼吸慢或鼻干"、"瞳孔散大对光反射消失或眼睑反射疼痛反射消失"、"3～6 岁或 2～5 胎高产奶羊产后 72h 发病"、"特殊姿势：头颈 S 状或头后弯至胸侧且拉直松手复弯"。

更多详情请看：

http：//jxp. hzau. edu. cn/sheep/index. php？option = com_ content&task = view&id = 195

（73）阳痿

【关键词】："公羊无性欲后阴茎勃起"、"遇到母羊不嗅或跑出母羊群"、"遇到发情母羊不追赶"。

更多详情请看：

http：//jxp. hzau. edu. cn/sheep/index. php？option = com_ content&task = view&id = 197

（74）阴道脱

【关键词】："怀孕后期或产后阴道脱出于阴门外"、"卧下时阴门外有红色瘤样物且站立缩回"、"瘤样物末端有宫颈口"、"瘤样物紫红或水肿或流血或坏死或脏污"、"排尿困难或尿闭"。

更多详情请看：

http：//jxp. hzau. edu. cn/sheep/index. php？option = com_ content&task = view&id = 198

（75）隐睾

【关键词】："生后摸不到睾丸"、"睾丸在腹股沟管内或腹腔内"、"阴囊萎缩且无其他症状"。

更多详情请看：

http：//jxp. hzau. edu. cn/sheep/index. php？ option = com_ content&task = view&id = 199

（76） 风湿症

【关键词】："突然发病"、"运动减少"、"四肢轻度跛行"、"肌肉僵硬或热痛"、"关节肿痛或腰背僵硬"、"低头难或倒地难起"、"水杨酸制剂特效"。

更多详情请看：

http：//jxp. hzau. edu. cn/sheep/index. php？ option = com_ content&task = view&id = 277

（77） 骨折

【关键词】："外力致骨断裂或碎裂"、"骨断端有摩擦声"、"剧痛"、"功能严重障碍"、"骨露皮外"。

更多详情请看：

http：//jxp. hzau. edu. cn/sheep/index. php？ option = com_ content&task = view&id = 279

（78） V_A 缺乏症

【关键词】："被毛粗乱无光"、"冬季舍饲发病或吃不到青草"、"怕光流泪"、"夜盲"、"角膜云翳或溃疡或增厚"、"干眼症或结膜干"。

更多详情请看：

http：//jxp. hzau. edu. cn/sheep/index. php？ option = com_ content&task = view&id = 266

（79） 妊娠毒血症

【关键词】："产前一个月发病"、"减食或废食或不反刍"、"腹泻或便秘"、"口干有薄舌苔且稍臭或唇肌轻度抽搐"、"精神不振或沉郁或脉细或心跳快"、"体温正常"、"呼出气醋酮味且呼吸浅表"、"转圈或直行遇障物呆立且步不稳"、"站立时头颈呈观星姿势"、"最后极弱或昏迷不醒或全身抽搐或头侧弯"、"不予治疗数小时至 2d 死亡"、"眼：瞳孔散大或结膜（黄或砖红）或视力弱或角膜反射消失"、"化验：总脂肪或酮体增加且总蛋白或血糖减少或尿酮 + + + +"。

更多详情请看：

http：//jxp. hzau. edu. cn/sheep/index. php？ option = com_ content&task = view&id = 275

（80） 羊酮尿病

【关键词】："走路摇晃"、"磨牙或空嚼"、"视力弱或失明"、"耳或唇颤抖"、"体温不高或正常"、"妊娠后期发病"、"角弓反张"、"呼出气有酮味"、"化验：尿酮（＋）"。

更多详情请看：

http：//jxp. hzau. edu. cn/sheep/index. php？ option = com_ content&task = view&id = 276

（81） 食毛症

【关键词】："腹胀在左腹部"、"粪干或排粪少"、"冬季舍饲发病"、"黏膜发白或贫血"、"啃毛且脱毛"、"尿混血"。

更多详情请看：

http：//jxp. hzau. edu. cn/sheep/index. php？ option = com_ content&task = view&id = 271

（82） 羔羊白肌病

【关键词】："跛行"、"发病突然"、"沉郁或呆滞"、"急性心力衰竭"、"肌肉白色"、"兴奋 10～30min 死亡或轻者 3～4d 死亡"、"法硒制剂特效"、"剖检：心肝脾或肌肉似煮过"、"羊叫"。

更多详情请看：

http：//jxp. hzau. edu. cn/sheep/index. php？ option = com_ content&task = view&id = 201

（83）羔羊毛球阻塞

【关键词】："异食羊毛"、"腹围增大"、"虚嚼或磨牙"、"触胃有疙瘩无压坑且痛"、"渐瘦或营养不良"、"拉稀"、"黏膜（苍白或黄白）"。

更多详情请看：

http：//jxp. hzau. edu. cn/sheep/index. php？ option = com_ content&task = view&id = 211

（84）羔羊佝偻病

【关键词】："跛行"、"喜卧不愿动"、"异嗜"、"呼吸加快"、"脉搏快数"、"肢交叉站立或四肢颤抖或腿软"、"后肢支起前肢爬行"、"前肢呈 O 形或 X 形弯曲"。

更多详情请看：

http：//jxp. hzau. edu. cn/sheep/index. php？ option = com_ content&task = view&id = 210

（85）羔羊低血糖症

【关键词】："呼吸加快"、"脉快而弱"、"站立难或肢交叉站"、"腹痛状"、"体温降低"、"鼻四肢发凉"、"意识不清"、"头弯向腹部"、"母羊营养不良且羔弱"。

更多详情请看：

http：//jxp. hzau. edu. cn/sheep/index. php？ option = com_ content&task = view&id = 206

（86）新生羔羊眼睑内翻

【关键词】："2～30 日龄羔发病急"、"肢有节奏抽搐"、"意识障碍或盲奔如惊吓"、"不叫或无反应或尿失禁"、"嘴紧闭或口吐泡沫或磨牙"、"瞳孔散大或眨眼或耳扇动"、"体温升高或正常"。

更多详情请看：

http：//jxp. hzau. edu. cn/sheep/index. php？ option = com_ content&task = view&id = 222

（87）新生羔羊梭菌性痢疾

【关键词】："肠胀或腹部增大"、"羔羊排糊状稀粪"、"低于 8 日龄拉稀"、"体温降低"、"血便"、"粪混血"、"脱水或衰竭"、"病后数小时死亡或昏迷"、"有精神症状且无下痢"、"剖检：回肠充血"、"化验：魏氏梭菌（＋）"。

更多详情请看：

http：//jxp. hzau. edu. cn/sheep/index. php？ option = com_ content&task = view&id = 220

（88）羔羊肺炎

【关键词】："呼吸促迫"、"呼吸困难"、"咳嗽"、"突然受冷刺激而发病"、"极度沉郁"、"体温升高"、"鼻有（水性或黏性或脓性）涕"、"肺有湿性罗音"。

更多详情请看：

http：//jxp. hzau. edu. cn/sheep/index. php？ option = com_ content&task = view&id = 208

（89）新生羔羊窒息

【关键词】："落地后呼吸停止且有心跳且脉弱或者脉无"、"呼吸困难"、"咳嗽"、"结膜发绀"、"反射消失"、"产程长"、"舌外垂"、"四肢无力"、"肺有湿性罗音"。

更多详情请看：

http：//jxp. hzau. edu. cn/sheep/index. php？ option ＝com＿ content&task ＝view&id ＝223

（90）新生羔羊脐炎

【关键词】："接生消毒不严或羔互相吸吃致脐炎"、"体温升高或沉郁"、"起卧小心或不愿走动或拱背"、"脐带肿硬热痛或铅笔状"。

更多详情请看：

http：//jxp. hzau. edu. cn/sheep/index. php？ option ＝com＿ content&task ＝view&id ＝219

（91）新生羔羊脐疝

【关键词】："持久性腹痛"、"采食消化受影响"、"渐瘦或营养不良或病程缓慢"、"仰卧按压包可小而站立后又鼓包"、"腹部鼓包且柔软"、"胞可回腹腔"、"仰卧按摩"、"听脐包有肠音"。

更多详情请看：

http：//jxp. hzau. edu. cn/sheep/index. php？ option ＝com＿ content&task ＝view&id ＝218

（92）新生羔羊蹄软症

【关键词】："肢无力"、"昏睡或闭目或低头呆立"、"蹄壁、球节均触地"、"母羊妊娠期营养不良且产羔多"、"羔1～4蹄向后弯"、"蹄扶正后又迈步走"。

更多详情请看：

http：//jxp. hzau. edu. cn/sheep/index. php？ option ＝com＿ content&task ＝view&id ＝221

（93）羔羊代谢中毒症

【关键词】："突然向前跳高"、"口流白沫"、"持久性腹痛"、"呼吸快150次/min"、"脉搏快且结膜发绀"、"能吃且胖的羊发病且养得好运动少"、"病后10min至1h死亡"。

更多详情请看：

http：//jxp. hzau. edu. cn/sheep/index. php？ option ＝com＿ content&task ＝view&id ＝205

（94）羔羊大肠杆菌病

【关键词】："肠音弱或无"、"羔羊排糊状稀粪"、"低于8日龄拉稀"、"体温降低"、"粪混血"、"脱水或衰竭"、"体温升高或正常"、"粪含气泡"、"病后24～36h死亡"、"无神经症状且下痢"。

更多详情请看：

http：//jxp. hzau. edu. cn/sheep/index. php？ option ＝com＿ content&task ＝view&id ＝204

（95）羔羊尿闭症

【关键词】："腹围日渐增大"、"总做排尿姿势但排不出"、"腹部一鼓一缩用劲"、"抬头张唇举尾"、"卧时后肢外伸前腿用力支起后"、"触摸趾骨前缘膀胱鼓起"。

更多详情请看：

http：//jxp. hzau. edu. cn/sheep/index. php？ option ＝com＿ content&task ＝view&id ＝212

（96）羔羊感冒

【关键词】："呼吸加快"、"咳嗽"、"水样鼻涕"、"结膜红"、"受凉得病且鼻耳发凉"、"沉郁"、"体温升高大于41℃"。

更多详情请看：

http：//jxp. hzau. edu. cn/sheep/index. php？ option ＝com＿ content&task ＝view&id ＝209

（97）羔羊消化不良

【关键词】："食欲减少或废绝"、"肠胀或腹部增大"、"腹痛不安"、"羔羊排糊状稀粪"、"腹围蜷缩"、"肠音增强"、"能吃草料但吃后发病"。

更多详情请看：

http：//jxp. hzau. edu. cn/sheep/index. php？option = com_ content&task = view&id = 217

（98）羔羊癫痫病

【关键词】："走路蹒跚或转圈"、"肢体有节奏抽搐"、"抽搐后安静或后退或倒地"、"意识障碍或低头呆立或盲奔如惊吓"、"不叫或无反应或排尿失禁"、"体温升高或降低"、"嘴紧闭或口吐白沫或磨牙"、"瞳孔散大或眨眼或耳扇动"、"发生病经过急"、"健康活泼的 2 ~ 30 日龄羔羊发病"。

更多详情请看：

http：//jxp. hzau. edu. cn/sheep/index. php？option = com_ content&task = view&id = 207

（99）羔羊胎粪停滞

【关键词】："羊羔未吃初乳"、"食欲减少或废绝"、"精神沉郁或不振"、"边叫边做排粪姿势"、"肠胀或腹部增大"、"腹痛不安"、"肠音弱或无"、"拱背或蹲姿或努责但不排粪"、"出生后超过一天不见排粪"、"指检肛门内有黏稠或干硬胎粪"、"触腹肠管呈硬索状物"。

更多详情请看：

http：//jxp. hzau. edu. cn/sheep/index. php？option = com_ content&task = view&id = 216

（100）羔羊贫血症

【关键词】："异嗜"、"脉搏加快"、"拉稀粪"、"发病缓慢"、"精神呆滞"、"体温低"、"血稀淡红"、"渐瘦或营养不良"、"黏膜苍白或黄白"。

更多详情请看：

http：//jxp. hzau. edu. cn/sheep/index. php？option = com_ content&task = view&id = 213

主要参考文献

［1］ Davis G H，McEwan J C，Fennessy P F，*et al*. Evidence for the presence of a majorgene influencing ovulation rate on the X-chromosome of sheep. Biol. Reprod，1991，44：620～624.

［2］ Davis G H，Dodds K G，Wheeler R，*et al*. Evidence that an imprintedgene on the X chromosome increases ovulation rate in sheep. Biol Reprod，2001，64：216～221.

［3］ Davis G H，Galloway S M，Ross I K，*et al*. DNA tests in prolific sheep from eight countries provide new evidence on origin of the Booroola（FecB）mutation. Biol. Reprod，2002，66：1 869～1 874.

［4］ Galloway S M，McNatty K P，Cambridge L M，*et al*. Mutation in an oocyte-derived growth factor gene（BMP15）cause increased ovulation rate and infertility in a dosage-sensitive manner. Nature Genetics，2000，25：279～283.

［5］ Hanrahan J P，Gregan S M，Mulsant P，*et al*. Mutations inthe genes for oocyte derived growth factors GDF9 and BMP15 are associated with both increased ovulation rate and sterility in Cambridge and Belclare sheep（Ovis aries）Biol Reprod，2004，70：900～909.

［6］ Jonmundsson J V，Adalsteinsson S. Single genes for fecundity in Icelandic sheep. In：Land R B，Robinson D W（Eds），Genetics of Reproduction in Sheep. Butterworths，London，UK，1985，159～168.

［7］ Kato Y. Molecular and Cellular Endocrinology. 1988，55：102～107.

［8］ Mc Natty K P，Hudson N L，*et al*. Plasma concentration of FSH，LH，Thyroid-stimulating hormone and Growth hormone after exogenous stimaulation with GnRH in Booroola ewes that are homozygous carrier or non-carriers of FecB gene. Reprod Fertil，1994，102：177～183.

［9］ Montgomery G W，Monatty K P，Davis G H. Endocrine Reviews. 1992，13（2）：309～327.

［10］ Rothschild M F，Larson R G，Jacobson C，*et al*. The ESR locus is associated with a major gene influencing litte size in pigs. PNAS USA，1996，93：201～205.

［11］ Rothschild M F. Proe 5th World Congr Genet Applied Livestock Prod. 1994：21.

［12］ 曹少先，杨利国，姜勋平，刘红林，陆维忠，向阳海．波尔山羊和江苏本地山羊的 AFLP 和 RAPD 分析．中国农业科学，2002，35（10）：1 291～1 296.

［13］ 曹少先，杨利国，姜勋平，茍达干，赵文魁，张兆柏．波尔山羊随机扩增多态 DNA 标记与公羊繁殖力的关系．南京农业大学学报，2001，24（3）：49～52.

［14］ 代相鹏，王锋．牛羊超数排卵影响因素的分析．草食家畜，2003：30～32.

［15］ 巩元芳，李祥龙，刘铮铸等．我国主要地方绵羊品种随机扩增多态 DNA 研究．遗

传，2002，24（4）：423～426.

[16] 何叶龙，杨利国，姜勋平．肉羊疾病诊断专家系统设计与开发．中国草食动物，2002，22（3）：15～17.

[17] 洪琼花，邵庆勇，马兴跃．山羊超数排卵与胚胎移植技术的研究与应用．生物技术通报，2004，（4）：39～43.

[18] 黄俊成，张建，牛志宏．不同环境对山羊超数排卵效果的影响．草食家畜，1998，4：32～34.

[19] 姜勋平，丁家桐，杨利国．肉羊繁育新技术．北京：中国农业科学技术出版社，1999.

[20] 姜勋平，黄永宏，李拥军．苏北槐山羊适宰体重研究．中国养羊，1998（1）：40～41.

[21] 姜勋平，刘桂琼，杨利国，丁家桐，王诚．海门山羊生长规律及其遗传分析．南京农业大学学报，2001，24（1）：69～72.

[22] 姜勋平，熊家军，张庆德．羊高效养殖关键技术精解．北京：化学工业出版社，2010.

[23] 姜勋平，熊远著，杨利国．基因免疫原理和方法．北京：科学出版社，2004.

[24] 姜勋平，杨利国，潘效干，江龙建，罗俊峰．现代肉羊生产管理系统的研究与开发．四川畜牧兽医，2001，28（11），23～24.

[25] 姜勋平，杨利国．家畜抑制素常规免疫研究进展和基因免疫的意义．畜牧与兽医，2000，32（4）：38～40.

[26] 雷雪芹，陈宏，袁志发等．中国生物化学与分子生物学报．2004，20（1）：34～37.

[27] 李碧侠，储明星，王金玉．绵羊 GDF9 基因 PCR-SSCP 分析．遗传学报，2003，30（4）：307～310.

[28] 刘桂琼，姜勋平，丁家桐，杨利国．猪卵泡抑制素主动免疫对山羊生殖的影响．畜牧兽医学报，2003，34（1）：37～39.

[29] 刘桂琼，杨利国，姜勋平，丁家桐，赵文魁，沈为民．波尔山羊部分生产性状的遗传分析．南京农业大学学报，2002，25（1）：77～79.

[30] 罗俊峰，杨利国，姜勋平．肉羊生产日常管理系统的研制．中国草食动物，2002，22（4）：19～22.

[31] 潘效干，杨利国，姜勋平．动物饲料配方系统（AFS）软件研究．中国草食动物，2002，22（5）：19～22.

[32] 桑润滋，田树军，李铁栓．影响波尔山羊超排效果因素的研究．草食家畜，2003：83～87.

[33] 王光亚，段恩奎．山羊胚胎工程．西安：天则出版社，1993：81～86.

[34] 魏伍川，许尚忠．牛促卵泡素受体基因5'端转录启动调控区的序列分析与多态性研究．畜牧兽医学报，2002，33（5）：417～423.

[35] 肖璐，李宁，陈永福等．猪雌激素受体（ESR）位点 RFLPs 的分析．遗传，1997，19：32～34.

［36］杨昇，冯建忠，张金龙．波尔山羊的超数排卵及影响因素的分析．中国畜牧杂志，2005，41（1）：37～39．

［37］杨永林，倪建宏，皮文辉．不同超排方法对中国美利奴羊超排效果试验．中国养羊，1997，17（4）：25～26．

［38］俞颂东，王友明，余东游．影响家畜超排效果因素和几种超排方法．草食家畜（季刊），2002（1）：29～32．

［39］余文莉，李树静，乌兰．绒山羊超数排卵和胚胎冷冻技术的初步研究．中国养羊，1997，17（4）：22～24．

［40］张锁林，王述宇．波尔山羊超数排卵方案的研究．中国草食动物，2001，3（4）：10～15．

［41］赵要风，李宁，陈永福等．猪FSHβ亚基基因RFLPs研究初报．畜牧兽医学报，1998，29（1）：23～26．

［42］赵要风，李宁，陈永福等．猪FSHβ亚基基因结构区逆转座子插放突变及其与猪产仔数关系的研究．中国科学（C部），1999，29（2）：81～86．

关键词索引